审美图式与民族认同

当代设计身份问题的人类学反思

李清华 谢荣 著

上海三联书店

目　录

导论

现代设计中的审美图式与民族认同：
历史、社会和心理三重维度的人类学考察

第一节　文化认同与民族认同

一、传统社会与现代社会中的身份认同

在英语中，身份和认同的名词形式都是用同一个词——identity——来表示，其拉丁语形式为"identitatem"，希腊语为"Ταυτότητα"。它有"同一(性)""一致(性)""身份""本身""个体""特性""恒等式"等意思。而其动词形式 identify,则有"使等同于""认为一致""认出""识别""鉴别""验明""认为与……有关系""参与""确定……在分类学上的位置""给……做出标志""(成为)一致(with)""打成一片""融为一体""同情"等意思。在中国古代，"身"和"份"则分别是两个有各自含义的单音节词。东汉许慎《说文解字》说："身，躬也。象人之身。……凡身之属皆从身"①；又说:

---

① (汉)许慎：《说文解字》，班吉庆、王剑、王华宝点校，凤凰出版社 2004 年 4 月第 1 版，第 232 页。

"份,文质僣(備)也,从人,分聲。《论语》曰'文质份份'"①。在《说文》中,"躳"即"躬",即"躬亲""亲力""亲为"之意,进而与身体有关;而"份"则读作"bīn",有"文质份份"之说,"文质份份"即"文质彬彬"。可见,从词源学来看,在中国古代,"身份"就是"身"之"文"与"身"之"质"的统一,也即"名"与"实"的统一。正因为如此,孔子才说:"文质彬彬,然后君子。"也正是从这一点出发,儒家讲求"正名",认为"名不正,则言不顺;言不顺,则事不成;事不成,则礼乐不兴;礼乐不兴,则刑罚不中;刑罚不中,则民无所措手足"②。显然,孔子"文""质"兼备和"名""实"统一的思想,如果按照现代学术术语来说,其实正反映了儒家关于身份问题的看法,它是儒家人格养成和礼制精神的核心所在。在儒家思想中,"文"与"名"是一切外在的礼仪、制度及规范,而"质"与"实"则是内在的人格修养与精神。在儒家以修身为根本的人生理想和人生价值目标的实现过程中,只有两者之间的和谐统一,才能避免"质胜文"的粗野或"文胜质"的虚浮。儒家知识分子的自我人格完善和人生目标和生命价值之实现——"修身齐家治国平天下"——正是建立在这一基础之上。儒家知识分子正是经由这一路径,才能"观乎人文,以化成天下",并最终实现亲疏有分、男女有别、长幼有序、贵贱有等的社会理想和社会秩序。显然,这也正是身份同时在个体和群体层面上的一个自觉认同和建构的过程。

与此同时,以上这段有关身份问题的词源学描述还为我们透露了这样一条重要信息,即在前工业时代,身份无论是在个体层面还是群体层面,通常是某种凝固不变的东西,而整个社会也正是建立在这样一个相对稳固的身份构架基础之上。中国如此,前工业时代的西方社会和广大的非西方社会也同样如此。

在西方,这既跟西方文化中长期盛行的本质主义哲学思潮密不可分,又与西方前工业时代整个社会、政治和经济状况息息相关。在本质主义哲学思潮的影响之下,西方社会中的"身份被设想为某种普遍和永恒的内核、某种自我的'本

---

① (汉)许慎:《说文解字》,班吉庆、王剑、王华宝点校,凤凰出版社2004年4月第1版,第222页。
② (春秋)孔子:《论文·子路》,引自中华书局编辑部,《唐宋注疏十三经·论语注疏》,(宋)邢疏,1998年11月第1版。

质'，这种本质被表述成为某种能被我们自己和他人加以识别的表征。也就是说身份是某种通过趣味、信仰、态度和生活方式之符号加以指称的本质"①。在西方漫长的奴隶社会和封建社会，整个社会的阶层流动几乎处于停滞水平，社会阶层的身份大体上也就是社会中每一个体和群体的身份，这种身份通常是由家庭出身和经济地位所决定的，而很少有变化和自由流动的空间，而这一切又都同时决定了每一个体和群体的不同"趣味、信仰、态度和生活方式"，这些东西也最终诉诸一整套的"能指符号"来加以"表征"，从而得以在社会生活中被广泛标识出来。

从人类学的角度来看，在传统的广大非西方社会，尽管社会政治、经济和文化状况与中国和西方传统社会迥然有别，整个社会的价值体系进而是身份认同的内涵也千差万别，但整个社会在的身份架构的相对稳固性方面却表现出高度的一致性。马林诺夫斯基在其经典民族志《西太平洋上的航海者》中描述的库拉圈，就可以看作是一种有着悠久历史、并且长期以来基本保持不变的独特的身份架构。礼物的等级，也就决定了该礼物拥有者的身份地位和财富状况。同一群体不同身份的成员在库拉制度中所扮演的不同角色，以及他们之间的互动、不同群体之间的交往，都建立在相对稳固的身份构架基础之上。

在涂尔干和莫斯对原始分类的描述中，不仅人类当下自认为概念清晰的分类体系本身是一部历史，而且在这一历史的背后还隐含着一部更值得重视的史前史。他们的《原始分类》，其宗旨便是要通过对这一部史前史的系统挖掘和梳理，从而揭示出人类普遍的心智状况。在涂尔干和莫斯所描述的原始人类的心智状况中，个体往往失去了其自身独立的人格，而与其部落所信奉的图腾动植物之间形成了某种强烈、坚定不渝并且是终身不变的身份认同关系。这种身份认同关系不但使得他们形成了对于自身身份和自身部落集团的稳固认知，而且也使得他们形成了对于其他部落的刻板印象（stereotype）并最终与其他部落中的

---

① Chris Barker, *The SAGE Dictionary of Cultural Studies*, SAGE Publications, First published 2004, p. 94.

个体和群体明确区分开来。涂尔干和莫斯说:"这种认同使人们认定,他也具备与之有上述关系的那种事物或动物的特征。例如,马布亚哥(Mabuiag)岛上的鳄鱼族人,都被认为具有鳄鱼的脾气:他们自高自大,凶狠残暴,随时准备动武。在苏人(Sioux)中,有一个称为'红'的部落分支,是由美洲狮、野牛和驼鹿这三个氏族组成的,由于这几种动物都以其暴烈的天性称雄,所以这些氏族成员天生就是战士;相反,如果是那些从事农业的人,那些自然而然就性情平和的人,他们所属氏族的图腾便基本上都是些温和的动物。"①可见,在人类学家的民族志描述中,非西方的前现代社会,其相对稳固、静态的身份认同就建立在这种原始分类的基础之上。

现代社会和现代民族很少再有图腾信仰,不再使身份与某种图腾动、植物之间建立起某种稳固关联,也不再根据图腾来对人群进行分类,但有一点仍然是共同的,那就是现代身份认同仍然建立在分类的基础之上。通过分类,现代社会中每一个体和群体的地位、个性以及独立人格(也即身份)才得以被彰显,并使其自身与其他个体和群体相互区别开来。这些分类诸如各类职业及群体:工人、农民、教师、医生、官员、律师、科学家、艺术家;各种家庭角色:母亲、父亲、丈夫、妻子、子女;各种流行文化及亚文化群体:球迷、车迷、追星族、朋克党;各种性取向群体:同性恋、异性恋、双性恋,等等。

在涂尔干的《社会分工论》中,这种身份赖以建构的分类体系显然也正是某种社会分工的形式。涂尔干认为,只有通过社会分工,整个社会才能被凝聚、团结并且整合起来。根据社会历史的发展,他把社会团结划分为机械团结和有机团结两大类型。辩证法思想告诉我们,凝聚、团结和整合的目标也只有通过涣散、区隔和离析的手段才最终得以达成。为了实现社会的凝聚、团结和整合目标,社会就需要依靠学校、法律、监狱和军队等机构,来对威胁这些目标得以实现的行为进行教育、团结、整合、规训和毫不留情的惩罚。社会学和人类学的研究

---

① [法]爱弥儿·涂尔干、马塞尔·莫斯:《原始分类》,汲喆译,上海人民出版社2000年9月第1版,第6页。

实践还表明，这些社会团结和整合机制在所有社会中都概莫能外。例如，每个社会都有自身的教育体系，都有自身的法律、监狱、警察和军队等强制力机构；法律条文则要么是成文法，要么是习惯法。社会正是仰赖于团结和维护团结的各种机制，才最终得以维系和发展起来，也才最终创造出了灿烂辉煌的人类文明。

涂尔干对机械团结和有机团结进行划分的思想有助于我们深入认识传统社会和现代社会中身份认同的各自特点，那就是传统社会中身份认同的稳固性和现代社会中身份认同的流动性。

涂尔干认为，在传统社会中，"无论范围是大是小，它（社会团结）所具有的社会整合功能显然是建立在包含着某种共同意识同时又受到这种共同意识规定的社会生活的基础之上的。意识越是能够使行为感受到各种不同的关系，它就越是能把个人紧密地系属到群体中去，继而社会凝聚力也会由此产生出来，并戴上它的标记。另一方面，这些关系在数量上也是与压制性规范成正比的。"[①]在传统社会中，这种凝聚力和社会团结往往是依靠风俗、习惯、道德伦理以及法律等手段来维系的，而权威就有社会习俗的权威、道德伦理的权威、宗教信仰的权威和政治集团的权威等，在具体的操作层面，这些权威往往又诉诸法律和社会强制力量，来对损害集体情感、荣誉、威胁宗教信仰、道德伦理和扰乱统治秩序的群体和个人实施毫不留情的严厉制裁和惩罚。因此，传统社会中的身份是相对静态的和稳固的，流动和变化的速度异常缓慢。而到了现代社会，社会分工导致了社会个体之间差异性的增强。集体人格和集体意识再也不能遮蔽和取代个体人格和个体意识。社会离心力量的增强使得它不得不重新寻求社会团结的新的力量和机制。正是在这样的语境之下，大量的亚文化群体才纷纷涌现出来。涂尔干说："一方面，劳动越加分化，个人就越贴近社会；另一方面，个人的活动越加专门化，他就越会成为个人。"[②]但社会秩序要想得以维系，无论是机械团结还是有机

---

① ［法］埃米尔·涂尔干：《社会分工论》，渠东译，生活·读书·新知三联书店 2000 年 4 月北京第 1 版，第 71 页。
② 同上，第 91 页。

团结,它们都必须拥有与自身相适应的法律规范体系,每一成员也都必须无条件地遵守其所在社会中的法律和规范体系。正因为如此,卢伯克才说,野蛮人并不自由,其社会中的许多严格规范,虽然不成文,但却严格支配其生活世界中的一切行为。① 而到了现代社会,我们日常生活中的每一个领域,几乎都充斥着数不胜数的法律条文。不但如此,在任何一个现代意义上的国家政体中,法律要素和宗教要素之间,也都基本上实现了彻底的分离——上帝的归上帝,凯撒的归凯撒。正是基于这样的思路,涂尔干才认为分工不仅是社会团结的主要源泉,同时也是道德秩序的基础,"就像个人之间的冲突只能受到能涵盖所有人的社会规定作用的约束一样,社会之间的冲突也只能由涵盖所有社会的社会规定作用来约束"②。显然,如果文明进步和幸福生活仍然是值得人类期待并努力追寻的目标的话,那么文明进步和幸福生活赖以建立的社会秩序和社会道德,乃至全人类所有社会中的社会秩序和所有社会中的道德类型便也只能建立在这样的约束机制之上。

对涂尔干社会学思想的回顾还表明,在所有的社会形态中,身份认同(无论是在个体层面还是在群体层面)都是社会团结和社会冲突产生的重要根源之一。进一步探究可知,这其中蕴含着一系列的相互对立和相互冲突的辩证要素:本我与超我、自我与他人、个体与群体、我族与他族、全球与本土等等。这些相互对立和相互冲突的辩证要素,就构成了身份认同得以展开的辩证法。也正因为如此,本课题的研究将从历史、社会和心理三重维度上,在人类重要的设计创造实践领域,来对身份认同的辩证法展开一次系统的考察与反思。

霍克海默和阿多诺的启蒙辩证法思想表明,人类从传统社会向现代社会的转型过程,也正是启蒙运动的不断推进过程。在这一过程中,"神话变成了启蒙,自然变成了纯粹的客观性。人类为其权力的膨胀付出了他们在行使权力过程中

---

① 同上,第98页。
② 同上,第359-363页。

不断异化的代价"①。正因为启蒙所带来的绝非仅仅只有文明的进步和人类福祉的增进，它还伴随着人性自身的异化、惨绝人寰的战争、对大自然的疯狂掠夺和破坏，以及政治独裁和灭绝人性的种族大清洗、大屠杀等，所以对于启蒙我们就不能只是一味地欢呼雀跃，还迫切需对其加以批判和反思。霍克海默和阿多诺《启蒙辩证法》写作的出发点正源于此。

在西方近代历史上，声势浩大的启蒙运动，毫无疑问极大推动了人类社会政治、经济、文化、科学、技术和艺术的极大发展与繁荣，给黑暗中世纪的漫漫长夜带来了人类文明的曙光，人类历史从此拉开了迈向光明新世纪的序幕。

在马克斯·韦伯的社会学描述中，启蒙运动诉诸强大的祛魅手段，最终在人类社会生活的所有领域稳固确立起了现代性：在政治领域，祛魅主要表现为政治与宗教的彻底分离；在科学领域，主要表现为告别迷信，建立起以实证科学为典范的现代知识体系；在社会领域，主要表现为科层制度和官僚体制的建立等。显然，正如前文所言，作为启蒙后果的现代性，其复杂性和多面性绝不逊色于其他的任何社会现象，对其认识也只有抓住其中的关键环节才能切中问题的要害。而身份正是这样的一个关键环节。英国著名社会学家安东尼·吉登斯就认为，"现代性是一种后现代秩序；在这种秩序中，'我将如何去生活'这一问题只有在如吃穿住行等日常生活的琐事中方能得到答案，而且只有在自我认同的不断呈现中方能得到解释"②。显然，"自我认同的不断呈现"过程，也正是一个辩证法得以展开的重要过程。

随着启蒙运动的不断深入，现代社会的身份不再是传统社会中那个稳定不变的"本质"，而是充满了不确定性、流动性和变异性。正如英国著名文化研究学者斯图尔德·霍尔所指出的，存在着两种不同的对于"文化身份"的思考方式：

---

① [德]马克斯·霍克海默、西奥多·阿道尔诺：《启蒙辩证法》，渠敬东、曹卫东译，上海世纪出版集团2006年4月第1版，第6页。
② [英]安东尼·吉登斯：《现代性与自我认同：晚期现代中的自我与社会》，夏璐译，中国人民大学出版社2016年4月第1版，第14页。

第一种方式把文化身份定义为某种单一本质、某种集体性的"真我"、某种隐藏于内的诸多面相、某种更表面或人为强加的"自我"、某种拥有共同历史和祖先的东西。在这一思考方式之下,文化认同为我们提供了成为"一个人"所必不可少的稳定不变并且是连续的框架与参照意义,它反映了我们共同的历史经验和共同的文化守则。显然,这正是传统社会的文化身份观念。而到了后现代社会,我们则通常以另一种极为不同的方式来对文化身份进行思考。霍尔认为这种思考方式有如下一些特点:文化身份和存在一样,是一个永远处于未完成状态的、不断生成的过程,它有其自身的历史性和地域性,而并非某种超越时空的东西;它是两个同时运行的轴或向量:即相似性和连续性、差异性和断裂性的向量。[1]

显然,霍尔的描述正深刻地揭示出了传统社会和现代社会中身份认同的各自特征。

二、文化认同与民族认同

在人类学和社会学的研究领域,文化和民族,是两个充满歧义并且内涵和外延都极为模糊不清的概念。因此,想要对文化认同和民族认同加以厘清,毫无疑问是一件困难重重的事情。但尽管如此,通过梳理,形成某些较为一致的看法仍然是有希望的。

通常来讲,民族概念的外延要比族群概念的外延要大。《种族、族群性和文化词典》说:"民族一词的含义通常指通过文化、语言、传统和共同利益团结起来的一个人群。"[2]而对于族群和族群性(Ethnicity),学界通常认为它与种族(race)概念并无实质性的差别,它们是两个易变的社会范畴,往往会因为诸多现实利益

---

[1] Stuart Hall, *Cultural Identity and Diaspora*, in Jonathan Rutherford (ed.), Identity: Community, Culture, Difference, London: Lawrence & Wishart 1990, p. 226.

[2] Dictionary of Race, *Ethnicity and Culture*, edited by Guido Bolaffi, Raffaele Bracalenti, Peter Braham & Sandro Gindro, SAGE Publications, First published 2003, p. 195.

的考量而调适自身的身份认同，从而很容易为其他族群和种族所同化。族群和种族的边界通常为特定的社会进程所模塑而又不断被打破和相互融合。显然，如果以这种观点来理解，那么在现代语境中，种族和族群概念就可以看作所有社会中诸多纷繁复杂的社会矛盾、政治组织和文化/意识形态以及其他意义等相互争夺的一个纷纷扰扰的战场。

相对于民族概念，文化概念的模糊性和歧义性就更为明显。著名的《圣徒文化研究词典》(The SAGE Dictionary of Cultural Studies)就说："文化是一个复杂而又充满了争议的词汇，因为这个概念根本表征不了任何一个独立客体世界中的实体。最好的方式毋宁把它理解为一个移动的能指，它能够确保我们以一种独特而又充满差异的方式，谈论人类活动的不同目的。也就是说，文化概念是一个对于作为一种生命形式并且希望用它来从事不同营生的我们多多少少有些用处的工具，其用法和意义则处于持续不断的变化之中。"①显然，这段文字以近乎调侃的方式，对文化概念的模糊性和歧义性特征进行了批判。极富讽刺意味的是，尽管文化概念充满了模糊性和歧义性，但它却是近些年出现频率最高的词汇之一，无论在日常谈话还是学术活动中，无论是政府还是民间的各种文本及实践活动中，还是铺天盖地和形形色色的各类媒体中，人们总是在乐此不疲地谈论文化。而相对于《圣徒文化研究词典》对文化概念的接近虚无主义的态度，国内学者陈国强主编的《简明文化人类学词典》的态度则要务实得多。它指出："文化在人类学中，通常指人类社会的全部活动方式。它包括一个特定的社会或民族所特有的一切内隐和外显的行为、行为方式、行为的产物即观念和态度。"②尽管这里对待文化概念的态度要务实和积极得多，作者也努力想要给予文化一个界定清晰的概念，但是这一切对于廓清文化概念的模糊性和歧义性，其作用仍然极其有限。

---

① Chris Barker, *The SAGE Dictionary of Cultural Studies*, SAGE Publications, First published 2004, p. 44.
② 陈国强主编：《简明文化人类学词典》，浙江人民出版社 1990 年 8 月第 1 版，第 70 页。

以上的简要回顾表明,对于文化概念的精确辨析,一方面远远超出了笔者的能力范围之外,另一方面它显然也非本文探讨的重点。

抛开文化概念的模糊和歧义不论,文化认同和民族认同之间却有着种诸多错综复杂的深刻关联。我们可以这样理解:民族认同是文化认同得以产生的基础和根源,而文化认同的内容基本上都来源于民族的民族性特征,而这种民族性正表现为民族文化特性,也即能与其他民族文化相区别的本民族文化特性。正如有国外文化研究者所指出的,对于民族性,可以从以下三个层面来进行考察:首先是对于民族集团相对同质的文化遗产的爱戴;其次是对于一个民族集团融合于其中的国家所具有的多少是同质的文化遗产的依附;第三是同一个由确立的民族集团或国家组成的超民族团体所具有的共同文化特质的关联。① 这位学者在此强调的文化同质性,显然正是文化认同和民族认同得以产生的保证、根基和关键。但显然,在同质与异质、自我与他者、地方与全球、本文化与异文化之间却始终存在着一组矛盾对立的辩证因素。民族认同和文化认同的过程,正是在这些辩证因素之间同时在历史、社会和心理维度上展开的辩证过程。因此,对这一辩证过程展开历史、社会和心理三重维度的深入考察与描述,正是揭开民族认同和文化认同神秘面纱的关键所在。

正如前文所指出的,由于社会政治、经济和文化状况的根本转型,相对于传统社会,现代社会中的身份认同发生了深刻变化。作为身份认同全部源头的民族认同和文化认同,在这一根本转型和深刻变化面前,自然不能"独善其身"。随着全球化进程的不断加剧,在同一民族内部、传统与现代之间、世界不同民族之间、国家与国家之间由于相互接触、相互交往,在文化上开始相互融合,呈现出你中有我、我中有你的"大同"格局。在这一独特语境下,每一文化中的每一个体,在其日常生活中,更是游走于传统与现代、本土与全球、本文化与异文化之间,对不同地域、民族、个体和群体文化之间的差异也更为敏感,个体、群体和民族对于

---

① [黎]萨利姆・阿布:《文化认同性的变形》,商务印书馆 2008 年 1 月第 1 版,第 12 页。

自身文化身份的认同意识也更为自觉和强烈。这一根本变化的发生，也正是文化身份辩证法进程推动的重要结果。

尽管全球化在人类历史上经历了一个漫长的历程（有学者甚至把人类的全球化历程追溯到 170 万年前非洲直立智人的大迁徙运动），但它本身却是一个加速度的运动过程。越到现代，这一历程给世界每一地域、每一民族文化所造成的影响和冲击就越是巨大，越是无所不在。

现代社会中的这种影响和冲击在个体层面上被吉登斯的社会学描述为一种存在性焦虑。之所以会产生这种存在性焦虑，吉登斯认为它一方面与现代性的自我反身性有关，是"现代性的反身性延伸至自我的核心部分"的结果；另一方面它又与整个世界的现代性状况密不可分。焦虑通常由个体生活史的变迁和断裂所引发，而生活史的变迁和断裂往往导致心灵重组。而在传统社会中，这种重组往往要诉诸个体所在文化中的诸多"生命仪式"才得以顺利完成。因为在这些传统文化中，无论在个体层面还是集体层面，这些"生命仪式"以及外界的社会制度、社会事务几乎亘古不变，所以一切都按部就班，焦虑也几乎从来不会产生；而在现代社会中，个体生活的变迁往往同时伴随着社会的变迁，过去传统社会中所有亘古不变的道德、制度、仪式和习俗等，在外来的异文化和现代启蒙运动祛魅的双重挤压之下开始严重变形，最终变得七零八落和破败不堪。个体尽管面临着过去时代从未有过的无数个全新选择，但这无数个全新选择将产生的后果却又往往不得而知，因此一种强烈的"荒谬感"和"被抛"感便油然而生。现代性的存在性焦虑也正由此产生。

严格说来，任何的认同都离不开主体的自反意识。只有当主体自我与他者相遭遇，他者文化之特异性被纳入主体自我意识的意向性对象中并且进而激发起主体自我意识的反思之时，不同文化之间的差异性才能够被感知到，主体的自我意识也才能够建立起来。显然，这种主体的自我反思意识正是认同得以产生的前提。从这一层面上说，无论是民族认同还是文化认同，其根本还在于主体的自我反思意识。显然，这同样是身份认同在个体心理层面上展开的一个辩证过程。

三、现代性语境下的民族认同和文化认同

在人类历史上,通常认为,建立在部落和部落联盟基础上的部族,正是民族的前身或民族起源的基础。而对于部族,人们通常认为它们具有共同的地域、语言、文化、宗教信仰和经济形态等特征,并且通常建立在血缘关系的基础之上。但随着人类社会的发展,这种血缘关系在部族形成的过程中显然已经逐步减弱,并最终为地域联系和文化联系所取代。在此基础上,部族才最终发展为民族和国家。以美国学者科特金的话说,"部族最基本的特点,是拥有一个共同的起源、有共同的价值观的族群意识"[①]。以此观点来进行审视,那么族群意识进而是民族意识,正是民族认同和文化认同得以维系的根本所在。

在科特金的研究中,民族认同和文化认同得以维系的族群意识或民族意识,并未随着全球化进程的推进而逐步减弱,而恰恰相反,在高度全球化的今天,它们却似乎正呈现出日渐复苏和强大的态势,并且日渐成为全球经济和政治演进中的决定性因素之一。正因为如此,他才认为考察这些跨越了地域界限的"全球部族",在文化认同研究领域具有极为重要的作用和价值。

其实,以辩证法的视角来进行审视,这正是人类社会在从传统向现代的转型过程中,伴随着全球交往的不断频繁,在传统与现代、本土与全球、自我与他者、本文化与异文化、主观与客观等要素相互作用和辩证运动的结果。美国著名人类学家本尼迪克特·安德森在对民族和民族主义起源问题进行探讨的过程中,就充分领悟到了这些对立要素在辩证运动过程中所营造出的一种极富张力的状态。他把这种张力状态具体描述为以下几个方面:民族在历史学家眼中客观的现代性与民族在民族主义者眼中主观的古老性之间;民族归属作为社会文化概念的形式的普遍性与民族归属在具体特征上的特殊性之间;各种民族主义在"政

---

① [美]乔尔·科特金:《全球族:新全球经济中的种族、宗教与文化认同》,王旭等译,社会科学文献出版社 2010 年 4 月第 1 版,第 2 页。

治上"的一致性和强大性与在哲学上的不统一性和贫弱性之间。① 对于安德森来说，这种张力状态在现代民族和民族主义的"创造"和"建构"过程中是无处不在的。正因为如此，他才认为民族、民族主义或民族归属是"一种特殊类型的文化的人造物"，是一种"想象的共同体"。他说："这些人造物之所以在 18 世纪末被创造出来，其实是从种种各自独立的历史力量复杂的'交汇'过程中自发地萃取提炼出来的一个结果；然而，一旦被创造出来，它们就变得'模式化'（modular），在深浅不一的自觉状态下，它们可以被移植到许许多多形形色色的社会领域，可以吸纳同样多形形色色的各种政治和意识形态组合，也可以被这些力量吸收"，而且"这些特殊的文化人造物会引发人们如此深沉的依恋之情"。② 也正是本着这样的出发点，安德森分别从宗教共同体和王朝两个文化根源上，对民族主义的起源进行了深入探讨。显然，这种"深沉的依恋之情"，正是民族认同和文化认同得以建构起来的强大推动力量。

美国著名学者马歇尔·伯曼在充分借鉴马克思政治经济学思想的基础上，对这一辩证运动过程做了一个较为全面的描述。他说："世界市场的扩展吸收并摧毁了他所触及的一切地方和地区的市场。生产和消费——以及人的需要——日益国际化和世界化。人类欲望和需求的扩大远远超出了地方工业的能力，导致地方工业的崩溃。世界性的交通规模已经形成，技术复杂的大众传媒已经出现。"③可以这样认为，正是这种生产领域日渐蔓延的世界化和国际化趋势，加大了全世界诸多地域和本土民族文化之间相互遭遇的可能性和范围。这种相互遭遇最终激发起了世界每一民族文化对于世界化和全球化的不断抵抗。民族国家正是在这一抵抗过程中出现并逐步走向发展壮大的。在伯曼的分析中，这一辩证法也同样在人类个体的层面上得以展开。他说："在个人发展的领域，我们同

---

① ［美］本尼迪克·特安德森：《想象的共同体：民族主义的起源与散布》，吴叡人译，上海人民出版社 2011 年 8 月第 1 版，第 4 - 5 页。
② 同上，第 4 页。
③ ［美］马歇尔·伯曼：《一切坚固的东西都烟消云散了：现代性体验》，徐大建、张辑译，商务印书馆 2013 年 9 月第 1 版，第 116 - 117 页。

样能看到出现在经济发展中的这种辩证法运动：在一个一切关系都很不稳定的体系内，资本主义的生活形式——私人财产、雇佣劳动、交换价值、对利润的永不满足的追求——怎么能单独不变呢？"①经济领域的巨大变迁，摧毁了传统社会中稳固而一成不变的经济关系、社会关系和文化关系，而这一切又进一步都促发了个体重新思考自身身份和文化认同的定位问题。马克思在《资本论》一书中，对资本主义的到来给传统社会中的个体生活、社会关系、文化关系、价值观等所带来的冲击有过一段非常精彩的描述："一切固定的冻结实了的关系以及与之相适应的古老的令人尊崇的观念和见解，都被扫除了，一切新形成的关系等不到固定下来就陈旧了。一切坚固的东西都烟消云散了，一切神圣的东西都被亵渎了，人们终于不得不冷静地直面他们生活的真实状况和他们的相互关系。"②

可见，无论在群体还是个体层面上，民族认同和文化认同都是对立要素之间辩证运动的结果。在西方现代性历程中，自始至终都伴随着对于民族、种族、文化和宗教信仰等自觉的区分意识。正如霍克海默和阿多诺指出的，"今天，种族已经成为资产阶级个体与一种野蛮群体相认同的自我确证"③。在现代性的启蒙运动进程中，工人阶级、资本家、犹太人、黑人、疯人、异教徒以及之后的中产阶级等个体和群体，都曾在资本主义体系中被严格地区分开来，成为资本主义社会中个体和群体相互之间进行"自我确证"的鲜活的参照系。而在吉登斯的描述中，"在前现代情境中，传统在行动与本体论框架的联接上发挥着重要作用，传统为现代生活提供了一种专门适应本体论认识对象的组织性媒介"④。有了这种组织性媒介的强大支撑，主体借此才能够建立起一种坚实的本体安全。而到了现代社会，正如上文引用马克思的话所说的那样，"一切坚固的东西都烟消云散

---

① 同上，第124页。
② 同上，第122页。
③ ［德］马克思·霍克海默、［德］西奥多·阿道尔诺：《启蒙辩证法：哲学片段》，渠敬东、曹卫东译，上海人民出版社2006年4月第1版，第154-155页。
④ ［英］安东尼·吉登斯：《现代性与自我认同：晚期现代性中的自我与社会》，赵旭东、方文、王铭铭译，生活·读书·新知三联书店1998年5月第1版，第45页。

了"，主体因此陷入深刻的、挥之不去的存在性焦虑。也正是这种现代人特有的存在性焦虑，才最终导致了身份认同危机的爆发。我们甚至可以说，现代性语境下的民族认同和文化认同，正是在历史、社会和心理三重维度上同时展开的一个辩证法过程。

第二节　历史、社会和心理：民族认同的三重维度

一、民族认同的历史维度

人类社会的发展实践表明，民族不但是一个政治和意识形态范畴，同时还是一个历史范畴。民族认同的历史就是民族共同体逐步形成和发展的历史，是现代民族国家诞生和发展壮大的历史，也是世界各民族独立和解放运动的历史。

从这一角度来看，民族认同其实是一个非常漫长的历史过程，其历史甚至和人类自身的历史同样古老。显然，民族认同产生于民族对于自身文化的一种"自我意识"，而这种"自我意识"只能由"他者"民族文化的差异性所激发，并且是在与"他者"民族文化的遭遇过程中，由于认识到与自身文化的差异性而逐步变得自觉。这显然是一个漫长的历史过程。

从这一角度来进行审视，那么民族认同显然是一个历史的范畴。与此同时，正如前文所指出的，其在历史维度上的展开过程同时也是一个辩证法的过程。

人类历史上不同民族集团之间的交往历史，既是一段战争、冲突、征服及和解的历史，又是一段不同民族文化间相互交流和融合的历史。同时，这一历史进程又始终伴随着辨认、区分、识别和认同的活跃实践。世界不同民族历史上遗留下来的大量古老文献，都曾对这一历程做出过生动的记述。比如，中国从夏、商、周时代的甲骨文、钟鼎铭文等文献开始，就有了对华夏和夷、狄之间的自觉划分；之后的春秋和战国时代的文献中，对于中原民族和夷、狄、犬戎等少数民族的区

分就更为普遍。在这种识别和区分实践中,显然已经包含着华夏汉族作为主体民族一种强烈的优越感和对其他少数民族文化上的贬低。

在基督教文献《圣经》的记载中,无论是阿拉伯人的先知穆罕默德、犹太人的先知摩西还是基督徒的先知耶稣,都是亚伯拉罕的子孙,都是闪米特人,也都是诺亚的后代,但由于他们的祖先与不同的人结婚,所以才造成了他们之间的差别:穆罕默德的祖先以实玛利是亚伯拉罕和使女夏甲凭血气所生,其生而为奴,所以以实玛利的后裔,在上帝的救恩计划中是"非正统"的,他的后裔就是现在的阿拉伯人。摩西和耶稣的共同祖先以撒是亚伯拉罕和自主之妇人撒拉所生,撒拉代表《新约》恩典之约,她所生的以撒乃是凭应许生的,所以,以撒的后裔在上帝的救恩计划当中,成为"正统",其后裔就是现在的以色列人(犹太人)。按照《圣经》,以色列人又分为"肉体"的以色列人和"属灵"的以色列人,而基督徒的先知就是"属灵"的以色列人。透过《圣经》的这些描述,民族之间的划分,甚至民族之间高低贵贱的划分都已经昭然若揭。古罗马著名历史学家希罗多德在《历史》一书中曾有这样一段描述:"那就是我们共同的希腊性:我们流淌着共同的血液、说同一种语言;(无论是斯巴达人还是雅典人)我们都信仰共同的神祇并且祭献共同的物品,我们拥有共同的习俗,以共同的方式被养育。"[1]显然,这里强调的所谓共同的"希腊性",正是希腊在与外族(在古希腊历史上主要是波斯人)持续不断的战争和交往过程中,由于与他者文化的遭遇并出于团结自身民族同盟的目的而变得越发自觉。这显然是民族认同一个历史辩证法的展开过程。

在人类历史上,民族认同的辩证法也是同一性和差异性之间的辩证法。历史研究表明,人类最初的社会组织——氏族就建立在血缘关系的基础之上,氏族成员之间依靠血缘来维系彼此之间的关系。这时,此一氏族与彼一氏族之间的同一性和差异性在两个氏族成员之间彼此接触时才得以被彰显出来。这种同一性由于遭遇到差异性的挑战和对抗而变得脆弱和急迫,它急需在与对方的差异

---

① [古罗马]希罗多德:《历史》,王以铸译,商务印书馆1959年5月第1版。

性的对照中返回自身、肯定自身，而差异性又不断挑战和对抗着这种同一性，并且极力想要否定这种同一性。正如保罗·利科从哲学角度所做的深刻阐释那样。他说："检验个人同一性或集体同一性的脆弱性的这种威胁不是虚幻的：显而易见的是，自从有可能像上面提到的那样，以其他方式进行叙述以来，权力的意识形态以一种令人不安的成功着手操纵这些脆弱的同一性（他通过行动的象征中介，并主要借助于叙事布局的工作所提供的变化的根源达到这一点）。这样，这些重新配置（reconfiguration）的资源（resources）就变成了操纵的资源。"①显然，如果我们从广义上来理解意识形态这一概念，那么人类社会中的意识形态操纵就无处不在，它广泛存在于人类社会不同层级的社会和组织实践中。而利科所说的对"这些重新配置的资源"进行"操纵"的实践，很大一部分则正是我们这里所指出的同一性和差异性之间的辩证法实践。同一性的脆弱性、紧迫性与差异性的顽固性、永恒性之间充满了永不停歇的斗争，这一斗争展开的战场也正是意识形态之硝烟不断的战场。在氏族与氏族之间的同一性和差异性的长期斗争实践中，一些更具同质性的氏族之间产生了强烈的联合、团结的需要，这种联合与团结实践本身，也是同一性克服差异性的、既团结又斗争的过程的实践，这种实践的结果便是更大社会组织——部落的最终形成。此时，部落内部的同一性取代了氏族内部的同一性和不同氏族之间的差异性，部落实现了更高层次的同一性。与此同时，部落的同一性又不断遭遇其他部落之间差异性的挑战与对抗，这种挑战和对抗又使得部落与部落之间的团结、联合成为当务之急，因此部落联盟便产生了。之后的部族、民族和国家，便在这种永不停歇的团结、联合与挑战、对抗及斗争的历史辩证法过程中得以逐步产生出来。

到了近现代，由于资本主义的崛起，伴随着宗教运动、战争、侵略、殖民、经济贸易等资本主义实践，世界不同民族之间的交往无论在广度还是深度，都远远超越了以往的任何一个前工业时代。世界不同民族之间同一性和差异性之间的历

---

① ［法］保罗·利科：《承认的过程》，汪堂家、李之喆译，中国人民大学出版社 2011 年 11 月第 1 版，第 89 页。

史辩证法运动更是趋于紧张和活跃。

在人类学家本尼迪克特·安德森的眼中,民族的存在尽管是人类历史上的一个古老事实,但现代话语系统中的"民族"却是一种现代意义上的想象共同体,它的出现和存在需要具备两个历史条件:其一是认识论上自中世纪以来人们理解世界方式的根本变化;其二是一个社会结构上"资本主义、印刷科技与人类语言宿命的多样性这三者的重合"。① 显然,无论是认识论上的还是社会结构上的变化,都离不开民族"自我意识"的逐步觉醒。因此从这一角度看,民族认同和文化认同心理维度上的辩证法显然是历史维度上的辩证法得以展开的基础和前提条件。

安德森所指出的这两个历史条件,正是现代民族和民族主义诞生的重要条件。对历史的回顾可知,在漫长的中世纪,欧洲人看待世界的方式,正是一种典型的基督教徒的方式:整个人类被划分为基督徒和异教徒两大部分;它打破了异教世界循环论的时间观,把时间历程看作一个通向末日的直线进程,是一种典型的线性时间观,所有人都将在末日接受审判。随着资本主义和现代自然科学的发展,工具理性压倒了基督教的价值理性。在现代启蒙运动的推动之下,整个欧洲社会开始了马克斯·韦伯意义上的祛魅过程,伴随着资本主义的全球扩张和殖民进程的不断推进,世界不同民族文化之间同一性和差异性之间的张力平衡状态遭受了无情的破坏。张力平衡状态的破坏,引发了世界各民族自我意识的深刻觉醒,同一性的脆弱性、紧迫性与差异性的永恒性之间的对抗日趋激烈。这就是19世纪末和20世纪初,世界范围内民族解放运动风起云涌的根本原因。在广大非西方世界的民族解放运动过程中,民族文化的同一性和差异性这一对辩证法要素,成为世界各民族尤其是非西方民族意识形态操纵的重要手段和工具。在社会结构上,"资本主义、印刷科技与人类语言宿命的多样性这三者的重合",更是为民族主义的进一步发酵和风起云涌创造了必不可少的条件。于是,

---

① [美]本尼迪克特·安德森:《想象的共同体:民族主义的起源与散布》,上海人民出版社2005年4月第1版,第45页。

民族成为现代话语系统的重要组成部分。这同样是辩证法展开的一个历史过程。

二、民族认同的社会维度

显然，民族认同是一种重要的社会现象，是民族同一性与差异性之间的辩证法在社会维度上的一个展开过程。任何一个民族团体，若想要维护自身的民族文化认同，就必须与异民族文化的差异性展开永不停歇的斗争。这对于世界各民族来说，永远是一个社会意识形态硝烟不断的战场。

在这一战场中，强有力的民族集团会充分利用诸多的意识形态工具——语言、地域、文化、历史、记忆、公共事件、艺术、出版印刷、教育、法律、风俗习惯、节日、甚至宗教信仰等民族文化要素——来不断地操纵、强化自身民族文化的同一性特质，并有意识地与其他民族集团的文化相互区别开来。

然而，这既然是一个辩证法的展开过程，就决定了无论民族集团的意识形态操纵如何有力，也无论其他民族集团对这种操纵的排斥和对抗力量有多强烈，辩证法的本质就决定了不同民族集团文化之间以及民族认同实践本身绝非铁板一块，也绝不意味着不同民族集团文化之间是一种水火不容的状态。按照某位国外学者的说法，它们注定要产生"文化认同的变形"，也就是说，在整个辩证法的展开过程中，自始至终都伴随着"整合"与"涵化"实践。尤其是在全球化时代，世界上任何一个民族集团，其群体和个体都不可避免地要"嵌入全球社会的经济、社会和政治结构"中，不同民族集团文化之间进而会在"整合的所有层面上"，承受文化的碰撞。① 因为在全球化时代，不同民族集团文化之间的交往已经成为不可避免的事实。任何一个民族，想要逃避这一过程事实上已不可能。

美国学者康纳顿在《社会如何记忆中》一书中，深入探讨了社会记忆和社会

---

① ［黎］萨利姆·阿布：《文化认同的变形》，萧俊明译，商务印书馆 2008 年 1 月第 1 版。

政治之间的关系问题。① 他对这一问题的探讨是在对法国大革命的精彩回顾中来展开的。他认为,法国大革命中的路易十六被送上了断头台,但革命者杀死的绝不仅仅是一个自然的人,他们杀死的是一个社会关于波旁王朝的记忆,是作为一个特定历史阶段标志的政治身份。而杀死记忆的目的恰恰是为了强化记忆,强化关于王朝统治的记忆,目的是要在过去、现在和未来之间划定一个明确的"区隔",打破时间的延绵性质,人为斩断与过去的一切关联,使得现在成为未来一个崭新的开端。而这一切又都是在特定的社会仪式中完成的,这个特定的社会仪式就是绞死路易十六的社会仪式。接下来康纳顿又对法国大革命时期人们的着装习惯和风尚进行了分析。在大革命氛围鼓舞之下的人们(特别是低等级的人们)厌恶把人区分为三六九等的王朝时代服饰,纷纷转而追赶新的潮流。这是旧王朝覆灭之后整个社会的狂欢,它代表着旧秩序的崩溃和新秩序的诞生。

正如作者接下来引用的奥克肖特(Oakeshortt)的话所说的那样,"一定不要把政治意识形态理解为'为政治活动独立预谋的开端',而是要理解成具有抽象、概括形式的关于'参与社会分类的具体方式'的知识;这种意识形态永远是某种具体行为方式的缩影;要理解为,一种习惯行为不可能不是关于细节的知识,因为'必须要学会的,不是一套抽象的观念或者一套窍门,甚至不是一个仪式,而是一种具体连贯、极错综复杂的生活方式'"②。以这样方式来理解意识形态显然是全面的也是准确的。也就是说,意识形态已经渗透到了社会生活的日用伦常当中,甚至成为我们每一个人无意识中的某种"习惯"甚至"生活方式"。

不但如此,康纳顿还回顾了历史上的政权对社会记忆的操控。对社会记忆的操控,其目的在于使现有社会秩序合法化。正如法国大革命中的革命者要通过斩断过去记忆的方式来强化对于过去的记忆那般。这表面上看起来充满悖谬,其实不然。历史上的统治者,正是通过对民众社会记忆信息的操纵,才最终

① [美]保罗·康纳顿:《社会如何记忆》,纳日碧力戈译,上海人民出版社 2000 年 12 月第 1 版,p. 1 - 7。
② 同上,p. 7。

实现了自身统治秩序的合法化。在这一过程中，他们人为地斩断某些记忆（就如同法国大革命中的革命者们所做的一般），又人为地强化某些记忆（如把路易十六推上断头台）。在这一选择过程中，现有秩序得以合法化。统治者在这一过程中往往还控制或迫害历史记忆的书写者，这在中国古代史书上早有记载：秉笔直书的史官被恼羞成怒的帝王杀害。正是在这一意义上，著名历史学家科林伍德才说：历史是一位百依百顺的少女，任你梳妆打扮。

也是站在同一立场上，著名哲学家保罗·利科从记忆现象学（Memory phenomenology）的角度来对意识形态的记忆操纵进行了现象学的描述。利科显然是辩证法大师，他的哲学思想也广泛吸收了黑格尔辩证法的精髓。他深入探讨了自然记忆的运用和滥用。他经由病理治疗学层面（*The Pathological-Therapeutic Level*）的阻塞性记忆（*Blocked Memory*），通过实践层面（*The Practical Level*）的操纵性记忆（*Manipulated Memory*），最终抵达政治-伦理层面（*The Ethico-Political Level*）的强迫性记忆（*Obligated Memory*）的辩证法过程的描述，实现了其对意识形态的深刻批判。①

在安德森的思想中，民族作为一种"想象共同体"，这种"想象"的主要成分，便是一种民族文化的同一性幻象。这种同一性幻象在集体想象的意识形态中，是某种固若金汤、不可动摇的东西。然而事实上，这种同一性正如利科所言，是一种脆弱的同一性。脆弱一方面表现在它无时无刻不在被动地遭受着来自异文化之永恒差异性的质疑、挑战与攻击，另一方面则表现在它每时每刻都在多多少少也是颇为主动地接受来自异文化的"整合"与"涵化"。无论民族集团的意识形态如何强大，也无论民族集团如何一厢情愿并且强烈地想要维护自身民族文化的所谓纯洁性和同一性，但这种与异民族文化之间的"整合"与"涵化"，总是在不可避免地在发生着。

显然，这便是民族认同在社会维度上的辩证法展开过程。严格说来，当民族

---

① Paul Ricoeur，*Memory*，*History*，*Forgetting*，Translated by Kathleen Blamey and David Pellauer，the University of Chicago Press，2004.

文化之同一性在尚未遭遇到异民族文化之差异性的挑战和攻击之前,其对自身文化的同一性进而是民族认同本身并不具备一种自觉意识。而只有当这种同一性遭遇到"他者"文化否定性力量的攻击之时,它才产生了维护自身文化同一性进而是民族认同的强烈的自我意识。与此同时,在与异民族文化的遭遇过程中,它也根据实际需要,不断地调整自身文化的某些要素,这便是"整合"与"涵化"的发生。当"整合"与"涵化"进行到一定程度之时,该民族文化便在另一水平上重新实现了某种同一性。这显然也是一个循环往复而又永不停歇的在社会维度上的历史辩证法展开过程。

三、民族认同的心理维度

前文的论述表明,作为人类重要文化现象的民族认同和文化认同,既是一个历史的范畴又是一个社会的范畴。但与此同时,民族认同显然还是一个心理学的范畴。民族认同在人类历史和社会实践中通常表现于个体或群体的社会行动层面,正是这些社会行动,创造了世界各民族多姿多彩而又辉煌灿烂的民族文化。如果进一步追溯这些个体或群体的行动,那么其背后的动力源显然来自民族文化中每一个体或群体的心理层面。豪格和阿布拉姆斯说:"归属于某个群体(无论它的规模和分布如何)在很大程度上是一种心理状态(psychological state),这种状态与个体茕茕孑立时的心理状态截然不同。归属于一个群体就会获得一种社会认同(social identity)或者说一种共享的/集体的表征(representation),它关乎的是'你是谁','你应该怎样行事才是恰当的'。"[①]显然,正如这两位学者所描述的那样,这种归属感意味着你与你的其他群体成员将共享某种表征。正是这种共享的表征、这种归属感,在很大程度上模塑了该社会或群体相对于其他社会或群体的独特的生活方式、行为方式甚至是情感特征和

---

① [澳]迈克尔·A. 豪格、[英]多米尼克·阿布拉姆斯:《社会认同的过程》,中国人民大学出版社,2011年1月第1版,第4页。

气质，使得该社会或群体与其他社会或群体明显相互区别开来。

柏拉图在《会饮篇》中指出，苏格拉底这个哲学家和有智慧的人的典范，可以被看作是爱神厄洛斯（Eros）。而爱神厄洛斯是丰富神珀罗斯（Poros）和贫乏神皮尼埃（Penia）的儿子。因此，尽管爱神厄洛斯缺少智慧，但是他却知道如何去获取智慧。在古希腊神话中，爱神主宰人心，但是他自己却从未获得过任何确定的身份。而恰恰是这种没有任何确定身份的状况，使得他永不停歇地想要获得各种各样他不曾得到过的存在，并且正是这种永不餍足的欲望，使得他具备了强大的生殖能力。哲学上的苏格拉底式的无知便由此而来——知道自己无知，给予了苏格拉底对于未知世界永不餍足的探索欲望。

古希腊神话和哲学中的这一深刻悖论，正影射出了身份认同心理层面的同一性和差异性之间辩证法永不停歇的展开过程。

正如前文所言，社会行动的根源隐藏于每一民族、每一社会中个体和集体的心理层面。因此从这一角度看，民族认同的根基还在于个体和集体自我身份认同的心理层面。在英国著名社会学家安东尼·吉登斯的思想中，这种身份认同的心理层面正是反身性认知建构的结果。他说："自我的'身份认同'与作为现象的自我相反，它假定存在一种反身性认知。它是'自我意识'这个术语中个体所'意识'到的那个东西。换言之，自我身份认同不是给定的，即个体行动系统之延续性结果，而是要在个体反思性活动中依据惯例被创造和维持的某种东西。"[1]

在吉登斯这里，"自反性认知"，正是主体自我意识中的反思性活动。正是这种反思性活动，赋予了主体一种自觉的自我意识，而这种自觉的自我意识显然是其他低等级动物所不具备的。身份认同正是这种自觉的自我意识的重要产物，它是主体自我意识建构的重要结果。

在吉登斯的社会学思想中，这种自反性认知在前工业社会和现代社会中有着截然不同的表现。在前工业社会，"传统在行动与本体论框架的联接上发挥着

---

① ［英］安东尼·吉登斯：《现代性与自我认同：晚期现代性中的自我与社会》，中国人民大学出版社 2016 年 4 月第 1 版，第 48 - 49 页。

重要作用,传统为社会生活提供了一种专门适应本体论认知对象的组织性媒介"①。在前现代语境之下,传统的制度、礼俗、仪式、信仰、生活方式等具有较强的稳定性,它们共同为主体的行动提供了一个稳固的本体论框架,与此同时,主体的反身性认知也以这一框架为参照建构起来,主体的反思性意识也自觉地以此为框架,建构起自身的身份认同。当这种身份认同与其他民族的异文化相遭遇时,自觉就变得更为强烈,这一套稳固的本体论框架则更是释放出一种强大的向心力量,它紧紧吸附住从属于这一文化的每一个体。文化中每一个体的自反性认知和行动实践,也因为有了这一稳固的本体论框架和参照系,因而就更为自信也更具安全感。

而在现代性语境下,当使得个体行为、反身性认知和身份认同得以稳固"锚定"的传统社会制度、礼俗、仪式、信仰、生活方式及其背后的本体论框架,都由于剧烈的社会变迁而烟消云散之时,"我将如何去生活"这一在传统社会中根本不成其为问题的问题,也以前所未有的紧迫性和尖锐性被提到了每一个体的议事日程上来,"这一问题只有在如吃穿住行等日常生活的琐事中方能得到答案,而且只有在自我认同的不断呈现中方能得到解释"②。

在吉登斯的描述中,造成这种现象的根本原因,正是整个世界的现代性语境。这种现代性语境具体表现为以下三个方面:一是时空分离(separation of time and space);二是社会制度的脱域机制(disembedding of social institutions),[第二个方面又包括象征标识(symbolic tokens)与专家体系(expert systems)两方面];三是现代性的内在反身性。这三个方面都与资本主义的发展密不可分。具体来说,时空分离首先源于机械钟表的发明与时间的精确计量,其次是地图的广泛运用。这为资本主义的发展创造了一个标准化的时空度量体系和模式。脱域机制使得现代制度的本质和核心要素——社会关系摆

---

① 同上,第45页。
② 同上,第14页。

脱了本土的甚至是民族文化的情境，从而推动了其在无限时空轨道中的重组和模塑。这其中的两个核心要素分别是"专家体系"和"象征标识"。最典型的象征标识就是货币体系，它把一切的价值（包括人伦价值、宗教价值和精神价值）都统统扁平化、标准化和抽象化为货币价值，为资本主义的发展和扩张扫清了一切障碍。专家体系则源于专业分工的精细化，吉登斯认为它预示的是一个无处不在的风险社会，它使得个体对于自身日常行为的风险评估变得尤为重要，而这种风险评估的特权则掌握在了分工日趋精细化的形形色色的专家手中。吉登斯通过对这三个方面的描述，为我们勾勒出了一幅现代性的整体轮廓。这是一种典型的后传统秩序，这种秩序就决定了现代人深刻的存在性焦虑，决定了现代人在生存实践中，必须学会操弄一种"精打细算的决策模式"。

显然，吉登斯的描述，也正是自我认同在心理维度上的辩证法展开过程。自反认知之所以会形成一种对于自我同一性的强烈意识，乃是因为遭遇到了对其自身的否定性力量的质疑和挑战。在这种自我同一性与其否定性力量的对抗过程中，主体也在不断地调适自身，不断地与否定性力量形成和解。在这种对抗、和解过程中，就逐步形成了新的同一性，如此循环往复，永不停歇。正是在这个意义上，我们才说自我认同是反身性认知和自我意识不断建构的结果，只是在现代社会中，这一反身性认知和自我意识的建构过程再也找不到任何稳固的参照系，现代性焦虑正由此产生。

如同前文所引述的古希腊神话所喻示的那般，从某种程度上说，这正是人类生存永远无法摆脱的一种宿命状态。正如吉登斯也深刻认识到的那样，他说："所有人类均生活于我所谓之'存在性矛盾'（existential contradiction）的情境中：作为具有自我意识并认识到生命有限性的本质存在，我们人类乃是无生命世界之一部分，然而却要从这无生命世界中开启我们的生命之旅"[①]，只是到了现代，这种宿命感正变得越发强烈而已。

---

① 同上，第45页。

第三节　现代设计中的审美图式与民族认同：人类学的考察

一、广义人类学：康德人类学的重要贡献

　　人类学作为西方现代学科体系的重要组成部分，与其他学科一道，共同构建起了现代西方文明包罗万象的学科知识谱系。无可否认，一方面它在西方人对于非西方世界和文明的探索、认识和理解实践中，取得了极其辉煌的成就；但另一方面，人类学作为西方知识谱系的重要组成部分和重要的知识生产部门，长期以来却被限制于西方知识论的狭小框架之内。所有这些都妨碍了我们对于人类学学科进行更宽泛意义上的理解。回顾西方的知识论传统，尽管细致的学科划分是西方现代知识谱系建构的需要，是一种"时代潮流"。但这种划分造就和培育出的却是一种狭隘的眼光，它严重妨碍了我们对于人类学学科的深入理解。

　　在后工业时代的今天，在实证主义世界观、工具理性价值观的泛滥以及现代科技和经济的发展日益威胁着人类生存和可持续发展的全新语境之下；与此同时，在全人类自身的福祉与人类社会一切发展和进步的最终目标和归宿之间的关系问题越来越引发人们深入思考的时代背景之下，我们以一种全人类的宏阔视野，来重新检视人类学的学科定义问题就显得尤为重要，也尤为迫切。尤其是在当下的人类设计实践领域，当人类社会经历了工业经济和消费经济的洗礼，步入由人类设计实践创造出的物质丰裕社会，并且进而徜徉于由体验经济所创造的"审美幻象"世界而乐此不疲、流连忘返之时；在设计学科实践因一切为人的体验设计目标而急需深度融合的语境之下；当人类的生存和价值问题本身不得不作为一切设计实践之根本目标来进行整体考量之时，我们对人类学学科定义的全新理解就显得尤为重要。

　　正如马克斯·韦伯关切的重要命题——推动现代科技乃至现代社会"祛魅"

进程的现代启蒙运动并未给人类带来预想的福祉，因此人类迫切地需要另外一场强有力的"复魅"运动——那般，在现代体验经济的时代大背景之下，我们对人类学学科的理解也迫切地需要另一场强有力的"复魅"运动。而在这场意义深远的"复魅"运动中，我们正可以在康德哲学中寻找到丰富的思想资源。

自始至终，康德哲学都以"人"为核心展开，他以三大批判为核心，构建起了其哲学体系的宏伟大厦。三大批判中的《纯粹理性批判》，探讨人的认知何以可能；《实践理性批判》探讨人的道德何以可能；而《判断力批判》则探讨人的审美问题。这样，三大批判就系统涵盖了人类实践和生存的几乎所有领域。康德认为，一个人在这三个领域最全面、最充分的发展，则集中体现着人类这一高级物种存在的价值和尊严。正如国内著名康德研究学者邓晓芒所指出的：康德"把道德哲学以至于整个哲学的基础都转移到抽象的'自由'概念上来了。自由成了理性本身的'自律'，是普遍道德性的内在先验原理；先天的道德原则并非以行善的快乐来诱惑人，以'良心'来感动人，而是以实践理性的'绝对命令'体现着人的自由存在和价值"①。可见，康德哲学正是以其身独特而深刻的运思方式，处处彰显着人类存在的价值和尊严。而他的人类学也正是对这种人类存在的价值和尊严的深刻反思。

在经历了工业时代和消费经济时代的洗礼之后，人类越来越清醒地认识到，无论是工业时代泛滥的工具理性还是消费经济时代的统治一切的市场逻辑，都没有、也不可能把人类价值和尊严的追寻本身当作目的，而是对人实施全方位、全天候的统治、规训和操控，其目的是资本家获取丰厚利润。人类的价值和尊严在工业经济和市场经济语境的之下，统统被消解和抽象为货币，沦为可以在市场上自由买卖的商品。尤其是到了市场经济时代，资本家、广告商和设计师的合谋，共同营造和编织了一张无处不在的、对消费者欲望进行操控的"天网"，人类进一步沦为自身欲望的奴隶，因而使得意志毫无自由可言。即便到了当下的所

---

① 邓晓芒：《实用人类学·中译本再版序言》，上海人民出版社 2005 年 4 月第 1 版，第 6 页。

谓体验经济时代,体验本身也仅仅是经济增长的引擎(进而也是资本家牟取超额利润的工具)而并非对人类价值和尊严的真正尊重。不但如此,对人类飘忽不定的欲望和体验的满足与迎合,作为人类设计创造实践最"理直气壮"的理由,正无情地蚕食和挥霍着人类宝贵的自然资源、污染着人类脆弱的生态环境、异化着人类的本真性存在,人类的可持续发展问题正变得日趋严峻和尖锐。

所有这一切状况表明,人类迫切需要一场声势浩大并且是强有力的"复魅"运动,真正使人类实践回归到人类生存的目的上来,真正恢复人类存在的价值和尊严。这一场复魅运动可以由一门广义人类学发起并承担起来。而这门广义人类学,正是康德《实用人类学》留给我们的一笔最可宝贵的思想财富。

回顾康德伟大的思想历程,《实用人类学》乃是康德在哥尼斯堡大学讲授了二十多年的一门人类学课程,也是康德晚年亲自编撰的最后一部著作。从某种程度上说,这部著作正是康德思想的一次系统总结。

在康德思想体系中,所谓的实用人类学,正是一门系统探究人性的学问。但这种所谓的"人性",与休谟哲学意义上的"人性"有着重要区别。正如邓晓芒指出的,"休谟的'人性'只是一大堆被动的主观印象、知觉、感受和习惯,丝毫也体现不出人的真正崇高性,即人的自由,人高于其他一切存在之上的独立价值,而康德的认识论和一切形而上学恰好是要建立一种体现出人的自由能动性的人性论,或人类学。"[1]我们也正是在这个意义上,来倡导一种对于人类学这门学问的广义理解,进而倡导一门广义的人类学。

与现代学科系统中的人类学学科相比,康德的人类学概念显然宽泛得多,也更"人类学"得多(即从人的自由能动性以及价值和尊严出发)。通常来说,现代意义上的人类学被划分为体质人类学和文化人类学两大类别。体质人类学研究人类的生物层面,研究人种分布、遗传特征,研究人种的起源、演化、变异及发展的历史。它采用的是现代自然科学的研究方法,来对人类的生物特性和人种规

---

① 同上,第4页。

律展开深入、系统的研究。而文化人类学尽管以文化研究为旨归,广泛采用考古学、人种学、民族志、民俗学和语言学的方法,来对人类文化的多样性、复杂性和独特性特征进行系统描述和分析,但其学科研究的最终目标,则是力图建构起全方位、系统性的人类文化资料库和档案库,是现代学科知识生产的重要部门。可见,在现代自然科学和实证主义哲学思潮的影响之下,无论是体质人类学还是文化人类学,都力图以客观、冷静的"科学"态度,来对人类特性(无论是生物特性还是文化特性)进行探究和描述,从而力图把这些研究成果纳入西方现代学科意义上的知识谱系中来。

以上分析可知,在通常意义上(即狭义)的人类学概念中,人类自身(生物特性和文化特性)成为学科考察和研究的对象,考察和研究的目的则是要获得一种本质性、客观性知识,从而构建起庞大的现代学科知识谱系,并最终服务于人类改造世界和征服世界的目的。① 而人类本身存在意义和价值问题、人类自身的福祉、人类作为高级物种所具有的自由以及人类的尊严和价值等更为深层次也更为根本的问题,却被现代实证主义世界观和科学理性、工具理性的价值观在不经意间悄然抹去了。因此,现代西方知识谱系中的人类学,即狭义上的人类学,在体验经济的时代背景下,正迫切需要我们掀起一场声势浩大的"复魅"运动,让它真正回归到对人类自由、价值和尊严的关照本位上来。这正应该成为这门广义人类学的核心旨归。这也正是我们在康德人类学那里寻找到的最宝贵的思想资源。

具体到设计这一人类重要的创造性实践领域,受康德实用人类学思想的启发,我们从广义人类学的视角出发,集中探讨设计创造实践中人类的情感唤醒、意义生成、审美图式以及身份认同等重要问题,并且通过对这些领域人类设计实践的理解、阐释和描述,使人类学真正回归到对人类生存自身目的关照本位上来,为推动人类自身的福祉做出积极贡献。可以预见,这样的人类学,也才是真

---

① 一个毋庸讳言的事实是,人类学学科的发展历史本身就伴随着西方资本主义对非西方世界的殖民进程,而且人类学研究也曾一度服务于西方资本主义对非西方世界的殖民实践。

正意义上的有关人类自身的学问。

二、设计创造实践中的审美图式与民族认同

图式(scheme)是康德哲学中一个极其重要的概念,有国内学者也翻译为图型。但图式概念并非康德哲学首创,相反,它是西方哲学知识论中的一个古老概念。图式概念首先出现于古希腊斯多葛派的逻辑学思想中,它指一种用于把辩论形式还原为基础形式的根本规则。斯多葛派的哲学家认为,经过这样的还原,就能运用这种基础形式,来对辩论进行精确分析。[①] 到康德那里,图式成为其知识论思想中的一个核心概念。他说:"我们将把知性概念在其运用中限制于其上的感性的这种形式的和纯粹的条件称为这个知性概念的图型,而把知性对这些图型的处理方式称之为纯粹知性的图型法"[②],"我们知性的这个图型法就现象及其单纯形式而言,是在人类心灵深处隐藏着的一种技艺,它的真实操作方式我们任何时候都是很难从大自然那里猜测到、并将其毫无遮蔽地展示在眼前的"[③]。除哲学知识论外,图式也是一个重要的心理学概念,它被心理学家皮亚杰运用于儿童心理学的研究中,他说:"图式是一种心智模式或框架,经验得以在其中被消化。广泛地被皮亚杰运用于描述儿童感知世界的不同发展阶段"。[④]

以上的简要梳理使我们认识到,西方哲学和心理学中的图式概念,是某种介于范畴与现象之间的东西。它一方面与范畴同质,另一方面又与现象同质,通过它,生活世界纷繁复杂的经验表象,就被"统摄"到了某些认知"框架"中,从而使我们获得了某种稳固、确定的"秩序"。

在康德哲学那里,图式是某种先验的东西,即从逻辑上说总是先在于主体对

---

① Robert Audi, *The Cambridge Dictionary of Philosophy*, Cambridge University Press, 1999, p. 810.

② [德]康德:《纯粹理性批判》,邓晓芒译,人民出版社 2004 年 2 月第 1 版,第 140 页。

③ Ibid, p. 141.

④ David A. Statt, *The Concise Dictionary of Psychology*, Third Edition, published 1990 by Routledge, p. 118.

具体经验世界的感知之前，是某种预先存在的先验图形，若非如此，人类对杂多经验世界的统摄就不可能发生。正因为如此，图式对于康德来说才充满了神秘感，是人类心灵深处隐藏着的某种神奇"技艺"。康德图式概念的这种神秘面纱，在胡塞尔哲学的意向性概念中被悄然被揭开了。意向性是胡塞尔现象学哲学中一个表明主体反思性意识的重要概念，它涵盖了笛卡尔"我思"内容的一切领域。胡塞尔说："作为起点，我们在严格的、一开始就自行显示的意义上理解意识，我们可以最简单地用笛卡尔的词 cogito（我思）来表示它。众所周知，我思被笛卡尔如此广泛地理解，以至于它包含'我知觉、我记忆、我想象、我判断、我感觉、我渴望、我意愿'中的每一项，以及包括在其无数流动的特殊形态中的一切类似的自我体验。"①因此，"我思"的内容随着意向性的流动，源源不断地被投射到主体意识中来，世界因此向我敞开。而到了梅洛-庞蒂这里，一切主体都成了身体主体，笛卡尔的"我思"内容，包括"我知觉，我记忆，我想象，我判断，我感觉，我渴望，我意愿"等等，也都变成了身体意识。梅洛-庞蒂说："当有生命的身体成了无内部世界的一个外部世界时，主体就成了无外部世界的内部世界，一个无偏向的旁观者。"②显然，身体意识作为主体，它同样有能力对诉诸身体感知的各种感知印象进行反思，并且在反思过程中也同样能生成各种各样的知觉表象，而这种知觉表象生成过程的背后所隐藏的"规则"，也正是康德孜孜以求的图式。在梅洛-庞蒂看来，这种"规则"能力的丧失，将导致身体图式的某种病理学变化。身体图式的这种病理学变化，在梅洛-庞蒂对施耐德身体"抽象运动"能力的丧失（即丧失了根据语言指令做出相应身体动作的能力）病例的描述中，得到了非常细致的描述。

　　显而易见，在梅洛-庞蒂对施耐德病例的描述中，语言恰恰成了身体沟通生物性机体与社会、文化性"规则"之间的那座桥梁或必然通道。美国著名认知语

---

① ［德］胡塞尔：《纯粹现象学通论·纯粹现象学和现象学哲学的观念·第一卷》，舒曼编，李幼蒸译，商务印书馆 1992 年 12 月第 1 版，第 102 页。
② ［法］莫里斯·梅洛-庞蒂：《知觉现象学》，姜志辉译，商务印书馆 2001 年 2 月第 1 版，第 85 页。

言学家乔治·拉可夫和马克·约翰逊对人类语言中的隐喻机制进行了划时代的研究。他们认为，人类诉诸语言所建构起来的庞大的概念系统，其本身是隐喻性质的，这同时也就注定了我们的思维方式、生活经历以及日常行为也都是隐喻的。这一观点彻底颠覆了西方文化中，对于理智与情感、经验与认知、身体与心灵的二元对立思想，给了我们一种更好的看待人类自身物理性存在和理解自身的方式：一种有着身体、血液、肌肉、荷尔蒙、细胞和神经元的物理性存在，它们如何与我们在世界上日常所遇到的一切，共同造就了我们人类自身。显然，拉可夫和约翰逊所谓的概念系统，也正是某种类似图式性质的东西，它本身是一种认知图式。而这种认知图式是否具备全人类的一致性，却仍然是一个值得推敲的问题。如果以拉可夫和约翰逊的观点来看，语言和隐喻是概念系统赖以建构的媒介，而世界不同民族的语言充满了差异性，那么这种图式在世界不同民族文化中也应该具有显著的差异性特征。

如果我们进一步引入对布迪厄社会学思想的讨论，那么这种表象的生成过程及其背后所隐藏的所谓"神秘规则"，就与文化中的场域对个体习性的培育过程密不可分。而这种培育过程及其结果，又都毫无例外地表现为高度的文化差异性特征。这种文化差异性特征最显著的表现便是民族文化之间的差异性。从人类学的观点来看，图式只能是具体历史和文化语境中的图式，它们由于被浸染上了民族文化的特质而表现出高度的民族差异性。显然，设计实践既是一种艺术实践和审美实践，同时又是一种消费实践和生活实践。因此，图式在不同民族之间所表现出来这种差异性，在设计文化中的表现也就尤为明显。

法国著名学者雅克·朗西埃提出了"审美体制"的重要概念。他说："艺术作品得以产生，是靠一种塑造了感性体验的肌理。这种肌理，关联着一些实际状况，比如表演和展览空间，流传和复制的形式，同时，它也关系到认识所处的模式、情感所受的制约、作品所属的分类、作品的评价和阐释所用的思考图式。正是这种种状况，让一些言辞、一些形式、一些动作、一些韵律，成为给人带来动感和思考的艺术。所以，尽管有人强调艺术是一种事件，只注重艺术家创造性的工作,不考虑各种体系、实践、情感模式、思考图式所构成的肌理,但其实,正是这些肌理,让一个形式、一抹色彩、一段基调、一处留白、一发动作、一层平面上的一点闪光,给人带来了动感,让其成为事件,然后才来联系到艺术创作的理念。"①显然,在朗西埃的思想中,能使艺术成为艺术的"肌理"的,正是一种可以称之为"审美体制"的东西。它决定了一个社会中,人们是究竟是如何认识艺术、感悟和体验艺术以及如何阐释艺术的。对于这种"审美体制"的探究,正是当代美学研究的一个重要领域。如果以朗西埃的这一观点来看,那么世界各民族的艺术和审美,之所以呈现出异彩纷呈和多姿多彩的面貌,正可以归结为"审美体制"的差异。也就是说,在每一民族独具特色的地域文化和审美文化中,由于体系、实践、情感模式和思考图式的根本差异,艺术的肌理也就大异其趣,这种肌理不但决定了该地域或民族审美文化中的人们如何区分艺术与非艺术,而且也决定了他们对艺术的体验、阐释和批判。透过以上分析,很显然,朗西埃所谓的"审美体制"概念,正是一个与"审美图式"概念有着异曲同工之妙的概念。

德国著名现象学美学家莫里茨·盖格尔,在运用现象学方法对所谓的"内在专注"和"外在专注"进行描述和区分的过程中,曾经对"艺术平民化"以前的"原始艺术"做过这样的描述:"原始艺术是对一个精神尚未分化的社会的表现。在这里,在艺术和人民之间并不存在紧张状态。部落的精神也就是它的艺术精神。而且,任何一个隶属于这个部落的人,也都能够在它的艺术中识别出他自己的精神;对于任何一个人来说,那些宗教仪式的舞蹈和歌曲、那些编织物,以及那些雕塑,都是熟悉的和可以理解的。"②盖格尔进一步指出,接下来的专制主义,垄断了艺术和艺术家,使得艺术远离了人民大众,成为某种怪异、陌生而无法理解的东西。而到了 19 世纪末,艺术却开始了"平民化运动"。用盖格尔的术语来说,那就是伴随着现代化生产技术而得以最终完成的艺术"平民化运动",它使得

---

① 〔法〕雅克朗西埃:《美感论:艺术审美体制的世纪场景》,赵子龙译,商务印书馆,2016 年 8 月第 1 版,第 2 页。
② 〔德〕莫里茨·盖格尔:《艺术的意味》,艾彦译,译林出版社,2012 年 1 月第 1 版,第 117 页。

艺术从人们通过快乐领会的艺术价值,向过分强调艺术体验之中的享受转化。透过盖格尔的描述,无论是他对于内在专注和外在专注、审美事实和审美价值、表层艺术效果和深层艺术效果,还是对快乐与享受的区分,其目的正是要对审美经验与非审美经验、审美价值与非审美价值进行一种现象学的描述和区分。但作为一位艺术感觉敏锐而又训练有素的现象学美学家,盖格尔非常清楚,这种区分最终要呈现的,正是一种现象学意义上的、完满的审美经验。这种经验之所以说是现象学意义上的和完满的,正是因为它与非审美经验(日常生活的、感官、情感的、宗教的和道德的等经验)是不可分割的一个浑然整体。

以此观点来进行审视,那么伴随着现代生产方式和现代意识形态的滥觞以及现代技术的勃兴而发端并不断发展壮大的设计创造实践,就不但是艺术“平民化运动”的重要组成部分,而且毫无疑问也是这一运动的重要推动力量之一。而在设计创造和设计文化实践中,审美经验与非审美经验之间显然也是浑然一体的。这是现象学直观的题中应有之义。对于盖格尔来说,艺术风格的本质,就是一种相对统一的价值模式。[①] 而这种价值模式之所以是相对统一的,乃是因为它们源自同一民族文化内部。盖格尔说:“对于价值模式来说,在一种艺术风格中也存在着构造它的许多可能性,只不过根本的图式(schema)保持了不变而已。”[②] 显然,这里的根本图式正是一种民族审美图式,它具有民族内部的相对同质性和统一性。

在世界不同民族的设计文化中,每一个体从小耳濡目染,被包围和沉浸于富于本民族特色的人造物环境中。该文化中的风俗习惯、道德观、价值观、宗教信仰、审美习尚等文化元素,便全面渗透进入该文化的设计创造实践中,参与到了该设计文化中诸多审美意象的建构,并且赋予了设计物品以丰富的民族文化内涵。对于该文化中的每一个体来说,本民族文化中丰富多彩的设计创造实践,所营造的正是一个个不同类型、大大小小的场域,习性正得以在这些场域中持续不

———————————

① Ibid,p. 206.

② Ibid,p. 206.

断地被培育。与此同时,场域中各种资本要素和资本样态之间的剧烈斗争,以及社会中每一个体占有资本的不公平状况,都决定了该社会中从属于不同阶层的个体在习性上必然表现出来种种差异性特征。这就是布迪厄"区隔"概念的(distinction)真正内涵。

尽管在同一民族或同一文化内部,不同阶层的设计文化实践,在趣味或风格上表现出显著的差异性特征,但它们在横组合轴意象创造的转喻层面与纵聚合轴上赋予能指以意义的隐喻层面,仍然处于同一个文化系统内部,因此在转喻组合规则和隐喻运作规律上,以及意象的生成规则上仍然是同质的。也就是说,它们仍然拥有共同的身体感知模式和共同的审美图式。而对于不同民族的设计文化来说,由于风俗习惯、道德观、价值观、宗教信仰、审美习尚等等文化元素各不相同,对个体习性进行培育的各个文化场域,其资本要素的构成以及各个资本形式和资本样态之间的斗争规则,也都存在着巨大差异。因此,习性的培育过程和结果,自然也存在较大差异。这些都最终导致了进入横组合轴的主体意向性对象,以及纵聚合轴上由现象学滞留长期沉积所形成结构之间的根本差异。这种差异,也必然导致横组合轴上能指的转喻和纵聚合轴上所指的隐喻之间运作规则的巨大差异。正因为如此,不同民族的设计文化,也因处于不同的文化系统中,而呈现出不同的风格特征和不同的整体面貌。这种差异从根本上来说,正是源于民族审美图式之间的差异。

不同民族、不同文化中的个体,由于文化环境的差异,在其文化环境的各个场域中,其资本形态及资本构成要素之间也存在着巨大差异。因此,场域诉诸身体体验对个体习性的培育过程和结果自然呈现出巨大的差异性。这种差异表现在艺术、设计和审美领域,正是民族审美图式之间的差异。尽管审美图式在同一民族不同社会阶层内部也存在着重要差异,但由于它们处于同一民族内部,又由于该文化系统中诸多的共同文化元素,如宗教信仰、风俗习惯、自然环境和社会环境等等,因此同一民族内部不同社会阶层审美图式之间的差异,就是一种同质框架之下的差异。这种差异显然是由于不同社会阶层的个体,在习性培育过程中,在场域中所占据和掌控的资本要素和资本形态在质量和数量上的差异造成的,但从根本上说,他们仍然拥有共同的民族审美图式。

三、审美图式与民族认同的人类学考察

从人类远古祖先开始制造第一件"器物"开始,设计就开启了其在人类社会生活中漫长的发展和演化历程。从这一角度看,设计显然是人类最古老、最重要的创造性实践之一。另一方面,作为文化系统的重要组成部分,设计又总是植根于特定的民族文化和地域文化中,特定的民族文化和地域文化不但赋予了该文化中的设计产品以独特的审美形式和审美特征,而且还赋予它们以独特的意蕴和内涵。这就造就了全世界各民族多姿多彩而又各具特色的设计文化。

有学者指出:"产品的视觉性必须依赖于观赏方式、视觉快感和广泛的社会性关系而存在,这些问题都涉及产品视觉性的深层结构。"①这位学者进而从社会、经济和主体三个维度来对这种工业产品视觉性的深层结构进行分析。联系前文的论述,这种深层结构显然正是一种审美图式,并且显然也涵盖了包括视觉在内的所有其他审美感知形式。如前所述,审美图式在世界不同民族中表现出极为明显的差异性,也正是基于这种民族间的根本差异性,我们才称之为民族审美图式。

这一思想启示我们,在审美人类学和设计文化研究实践中,在对民族审美图式展开深入细致研究和描述的基础之上,将有希望发展出一门本土美学。这门本土美学,对于阐释民族审美事象、分析民族审美风格、解释世界不同民族审美文化之间的差异,并且在体验经济时代,揭示和描述世界不同民族在设计文化方面所表现出来的巨大丰富性和差异性特征等,都将发挥传统美学所无法比拟的重要作用。另外,正如有国内学者指出的,本土美学的建构,也将从根本上改变

---

① 鲍懿喜:《产品视觉性的深层结构:一个研究工业设计的视觉文化视角》,文艺研究,2014年第4期。

当前世界美学和美学史书写中，西方美学一统天下的极端不合理格局，为推动真正意义上的世界美学和美学史的建构，迈出实质性和关键性的一步。[①] 这显然也正是审美人类学研究一个可以纵横驰骋的广阔领域，而且从长远来看，这也应该成为设计人类学和广义文化批评的重要组成部分。

在当代人类知识谱系中，文化人类学显然是人类学知识生产的一大重镇。并且，由于它建立在坚实的田野实践基础之上，因此它对于文化现象的理解、阐释和描述以及反思的广度和深度等，都是其他任何一门人文社会科学所无法比拟的。这早已为近些年的人文社科研究实践所证实。在文化人类学研究领域，格尔茨无疑是一位思想家级的人类学者[②]，他所创立的科学文化现象学[③]，不但有着精审、缜密的学科理论和方法，更是建立在长期而卓有成效的田野实践基础之上。[④] 正因为如此，其学科理论和方法，包括一系列重要概念和思想，其影响力正逐渐超越狭小的人类学学科范围而向更为广阔的整个人文社会科学领域拓展。日本著名学者柄谷行人在《民族与美学》一书中，指出了西方人文社会科学研究自近代启蒙运动以来因为深受自然科学实证主义影响而产生的一个重大趋势，他说"社会科学仅仅把他者作为分析对象来处理，这种姿态基本是建立在现代自然科学的态度之上的，它对事物的观察剥离了它们一直以来附着的全部意义——宗教的、巫术的意义。"[⑤]格尔茨的科学文化现象学的重要贡献之一，正在于努力肃清实证科学的恶劣影响，重新回归人文社会科学研究的学科本位上来。这其中，地方性知识和本土审美观，无疑正是这样两个强有力的核心概念之一。纵观其职业生涯，尽管格尔茨既非专业意义上的艺术人类学研究学者，更非传统

---

① 郑元者：《美学实验性写作的人类学依据》，《广西民族学院学报》，2004 年 9 月。

② 有西方学者就认为格尔茨是"美国最重要的思想家之一"。参看 Renato Rosaldo, GEERTZ'S GIFTS, *Common Knowledge*, Duke University Press, 2007, p. 206.

③ 以格尔茨为代表的人类学学术流派，科学文化现象学的学科名称与目前学界流行的阐释（解释）人类学、符号人类学等学科名称相比，更能准确地表明其学科的理论立场和方法论旨趣。参看李清华，《格尔茨与科学文化现象学》，《中央民族大学学报(哲学社会科学版)》2012 年第 5 期。

④ 据普林斯顿高等研究院 2002 年 8 月的一份课程教师履历表(CURRICULUM VITAE)。在长达半个多世纪的人类学研究实践中，格尔茨有近十年的时间在田野考察中度过。

⑤ ［日］柄谷行人：《民族与美学》，薛羽译，西北大学出版社 2016 年 8 月第 1 版，第 119 页。

意义上的美学家。但作为一位长期从事田野工作并且视野宏阔、对诸多文化领域都有着广泛兴趣和精深研究的思想家级的人类学者,在其经典民族志中,格尔茨从地方性知识的独特视角出发,对地方文化系统中的诸多艺术现象和艺术行为都进行过极富深度的考察。这些艺术人类学研究的经典范例,正可以为全球化背景之下本土美学的建构提供极富价值的借鉴和启发。①

"本土美学观"是格尔茨在对约鲁巴人的雕刻艺术进行描述时提出来的。他说:"约鲁巴雕刻家对线条的极度关注,特殊形式的线条,因而更多的是源于一种与愉悦相关联的内在精神财富,从雕刻的技巧问题,或者从某些普遍的文化观念中,我们甚至能离析出一套本土审美观(a native aesthetic)。它生长出一种终生参与其形成过程的独特的感知形式——在其中,事物的意义就是像疤痕那样的东西而留存给它们的。"②

以此观点审视之,则设计作为人类最重要的创造实践、生产实践和艺术实践之一,它同样是文化系统的重要组成部分。不但如此,由于设计在当下的体验经济时代占据了越来越重要的位置,因此,对其展开全方位、深层次的研究,就不但对于后现代语境下的民族本土美学建构,而且对于全球化背景下设计的产业化发展,以及在设计文化发展中建构和实现民族文化认同,都有着重要的理论和实践价值。显然,这一任务就绝非传统意义上的美学研究所能胜任。它需要美学家勇敢进入广阔而纷繁复杂的生活世界,与世界各民族当下最鲜活、最生动的审美经验遭遇,而非如传统美学那般,仅仅沉浸于狭小、封闭的"美的沉思"世界。只有这样,美学研究(同时也包括审美人类学研究)才能对当下的人类生存状况做出自身的积极回应,美学和审美人类学学科的建构和发展也才能紧跟时代发展的潮流。

从这一角度来看,通过对世界各民族设计实践和设计文化进行广泛而深入

---

① 李清华:《地方性知识与全球化背景下的本土美学建构》,《西北民族大学学报》,2014 年第 2 期。

② Clifford Geertz, *Local Knowledge*, *Further Essays in Interpretive Anthropology*, Basic Books, Inc, 1983, P. 99.

的考察，进而展开对其民族审美图式的深层次分析、阐释与描述，并在此基础上努力推进世界各民族的本土美学建构，正应该成为当下美学研究和审美人类学研究实践的重要组成部分。

当然，民族本土美学的建构是一项浩大的系统工程，它需要众多研究者在各自研究领域付出长期艰苦卓绝的努力。在这一过程中，审美人类学毫无疑问应当承担起比其他学科更为重大的责任。不但如此，在当下中华民族的伟大复兴进程中，民族审美图式的阐释和描述以及本土美学的建构，还将为解决设计的产业化发展与民族文化认同之间，在全球化语境和体验经济背景下所产生的矛盾与背离问题，提供较为清晰的思路和努力方向。

著名设计史家乔纳森·M. 伍德姆指出："自 60 多年前……，作为一个学术研究领域，设计史关注的中心已经从明确地强调那些大名鼎鼎的个人的艺术创造转向了一种对更为宽广的社会、经济、政治和技术氛围的评价，而设计正是在此氛围中被制作和使用。……这些著作都提出了与佩夫斯纳式原则不同的观点，他们所探讨的是无名的、地方性设计的社会和文化影响。……历史地理解一件物品的重要性和价值，需要依赖广泛的、一系列的影响力和观念，以及一个复杂的社会和文化融合。"①其实何止是设计史，当前在更广泛的设计学研究领域，也都越来越关注文化和社会因素在设计实践中所发挥的重要影响力量。设计文化研究和设计人类学等新兴学科领域的出现与蓬勃发展，正深刻反映了设计研究领域的这一重大转向。

作为文化系统的重要组成部分，设计总是深深植根于特定的民族文化中。该民族文化中的风俗习惯、道德观、价值观、宗教信仰、审美习尚等诸多文化要素，总是渗透于该民族具体的设计实践中。约翰·罗斯金在其建筑学名著《建筑的七盏明灯》中就曾指出："每一种形式的崇高建筑在某种意义上都是各个国家

---

① ［英］乔纳森·M. 伍德姆：《20 世纪的设计》，周博、沈莹译，上海人民出版社 2012 年 8 月第 1 版，第 16 页。

的政治、生活、历史和宗教信仰的化身。"①也正如作者在书中所阐明的,"美"作为建筑的七盏明灯之一,表明建筑也是国家或民族审美的化身。从这一角度看,对特定民族文化中的设计实践展开深度考察与描述,往往能深刻透视出该文化独特的民族审美图式,而这种民族审美图式的深刻揭示与描述,对于该民族本土美学的建构,无疑又将做出决定性的贡献。只有世界各民族都真正建构起了属于自身民族的本土美学,在世界美学和美学史的书写实践中,西方美学一统天下的格局,也才能从根本上被打破。而这也将是审美人类学对美学研究的重要贡献之一。

有学者指出:"民族认同是有关本民族的共同祖先、语言、习俗、传统、记忆以及生活方式的心理自觉,是人们体验特殊的宗教、历史与文化后的一种文化归属感。"②因此,从这一角度来看,民族认同在本质上是一种文化认同。而人类学和社会学的研究均表明,作为文化认同的民族认同又都是毫无例外地建立在集体记忆的基础之上。法国著名社会学家莫里茨·哈布瓦赫的代表作《论集体记忆》,就致力于为集体记忆寻找一种集体框架。他认为,依托于这些集体框架作为工具,集体记忆就"可以重建关于过去的意象,在每一个时代,这个意象都是与社会的主导思想相一致的"。③ 显然,联系前文对于图式概念的分析可知,这些框架正是一些图式性质的东西,而每一民族的审美文化便是以这些框架为依托,在历史和现实诸多实践中的一种展开。这些框架中与民族审美文化最为密切的部分,也正是民族审美图式。

概括来看,20世纪的西方设计经历了从现代主义的滥觞到发展壮大再到后现代主义的个性追求和利基市场的形成与发展成熟的历程,而这一历程又始终伴随着大工业的标准化、批量化生产与传统手工业的个性化、差异化这双重矛盾和斗争的复杂过程。回顾这一段设计史,其实无论是现代主义的全球扩张战略、

---

① 约翰·罗斯金:《建筑的七盏明灯》,张璘译,山东画报出版社,2006年9月第1版,第179页。
② 周光辉、刘向东:《全球化时代发展中国家的国家认同危机及治理》,《中国社会科学》,2013年第9期。
③ 莫里茨·哈布瓦赫:《论集体记忆》,毕然、郭金华译,上海人民出版社2002年10月第1版,第71页。

大众消费、还是后现代主义文化中的个性追求，整个 20 世纪设计又都始终伴随着对民族认同、民族元素与民族风格的顽强坚守与追求。

现代主义设计是伴随着生产的工业化、机械化和标准化改造而逐步产生和发展起来的。为了适应生产发展的这一重大趋势，现代主义设计在风格上努力追求简洁、实用，在实践中则表现出对新材料和新技术的极度信赖与推崇。它以包豪斯、德意志制造联盟、法国的现代艺术家联盟、意大利的第七集团和瑞典的工业设计协会等设计团体为典型代表。在生产与管理实践上，现代主义设计则以泰勒主义、福特主义为典型代表。表面看，现代主义设计推崇理性和现代技术，强调生产的标准化与批量化，这似乎使它具备了跨越文化、跨越民族的"普同"特征与风格。但事实上，欧洲各国的现代主义设计，自始至终都从未停止过与传统手工艺设计文化之间的斗争，而现代主义设计风格也都从未放弃过对民族风格和民族认同的强烈追求。

比如，意大利的汽车工业就是在早期未来主义推动之下发展起来的一项典型的现代主义设计。"对于未来主义者而言，赛车尤其是一种重要的现代性象征：一方面，速度和危险被赋予了象征性；另一方面，由于在世纪之交的时候出现了竞速比赛，它也就成了一种民族自豪感和国际竞争力的象征"[1]。除汽车设计之外，为了满足工业化、标准化和批量生产的要求，现代主义设计师总是激进地企图剔除设计产品中的"过剩风格"，这些"过剩风格"有着"广泛的历史、文化和地域性的根基"[2]。然而，这些设计产品却总是遭到消费者的强烈抵制。可以说，现代主义设计运动正是在与民族设计文化中有着顽强生命力的传统手工艺设计文化"过剩风格"的这场斗争中蹒跚前行。这一时期，为了达到既能实现工业化批量生产又能吸引消费者的目标，许多国家的现代主义设计团体不得不采取一种折中方案。比如 1917 年由瑞典工业设计协会在斯德哥尔摩举办的"家"

---

① ［英］乔纳森·M·伍德姆：《20 世纪的设计》，周博、沈莹译，上海人民出版社 2012 年 8 月第 1 版，第 23 页。

② Ibid，p. 29.

展览,"在贡纳·阿斯普伦德(Gunnar Asplund)的厨房和客厅中明显表现出来的,在手工艺品的特质和与工业产品相契合的简洁形式及装饰之间出现了某些折中倾向"①。而创建于1901年的法国装饰艺术家协会,则极力"强调手艺的精湛和品质","把匹配大批量生产的思想看作是一种威胁,因为他们信奉艺术创造的自由,认为艺术不能被批量化的市场经济玷污"②。在1929年席卷欧洲和西方世界的经济危机面前,更是"产生了普遍的对于民族价值和传统的重新坚持,同时排斥现代主义者所代言的抽象形式、新材料和现代技术"③。

以上对于设计史的回顾可知,即便是旨在适应工业化、标准化和批量化生产的现代主义设计,无论是设计师还是消费者,也都从未放弃过对于民族认同、民族审美元素与民族风格的追求。在这种追求的背后,正隐藏着世界各民族在漫长的发展历程中,对于来自本民族文化传统深层的历史积淀和民族文化精神的强烈坚守与认同。

1929年经济大萧条之后,西方各国设计中的民族传统主义出现了强劲反弹与回归的趋势。波兰实用艺术协会就"努力将设计中明确的波兰特征认定为在波兰面临复杂的政治形势和边界变化时形成的统一力量"④,"克拉科夫工作室积极促进一种植根于本土和农民传统的波兰风格"⑤。在1937年的"现代生活中的艺术和实用技术国际博览会"上,"德国、苏联和意大利馆中引人注目的宣传性建筑和陈列品非常明显地体现出贯穿设计始终的民族计划的重要性"⑥;而匈牙利、罗马尼亚、波兰和葡萄牙的展馆则展出了极富地方和民族特色的农民艺术品;法国馆除了展出奢侈品外,在其中央展区也能看到法国的地方风格和历史风格,其次还有法属殖民地异国情调的装饰风格。同样举办于1937年的巴黎博览

---

① Ibid, p. 76 - 77.

② Ibid, p. 41.

③ Ibid, p. 49.

④ Ibid, p. 115 - 116.

⑤ Ibid, p. 116.

⑥ Ibid, p. 116 - 117.

会上，英国设计也表现出典型的英格兰民族精神与民族风格："民族特性中的'冷静'、国际事务中的'公正无私'、商业中的'公平交易'、制造业中的'品质'、运动中的'公平比赛'"，另外还有"'风俗习惯和优良传统'，包括牛津、邦德街、英式乡村、英式住宅、英式服务、足球、猎狐、园艺和制衣"[①]。这种全世界范围内在设计实践中发生的民族传统主义的强劲回归与反弹，正表明了设计由于植根于每一民族源远流长的历史、传统与民族文化中，因此民族审美习尚和民族文化元素对于本民族的设计实践和消费实践都发挥着顽强、根深蒂固而又源远流长的重大影响。这些东西也往往最能够唤起该文化中沉淀于消费者集体记忆深处的强烈深沉的美感体验与民族认同感，因而也最容易受到他们的欢迎。正是这些强大的影响力量，模塑了各民族多姿多彩的设计文化，其背后也正透视出民族审美图式之间的根本差异。而这种差异，正需要我们以审美人类学的敏锐眼光，来进行阐释和描述。

第二次世界大战之后，随着技术进步和国际环境的深刻变化，全球商业组织模式和生产模式也发生了根本变革。这种变革的一个典型的特征便是企业产品设计、生产与消费的全球化趋势。1968年，通用汽车的总收入为228亿美元，相当于美国联邦政府收入的8/1；可口可乐公司1950年5月15日在美国《时代》杂志封面推出的一幅题为《世界的朋友》广告画面上，明显比地球更大的可口可乐正一只手搂住地球，另一只手拿着一瓶公司生产的可乐喂到地球嘴里。这幅广告的寓意十分明显：可口可乐公司及美国价值观是丰裕社会的象征，它们要成为地球的主宰！跨国公司富可敌国的时代真正到来了。那么，在商业扩张的全球化时代，这是不是就意味着设计中民族风格、民族审美图式之间差异也可以从此就被彻底消弭呢？答案显然是否定的。

随着发达资本主义市场全球扩展进程的加剧和体验经济时代的来临，也伴随着物质丰富水平的极大提升，消费者不再仅仅满足于商品的实用功能。消费

---

① Ibid，p.125.

者的审美、个性、情感、便捷性和舒适度等体验性要求越来越成为决定商品选择与消费的重要因素。为了追求利润的最大化,跨国公司开始广泛采用差异化的生产策略,着眼于培育和开发利基市场。另一方面,跨国公司在全球扩张过程中不断调整策略,以使自己的产品和服务能更好地适应所在国家和民族的风俗习惯、宗教信仰、道德观、价值观和审美习尚。为此,他们往往利用人类学的田野调查,深入到世界不同国家和民族文化中,对消费者的生活习惯、民俗、宗教和审美习尚等进行深入细致地考察和研究,再把这些信息反馈到产品和服务设计以及市场营销的各个环节。这就极大催生了设计民族志。设计民族志的出现,确保了跨国公司产品和服务全球扩张目标的实现,并为跨国公司带来了源源不断的丰厚利润。有学者就指出,在设计过程中,由于我们总是基于自身文化、价值和经验做出判断,在市场全球化的今天这已经远远不能满足需要。而设计民族志恰好能够扩展一种文化的万花筒景观,这种设计民族志在产品开发和服务拓展方面正可以大显身手。①

　　一个显而易见的事实是,跨国公司产品的全球扩张策略,总是伴随着民族价值观、审美观、生活方式甚至文化模式的全球贩卖。这种扩张在从产品倾销国攫取巨额利润的同时,也给这些国家本土的民族文化带来巨大冲击和深刻影响。这种状况在体验经济时代尤为显著。跨国公司往往打着体验设计、情感化设计、人本设计的旗号,其设计产品由于经历过广泛充分的市场调研,因此也往往更能充分"适应""尊重"和"迎合"其所进入国家和民族的风俗习惯、道德观、价值观、审美习尚、宗教信仰等,因而这种影响也正以一种潜移默化和润物无声的方式时刻发生着。正如有学者指出的,这是后工业时代和体验经济时代正在致力于打造和模塑的"未来理想的感知经验的认同"。但显然,为了实现这一认同,主体又必须克服一个深刻的悖论,即"审美形式为适应图像时代的符号逻辑就必须抛弃其公共性内涵而追求其自由能指的符号扮饰功能,但认同主体又必须得借助于

---

① Tony Salvador, Genevieve Bell, Ken Anderson, "Design Ethnography", *Design Management Journal* (*Former Series*), Volume 10 , Issue 4, pp. 35 - 41, Fall 1999.

审美形式的公共性以谋求身份认同的合法性"。主体为克服这一悖论，所采取的策略是"超越审美形式的公共性精神与符号扮饰功能，重返审美形式的在体性属性和自然源发的深层生命根基，建立以审美形式基本感知经验结构为主的身份认同模式"。① 显而易见，当下在设计领域进行得如火如荼的所谓体验设计、人本设计和情感设计，所采取的策略正是对这种"未来理想的感知经验的认同"最大限度的适应与迎合。这种策略由于诉诸主体的"审美感知经验"，因此其所产生的社会和文化后果才会以一种"润物无声"的方式发生着。这更应该引发我们的足够重视与深刻警醒。正如有学者指出的，"认同是人的社会存在必然产生的心理与精神要素，是人的生存与生活之本"②，社会人希夷也离不开认同。由此可见，这种诉诸消费者体验和情感的后工业时代设计文化，其对于民族文化认同的深刻影响，才是我们当下应该认真思考和严肃对待的问题。

随着人类技术力量的不断增长，设计已经无处不在，它已经广泛渗透进了人类生活的一切领域，并且进而甚至成了国家发展战略的重要组成部分。但与此同时，伴随着商业的全球化扩张，设计的产业化进程与民族文化认同之间的矛盾和背离问题却日渐突出。有学者就指出："无论是针对人类整体，还是针对特定的人群，文化都充当了生存维系、慰藉获取、凝聚人心的策略系统和精神担当。当文化的价值注脚提供了行为准则和社会规范时，个体成员对文化模式的承认、认可和遵从决定了社会秩序的形成和政治制度的构建。……不同的人类共同体在发展程度上的差别，不仅反映了文化发展的不同脉络，而且决定了它们在世界政治和经济体系中所扮演的角色。"③可见，强有力的国家和民族认同（同时包括文化认同）在当下的世界政治和经济体系中，在国家综合实力的激烈竞争中，正扮演着越来越重要的角色。

在世界民族之林，中华民族显然是一个有着悠久历史和深厚文化积淀的民

---

① 谷鹏飞：《审美形式的公共性与现代性的身份认同》，《学术月刊》，2012 年第 4 期。
② 林尚立：《现代国家认同建构的政治逻辑》，《中国社会科学》，2013 年第 8 期。
③ 詹小美、王仕民：《文化认同视域下的政治认同》，《中国社会科学》，2013 年第 9 期。

族。在中华民族的文化资本宝库中，不但蕴藏着美轮美奂并且几乎是无限丰富的民族审美样态，更蕴藏着源远流长、深邃并且是取之不尽的精神元素。在后工业时代和体验经济背景下，我们正应该把它们充分发掘出来，运用于当下蓬勃发展的设计创造实践中，在发展极大丰富的物质文化、设计文化和审美文化的同时，又不断培育和模塑、增强中华民族的文化认同感和认同意识。只有这样，我们才能在未来世界政治、经济和文化竞争中，扮演与中华民族国家地位相匹配的角色，从而最终实现中华民族的伟大复兴。

第一章

身体经济学：设计实践中的情感氛围与意义建构

第一节　设计人类学和审美人类学研究
视野中的身体图式与身体文化

一、设计实践中的身体图式：一个宏观描述

　　身体图式是梅洛-庞蒂知觉现象学中的一个重要概念。尽管这一概念并非梅洛-庞蒂首创，但梅洛-庞蒂却成功赋予它以独特内涵，从而成为其哲学思想中一个极富活力的概念。

　　梅洛-庞蒂是在谈论病人施耐德"抽象运动障碍"症状的过程中引入身体图式概念的。所谓"抽象运动障碍"，是指病人在双眼完全被蒙蔽的情况下，不能根据别人的语言指令，顺利完成这项指令所要求动作的症状。在对施耐德"抽象运动障碍"症状进行描述的基础上，梅洛庞蒂最终给出了身体图式的三个定义：首先"人们最初把'身体图式'理解为我们的身体体验的概括，能把一种解释和一种

意义给予当前的内感受性和本体感受性";其次,"身体图式不再是在体验过程中建立的联合的单纯结果,而是在感觉间的世界中对我的身体姿态的整体觉悟,是格式塔心理学意义上的一种'完形'";第三,"'身体图式'是一种表示我的身体在世界上存在的方式"①。

透过梅洛-庞蒂的这三个定义,我们对其知觉现象学中的身体图式概念就能获得一个大致清晰的理解。但其实,要想对身体图式概念获得较为深切的理解,我们还必须把它放回到西方哲学史的大背景中去。

在哲学史上,梅洛-庞蒂的知觉现象学致力于打破自笛卡尔以来西方哲学在身体与心灵之间彼此"隔绝"的状态,这种"隔绝"状态也即西方哲学中根深蒂固的"身-心二元论"。为了实现这一目标,他的知觉现象学在引入胡塞尔现象学意向性概念的基础上,进一步提出了"身体意向性"的概念。到梅洛-庞蒂"身体意向性"概念这里,身体已经不再是一个纯粹的肉体性概念。"身体意向性"所朝向之处,不仅身体的知觉表象,而且情感、情绪表象以及种种综合表象都源源不断地涌入身体意识中,成为身体意向性的观照对象。身体图式正是身体经验在身体意向性中的一种"概括""解释"和"格式塔",是身体在世界的一种存在方式。因此在身体图式概念中,梅洛-庞蒂认为,知觉是身体的"基本"功能,但也正是通过知觉,身体获得了在世界上的一种存在,同时也正是通过知觉,"一种解释"和"一种意义"能被赋予身体当前的感受性;与此同时,身体知觉的过程又是一个格式塔的过程,通过这一格式塔过程,不仅仅诸多知觉被赋予了"完形"的特质,而且诸多"解释"和"意义"也为这种"完形"作用所统摄才变得逐步明晰。

正是在这个意义上,梅洛-庞蒂观念中的身体就绝不仅仅是一种肉体性的存在,它同时还是一种文化性的存在。正如前文所言,通过身体图式的"完形"和"统摄"作用,人类生活世界中的种种情感、意义、价值观、道德和伦理秩序,甚至种种审美的、宗教信仰的等等文化意义和信息,也才通过身体图式的完形和统摄

---

① [法]莫里斯·梅洛-庞蒂:《知觉现象学》,姜志辉译,商务印书馆,2001年2月第1版,第136-138页。

作用，进入到主体的身体意向性中来。

以此观点来进行审视，则梅洛-庞蒂的知觉现象学中，身体图式并非是一个固定不变和僵死的东西，它是人类生命个体通过与外部感知环境之间的互动而逐步建构的结果，它自身是个体生命史的一个建构过程。与此同时，身体图式也随着外部感知环境的变化和身体意向性内容的不断丰富、积淀而不断缓慢改变着其自身的结构。

如果以梅洛-庞蒂的知觉现象学思想来审视人类设计创造实践以及设计产品和服务的消费实践，那么身体图式正是在特定的文化语境中，人类主体诉诸这些类型的实践形式，才被逐步生成和建构起来的。从这一角度来看，人类设计实践中的身体图式就再不仅仅是一个人体工程学意义上的有关生理、心理、和效能等的商品使用过程中的感官知觉与体验过程，它同时还是一个文化和意义的感知和建构过程。正如有国内学者指出的："产品设计既不是艺术设计，也不是技术设计，是产品的一种文化创造。因此，产品设计的本质是物的文化设计。"[①]正是这种打上了民族文化烙印的文化创造和文化设计实践，孕育了特定民族文化中独特的身体图式。在这一过程中，每一民族独特的文化语境，正是身体图式赖以建构和孕育的意义之源。

显然，世界不同民族，由于历史、外部感知环境和设计文化传统之间的巨大差异，身体意向性对象及其赖以建构的源泉也随之千差万别，因此也就形成了极为不同的身体图式。世界不同民族异彩纷呈的身体文化，也正是身体图式差异性的重要表征之一。正如有国内学者指出的："身体承载着意义，表达着意义。意义的循环传递过程就是身体不断地构造并重构自身的过程。"[②]因此从这一角度来看，设计人类学和审美人类学的研究，正要致力于通过长期沉浸式的田野作业，诉诸深描的民族志方法，来对该民族设计文化中独特的审图图式和身体文化展开深入细致的系统研究与描述。

① 许喜华：《论产品设计的文化本质》，《浙江大学学报（人文社会科学版）》，2002 年第 4 期。
② 刘胜利：《从对象身体到现象身体》《〈知觉现象学〉的身体概念初探》，《哲学研究》，2010 年第 5 期。

二、身体文化

世界每一民族都有其自身独特的身体文化,它是民族文化的重要组成部分。在西方学术史上,身体同技术一样,"曾先后经历了祛魅(de-enchantment)与复魅(re-enchantment)的两个独特过程"。① 在身体的复魅(re-enchantment)运动历程中,现象学曾起到了极为关键的作用。正是现象学的强大反思精神,重新赋予了身体以既深且广的社会和文化意涵。这就是身体的所谓复魅(re-enchantment)运动历程。

英国社会学家克里斯·希林通过对西方学术语境中身体研究的系统梳理与总结,认为对身体的研究要想做到综合全面,就必须把身体的这三个方面——"身体作为社会的结构铭刻其上的定位场所,作为社会赖以建构的载体,作为连接个体与社会的通道"——融合起来加以系统研究。② 以此视角观之,则特定文化语境中的人类设计创造实践和设计产品、服务的消费实践,正是使得身体发挥以上三方面作用的重要而卓有成效的媒介与载体。正是这些人类实践,诉诸每一文化语境中的身体,才模塑了世界不同民族独特的身体图式与身体文化。因此,对人类设计创造实践中的身体图式和身体文化展开系统描述和深入研究,就可以深刻揭示出世界各民族独特的身体文化,从而为身体研究提供一个独特的视角。毫无疑问,这也是设计人类学同时也是审美人类学研究的一个广阔领域。

首先,在设计实践领域展开对于身体图式的研究,我们可以引入新现象学创始人,德国哲学家赫尔曼·施密茨的身体经济学概念,来对它做一次现象学的描述。

赫尔曼·施密茨广泛汲取了胡塞尔的现象学哲学思想和梅洛庞蒂的知觉现

---

① 李清华:《技术与身体:设计史叙事的两个重要维度》,《创意与设计》2012 年第 6 期。
② [英]克里斯·希林:《文化、技术与社会中的身体》,李康译,北京大学出版社 2011 年 1 月第 1 版,第 21 页。

象学思想,并加以创造性地发挥,最终创立了一门新现象学。身体经济学就是其新现象学中的一个核心概念。对于施密茨来说,身体经济学是一个治疗学概念。他认为,人类身体凭借各种感官和知觉在与外部世界打交道的过程中,创造了某种类似于氛围性质的东西。这种类似于氛围性质的东西,施密茨称之为情感氛围。他把这种情感氛围所处的两个极端状态分别称之为极度狭窄状态和极度宽广状态。极度狭窄状态与人类身体的种种消极感受和负面体验密切相关,比如沮丧、气馁、痛苦、疼痛、寒冷、饥饿、恐惧等等;而极度宽广状态则与人类身体的种种积极感受和正面体验密不可分,是诸如快乐、轻松、愉悦、舒适、惬意、温暖等等种种身体感受或情感、情绪的体验状态。施密茨认为,人类身体如果长期处于这两个极端状态之一,就会陷于一种紊乱状态,这将必然导致一系列的身体和精神问题,因而有必要对人类身体的情感氛围采取调节和干预措施。正是在这个意义上,施密茨的身体经济学概念被认为是一个治疗学概念。

通过以上的简略描述可知,身体经济学概念以及与之密切相关的情感氛围概念,绝非仅仅是一个身体知觉和身体感知的描述性概念,它们同时还是两个有关文化的描述性概念。这也正是施密茨受到梅洛-庞蒂知觉现象学影响的一个重要方面。施密茨认为,人类身体感官和知觉在与外部世界交往的过程中,所形成的是某种类似于氛围性质的东西。在这些类似于氛围性质的东西中,正蕴含着特定文化语境长期以来赋予它的纷繁复杂而又多姿多彩的文化要素和文化信息。同时这些文化要素和文化信息,又给情感氛围渲染上了其自身文化语境鲜明而独特的色彩。也正是这些文化语境所赋予的鲜明独特之色彩,才最终造就了世界各民族身体图式和审美图式进而是身体文化之间的独特个性和差异。

在人类设计创造实践和设计产品与服务的消费实践中,身体经济学的结构和动力学特征,正可以诉诸设计创造实践的这一过程,在极度宽广氛围和极度狭窄氛围之间实现有效调节与干预,并且使其在这两种氛围之间进行辩证运动和相互转换,从而最终实现设计物品的自身功能。与此同时,设计物品对身体经济学结构和动力学特征的调节和干预,并非仅仅局限于纯粹的身体和知觉层面,它同时也是一个强大而卓有成效的意义生成和交流过程,同时也是一个卓有成效的文化创造过程。①

其次,在设计实践领域展开对于身体图式进而是身体文化的研究,除了现象学描述之外,我们还可以进一步引入设计人类学或审美人类学的研究视野。

显然,世界各民族由于地域环境和文化传统的差异,作为民族文化的重要组成部分,长期以来所孕育出的设计文化和身体文化也呈现出多姿多彩和千差万别的面貌。这种设计文化和身体文化,反过来又对该民族的设计创造实践和设计产品、服务的消费实践产生重要而深刻的影响,进而也被打上深深的民族文化烙印。设计人类学和审美人类学的研究,就需要研究者长期沉浸于该民族的设计文化和身体文化进而是民族文化中,对于该民族的设计创造实践和设计产品和服务产品的消费实践进行长期亲历性的体验与观察,对其中的诸多文化现象进行深入研究,在其民族文化语境中,来展开对于该民族设计文化和身体文化的深切理解、阐释和描述。这样理解、阐释和描述由于建立于长期亲历性的田野调查基础之上,因此不但对于设计师的设计创造实践,而且对于世界各民族文化之间的交流,都具有重要意义和价值。

以上的粗略勾勒表明,这正是设计人类学和审美人类学可以纵横驰骋的一个广阔领域。

三、设计人类学和审美人类学视野中的身体文化研究

再回到设计人类学和审美人类学的研究领域。

人类设计创造实践和设计物品、服务的消费实践表明,世界各民族中,大凡优秀的设计创造实践,都不但能遵循人体工程学规律,设计创造出符合本民族身体尺度、比例和体量的设计物品,以满足各自不同的功能需求,而且都能充分尊

---

① 李清华:《设计与身体经济学》,《美与时代》,2013 年第 12 期。

重本民族的身体文化。在这一过程中，若从前文所引述的新现象学思想来看，也都能根据各自的功能需求，充分考虑身体经济学的情感氛围在宽广与狭窄之间的有效调节和干预，从而顺利实现在二者之间过渡与辩证转换。①

但是显然，设计人类学和审美人类学的研究决不能仅仅停留于对这些浅表的层面的描述。在世界每一民族独具特色和个性鲜明的文化语境中，人类设计实践正诉诸人类身体，创造出了自身民族独特的身体文化和设计文化。正如希林所言，它们把"身体作为社会的结构铭刻其上的定位场所，作为社会赖以建构的载体，作为连接个体与社会的通道"。因此，正是每一民族独具特色的设计文化以及其外围的民族文化，涵养和模塑了该文化语境中独特的身体文化，而这种独特的身体文化，又反过来不断推动着自身民族设计文化的发展。设计人类学和审美人类学的研究，正应该通过对每一民族设计创造实践和设计产品、服务的消费实践的沉浸式经验和研究，来描述和揭示出每一民族的社会结构特征和诉诸身体的社会建构机制，以及个体与社会之间的连接和沟通机制。在这一研究过程中，每一民族独特的生活方式、价值观、审美习尚、宗教信仰、风俗习惯等诸多文化要素，也因此都要被纳入了设计人类学和审美人类学的考察范围。

显然，由于人类学家长期沉浸到特定文化语境的日常生活世界，亲历性地去体验、感悟该文化中每一个体的日常生活世界，因此这样的设计人类学和审美人类学研究往往更能揭示和描述出能触发我们的诗意、震颤和惊异体验的那些切身经验，揭示和描述出每一民族设计文化独特的文化意蕴、文化内涵和文化逻辑。

在这一层面上，这种研究往往也能更加自觉地担负起日常生活启蒙者的重要责任，因此它也属于广义文化批评的重要组成部分。这样的文化批评往往能通过人类学的深描民族志方法，揭示出能触发我们内心深处的诗意、震颤和惊异体验，从而更强烈地唤起我们的共鸣。可以预见，这种共鸣因此又将具有更加强

① 同上。

大的、召唤我们去行动的力量,从而更加深入地影响人类日常生活的方方面面。法国著名哲学家加斯东·巴什拉就说:"共鸣散布于我们生活世界的各个方面,而回响召唤我们深入我们自己的生存。"①我们也有充分的理由相信,设计人类学和审美人类学所自觉承担起来的文化批评任务,也将"召唤我们深入我们自己的生存"世界中去,从而激发起强大的行动力量,最终也将为缩短"应然"与"实然"之间的差距做出自身的卓越贡献,引领人类实现真正意义上的"诗意栖居"。

正如前文所指出的,这种融入了现象学态度和方法(即前文指出的格尔茨的科学文化现象学和赫尔曼·施密茨的新现象学)的设计人类学和审美人类学研究,由于人类学家亲历性地长期沉浸到特定文化鲜活的日常生活经验世界中,人类学家甚至有机会触摸、体验和感悟到特定文化语境中鲜活生命个体的情感温度。这正是现象学的态度和方法②赋予人类学家的强大的能量。巴什拉就指出:"在这种多样性里,现象学家尽他的努力去把握主要的、可靠的、直接的幸福感的萌生。"③设计人类学和审美人类学的重要使命,正是要在对一个个鲜活设计案例的分析过程中,敏锐地捕捉到这种在设计创造实践和设计物品和服务产品的消费实践等所有环节中所萌生出来的那真真切切的"幸福感"。这种幸福感的敏锐捕捉、理解、阐释与描述,正如在前文中所引用的马林诺夫斯基的话所表明的那样,对于人类学的研究具有极其重要的意义和价值。设计人类学和审美人类学显然也正是要在对这种幸福感的敏锐捕捉、深入理解、阐释和描述的生动呈现过程中,完成其文化批评和日常生活启蒙的重要使命。这种文化批评和日常生活启蒙运动,不仅要引领人类设计创造实践和设计产品、服务的消费实践,走向一条绿色和可持续发展的康庄大道上来,而且要引领人类实现真正意义上的诗意栖居,寻找到生命中更为根本的意义感、价值感和尊严感。也正是在这个

① [法]加斯东·巴什拉:《空间诗学》,张逸婧译,上海译文出版社 2013 年 8 月第 1 版,第 10 页。
② 在格尔茨的科学文化现象学中最鲜明、最集中的体现便是深描的民族志方法,参看李清华:《深描民族志方法的现象学基础》,《贵州社会科学》,2014 年 2 月。
③ [法]加斯东·巴什拉:《空间诗学》,张逸婧译,上海译文出版社 2013 年 8 月第 1 版,第 2 页。

意义上，我们认为设计人类学和审美人类学是广义文化批评的重要组成部分。

在具体的操作层面，在人类设计实践领域，优良的设计创造实践和设计产品、服务的消费实践，诉诸特定文化语境中个体身体经济学结构和动力学特征的调节手段，为特定文化语境中的每一个体所带来的，正是一种实实在在的幸福感。显然，在这种幸福感的构成要素中，既离不开人体工程学机制的有效参与，又离不开特定文化语境中生活方式、审美习尚的积极参与，同时也离不开特定文化语境中风俗习惯、宗教信仰的等等文化意蕴的综合参与。设计人类学和审美人类学的研究，由于建立在亲历性的和长期的田野考察与体验基础之上，因此拥有一种极富人文关怀的视野，这些都为幸福感的敏锐捕捉、深入理解、阐释描述及生动呈现打下了坚实的根基。汲取了现象学哲学和人类学民族志方法丰富思想养料的设计人类学和审美人类学研究，正是要通过其建立在深描基础上的民族志描述，努力开显出这些能处处激发起该民族文化语境中人们诗意、震颤和惊异体验的广袤领域，努力展开极富深度而又极具开放度和包容度的文化批评实践和日常生活启蒙运动。这样的文化批评实践和日常生活启蒙运动，才能最终唤起积重难返的人类的广泛共鸣，追寻到每一民族文化中每一鲜活生命个体本真意义上的存在感、意义感、价值感和尊严感，从而也最终追寻到实实在在的幸福。

这种实实在在的幸福感在个体生活世界中之所以如此重要，其原因在著名社会学家安东尼·吉登斯对身份认同的精彩描述中已经给出。他说："在诸多不同的互动情境中保持稳定的行为举止恰恰就是保持自我身份认同连贯性的主要手段之一。由于行为举止能保持'身体中家的感觉'与个性化叙事之间的稳定联系，故自我身份认同被拆解之潜在性被制约。行为举止必须被有效地整合进个性化叙事中，以使个体既能保持'正常外表体征'，同时又能确信拥有跨越时空的个体连续性。"①正是吉登斯所描述的这种"身体中家的感觉"与个性化叙事之间的稳定联系，帮助个体摆脱了漂泊无依之感和深刻的现代性焦虑，在"坚实的大

---

① ［英］安东尼·吉登斯：《现代性与自我认同：晚期现代性中的自我与社会》，夏璐译，中国人民大学出版社 2016 年 4 月第 1 版。

地"(这里更多的是隐喻本民族文化根基和文化语境)之上实现诗意栖居,真正追寻到生命的意义感、价值感和尊严感,同时也追寻到坚实的、触手可及的身份认同感。这显然也正是人类设计创造实践进而也是文化批评实践和日常生活启蒙运动的根本旨归。

第二节　人类设计实践与意义建构

一、意义问题

意义问题是 20 世纪西方哲学探讨的一个热点与核心问题。它最初由 20 世纪早期的生命哲学发起,随后的现象学哲学再到语言哲学,都曾对意义问题展开过广泛深入的探讨。本文并非要对意义问题展开严格意义上的哲学探讨,而是想要结合人类的设计创造实践和设计产品与服务的消费实践,来追寻它在人类当下生活世界中的意义生成和建构机制与过程,从而服务于广义文化批评的建构和日常生活启蒙运动的有效展开。

显然,在世界每一个民族或每一社会的任何一个文化语境中,意义问题都是一个核心问题:世界的意义是什么? 生命的意义何在? 活着有何价值? 劳动有何意义? 民族、国家的意义是什么? 甚至包括民族认同和文化认同等一系列的问题都与意义问题密不可分。著名社会心理学家豪格和阿布拉姆斯就认为,建立在社会比较基础之上的内群和外群的区分,为每一社会中个体自我的定义提供了依据。同时,这种区分也使得内群获得了相对于外群更为积极的社会认同。内群中个体的自我意识正是以这种积极的社会认同为参照建构起来的。在社会行动中,获得了积极社会认同的个体更容易得到内群的褒奖和鼓励,这种褒奖和鼓励进一步为个体带来了一种积极的自我评价,正是它给了个体一种心旷神怡之感,同时也极大提升了自我的价值和尊严。豪格和阿布拉姆斯认为,内群和外群的区分是建立在相似性和差异性的基础之上，是依靠诸多的社会范畴才最终建构起来的。所谓的社会认同，也只能是这诸多社会范畴之内的认同。[①] 豪格和阿布拉姆斯的社会心理学思想，为我们指明了社会认同赖以建构的路径，同时也指出了作为认同根基的意义和价值产生的重要机制。与此同时，意义显然是一个相对的范畴，不同民族有不同的意义追求和价值标准。不但如此，意义又是一个历史的范畴，是一个不断变迁和不断建构的范畴。即便是在同一民族文化内部，在不同时代，对于各种意义的看法也都大相径庭，而且其中的每一种意义又都是一个不断建构和不断修正的历史过程。

正因为如此，当西方近代文化中的尼采提出"重估一切价值"这一振聋发聩的呼声之后，整个西方社会也逐步经历了现代性所带来的价值怀疑主义和价值虚无主义的深刻洗礼。这种价值怀疑主义和价值虚无主义又最终给西方传统的基督教信仰和基督教价值观带来了前所未有的巨大冲击。正因为如此，西方现代文化中才有人提出了所谓的价值危机和意义危机问题。也正是为了应对形形色色的价值危机和意义危机，在临床上才出现了所谓的"意义治疗法"（logotherapy）的精神分析疗法，以应对个体由于价值感和意义感缺失所造成的神经官能症。[②]

在人类如何对待意义的问题上，让-吕克-南希的"意义辩证法"（Dialectics of Sense）能给我们以深刻启发。南希既不赞成绝对价值（absolute value），也不赞成相对价值（relative value），因为绝对价值往往导致价值绝对主义，而相对价值又往往沦为价值虚无主义。他认为，随着社会的发展和时代的变迁，有的价值将会被丢弃，而有的价值却又被重新捡拾回来。[③] 这无疑是对待价值和意义问

---

① ［澳］迈克尔·A·豪格、［英］多米尼克·阿布拉姆斯：《社会认同的过程》，中国人民大学出版社 2011年1月第1版。

② "意义治疗法"（logotherapy）是维也纳大学医学院的弗兰克博士发明的一种神经官能症的治疗方法。参看弗兰克·维克多：《活出意义来》，赵可式、沈锦惠译，生活·读书·新知三联出版社 1991年12月第1版。

③ Jean-Luc Nancy, *The Sense of the World*, Translated and with a Foreword by Jeffery S. Librett, University of Minnesota Press, Minneapolis, London, 1997.

题颇为科学也颇为明智的一种态度。

人类学的研究实践也印证了南希"意义辩证法"的科学性和强大的解释效力。在世界任何民族特定的文化语境中,从来没有永恒不变的意义和价值。随着社会的发展和生活方式的变迁,在每一民族的传统意义和价值体系中,有的价值被传承和坚守,而有的价值却被无情地淘汰和抛弃。即便是那些被传承和坚守下来的部分,也往往会随着生活方式和社会环境的变迁而有所修正、有所损益。而伴随着新的生活方式、新的社会文化环境的形成,新的价值和意义体系又被会被重新建构起来。这些情况在世界每一民族文化的每一文化语境中每时每刻都在发生着。

可见,在对待人类社会的意义和价值问题上,我们应该始终保持一种包容、开放的心态。而作为一名优秀设计师、作为一名身处特定时代和特定民族文化语境的"文化创造者",除了保持一种包容、开放的心态之外,还应该怀抱一种对于本民族文化的担当精神和责任意识。作为一名"文化创造者",在面对本民族文化传统中优秀的意义和价值体系时,每一位优秀的设计师,显然都担负着坚守、传承、弘扬并且创新自身民族文化的责任。

正如前文所言,在人类设计实践中,意义问题还与民族认同和文化认同密不可分。举个例子,中国传统文人,之所以能够在中国古典庭院和园林设计中体验到强烈深沉的美感并且寻找到强烈的文化归属感和认同感,就与古典庭院和园林设计中所体现出儒家传统价值观和伦理秩序,以及古典美学原则密不可分。中国古典庭院和园林设计,正是中国传统礼制精神和审美精神的集中体现。庭院中的每一建筑物、厅堂设计,每一房间的功能布局,房间中的每一家居陈设,每一装饰设计,每一匾额甚至墙上的每一幅字画、对联,都无不体现着中国传统的礼制精神和家庭伦理秩序。在这样的环境中,每一家庭成员从小耳濡目染,所接受的正是儒家传统伦理中的长幼、孝悌、尊卑、敦厚、廉耻、节义等传统价值观,他们面对这样的环境设计,内心显然就能寻找到一种强烈的"锚定感"和归属感。这样的家居设计,假如再有一座设计精良的古典园林作为后花园,那么每一家庭成员在公务或日常劳作之余,徜徉于美轮美奂的假山池沼、亭台楼阁和花木翠竹之间,中国传统美学中的诸多意象和意境,诸如飘逸、俊逸、拙朴、清幽、淡雅、悠远等等便油然生于胸中。生命的意义感、价值感和尊严感也便充盈到了主体的日常生活世界,这也就是真正意义上的诗意栖居。主体每日生活于这样的日常生活世界,所获得的民族认同感和文化认同感自然也极为深沉。也正是在这样的民族认同感和文化认同感中,主体也才追寻到了真正意义上的幸福感。

在其他设计创造实践中同样如此。优秀设计师设计创造过程中,往往能充分尊重特定文化语境中的价值观念和价值体系,同时能充分汲取该文化语境中优秀的审美和文化元素,创造性地运用于自身的设计实践中。与此同时,优秀设计师往往又能保持一种宏阔的文化视野,对世界各民族的设计文化和审美文化了然于胸,并对其抱持一种开放和包容的心态。因此其优秀设计作品往往既能体现本民族优秀的传统设计文化和审美文化,又能创造性地吸收世界其他民族的优秀设计文化和审美文化。这样的设计作品,显然就不但能取得商业上的巨大成功,而且能够为消费者带来完美的用户体验,并且让消费者在消费实践中追寻到自身生命的意义感、价值感和尊严感。

二、人类设计实践中的意义建构机制与过程

正如本文论述所指出的,人类设计实践的核心和灵魂,正在于其中所蕴含的意义和价值体系。这一意义和价值体系,直接关乎该文化中的每一个体,能否从设计师的设计创造实践和设计产品与服务的消费实践中,追寻到生命的意义感、价值感和尊严感,从而获得实实在在的幸福。从这一角度来看,每一设计物品和服务产品除了必须具备独特的功能与实用价值(这是设计产品和服务产品最基本的意义和价值)之外,更重要的还在于这种设计产品和服务能否给消费者带来独特的审美与精神满足,为消费者带来良好的用户体验。正如法国著名学者让·鲍德里亚所指出的,在消费社会中,"财富和产品的生理功能和生理经济系

统(这是需求和生存的生理层次)被符号社会学系统(消费的本来层次)取代"①。尤其是在后工业时代的所谓"丰裕社会",在消费和体验成为社会经济增长主要引擎的体验经济时代,设计产品和服务产品的基本功能层面(即鲍德里亚所谓的"生理功能和生理经济系统")在消费者的消费选择动机中所占据的地位越来越微不足道,取而代之的是对于商品社会符号价值(即诸多社会意义和价值)的趋之若鹜和不遗余力的追寻。

由此可见,人类设计创造实践和设计产品与服务的消费实践,除了获得基本功能的满足之外,更为根本的目的,乃在于从这种设计实践中获得一种丰盈的意义感、价值感和尊严感。从这一角度来看,设计创造实践和设计产品与服务的消费实践,其本身也是一个意义创造、建构和交流的过程。因此,一位优秀设计师,首先就需要长期沉浸到本民族源远流长的历史和文化传统中,不但要能够做到对于本民族传统设计文化的了然于胸,而且还需要对本民族的历史、哲学以及传统生活方式、民俗和宗教信仰,以及审美习尚和价值观念等展开深入系统的研究。与此同时,在全球化的今天,设计师还应该怀抱一种包容和开放的心态,对世界各民族的设计文化、历史、哲学、宗教信仰、民俗和审美等,有着广泛的了解和涉猎。在此基础上,再凭借自身高超、精湛的技艺、深厚的审美素养和极富个性的设计语言,才能创造出经典的设计作品。这样的设计作品才能携带和承载丰富的文化信息,也才能给消费者带来几乎是完美的用户体验。

回顾设计史可知,人类历史上的经典设计作品,之所以能给人一种如沐春风之感,正在于其在近乎完美的功能追求之外,更有一种高度自觉的意义创造和建构意识。国内有研究者就指出,李诫的《营造法式》,正是以《周易》体系和《周礼》体系(《易》《礼》体系)展开了其建筑设计思想的阐述,它们继承并突出了《周易》体系中"大壮"精神和《周礼》体系中"礼制"精神的统一。②《营造法式》是中国古

① [法]让·鲍德里亚:《消费社会》,刘成富、全志钢译,南京大学出版社 2014 年 10 月第 4 版,第 61 页。
② 邹其昌:《进新修〈营造法式〉序〉研究——《营造法式》设计思想研究系列,《设计与创意》,2012 年 01 期。

代建筑学领域一部里程碑式的经典著作，但正如这位学者所言，我们只有把它置于《易》《礼》体系的宏阔文化语境中，才可能获得准确、深刻的理解和阐释。而中国古代建筑，也正如《营造法式》所总结的那样，正是通过自身卓越的创造性实践，并在实践中融入了对于儒家传统《易》《礼》思想的哲学、文化和历史的深刻反思精神，才创造出了中国古典建筑的辉煌成就，为人类建筑史做出了自身的巨大贡献。在具体的实践和操作层面上，正如这位学者所分析的，建筑设计要体现《周易》的"大壮"精神和《周礼》的"礼制"精神等这些儒家传统的价值体系，设计师就必须诉诸"两大系统"（分别为"文辞"和"图像"）、"六大范畴"（分别为"总释""制度""功限""料例""等地"和"图样"）和"十三大类型"（分别为"壕寨""石作""大木作""小木作""雕作""旋作""锯作""泥作""砖作""窑作""竹作""瓦作""彩画作"）。"两大系统"又最终体现出儒家的"中和"精神。而不管是"文辞"还是"图像"，或者是其中所体现出的典型的儒家价值和观念系统，都离不开"十三大类型"工匠的分工合作、匠心独运和高超技艺，否则，所有的东西都只能是空中楼阁而无一能得以实现。由此可见工匠在古代设计实践中的重要地位和价值。

中国古典建筑的设计建造如此，现代城市的规划亦如此。设计创造实践对于每日生活其中的城市居民的日常生活实践及其影响来说，同样也要诉诸一个意义的创造和交流的过程。人类是一种一刻也离不开意义的动物。人类赖以生存的环境，从个体层面看，其本身就承载了每一人类个体的生命历史，随着个体生命的诞生、成长、衰老和死亡，这种生命史本身赋予了其所生存其中的环境以强烈的情感色彩和意义价值，它对于个体、家庭、家族乃至社区来说都举足轻重。小至每一生命个体，大至社区、民族、国家，这种附着于环境的鲜活的历史记忆，正是每一社区、民族和国家的文化之源、意义之源和价值之源。正如每一生命个体那样，每一社区、民族和国家的生存和发展，也都离不开历史记忆，都离不开历史记忆中长期积淀下来的情感信息、价值信息和文化信息。而这些无形的东西，却往往需要附着于有形的器物、环境、建筑物等物品和场景之中。世界每一民族的每一生命个体，当面对着凝聚了其个体、社区、民族或国家情感和历史记忆的器物、场景和环境时,往往都能触发内心深处最复杂、最深厚也是最鲜活的情感体验。从这一角度来看,人类的居住环境和空间成了记忆的载体。正因为如此,近些年国内旅游掀起的所谓"古镇热",就不难从根源上对其原因加以解释。美国著名城市规划学者凯文·林奇在其《城市意象》一书中,就对城市规划中的城市的"可读性""意象""结构与意象"等方面进行阐释,并进一步对"道路""边界""区域""节点"和"标志物"等意象性要素进行描述和分析。他指出:"每一个人都会与自己生活的城市的某一部分联系密切,对城市的印象必然沉浸在记忆中,意味深长。"①显然,在现代城市规划中,随着工业化的推进和全球化进程的加剧,这种"意味深长"的记忆越来越成为奢侈之物,越来越成为每一生命个体内心深处一个遥不可及的梦想。因此,在现代城市规划和设计实践中,保护历史记忆才显得尤为重要。在《设计与场所认同》一书中,作者讲述了这样一个故事:波黑莫斯塔镇内雷特瓦河上的一座古桥在 1993 年克罗地亚人和波斯尼亚穆斯林之间的内战中被毁坏了。当地的波斯尼亚人随后陈述,古桥的"突然毁坏如何彰显了它在形成他们自己的个人和社会认同感中所担当的重要作用,达到了完全将桥视为自己的一部分的程度:'我的感受和任何真正的莫斯塔人一样⋯⋯我感到自己身体的一部分被扯掉'"②。这个故事表明环境和场所与个体、社区、民族和社会认同之间有着如此紧密的关联。

显然,人类设计实践中所包含的这种意义创造和建构过程,显然就包括设计创造的最终成果中优美的、符合特定文化和特定语境中人们审美习尚以及造型感和形式感,符合特定文化语境的价值观和伦理秩序,同时也包含着对特定文化语境中生活方式、生活习惯以及民俗和宗教信仰的充分尊重。这样的设计创造实践,显然正是杰出设计师(同时也是文化创造者)的一个高度自觉的意义创造和建构过程,生活于这一由优秀设计师创造出的物质文化环境中的每一生命个

① [美]凯文·林奇,《城市意象》,方益平、何小军译,华夏出版社 2001 年 4 月第 1 版。
② [英]乔治娅·布蒂娜·沃森、伊恩·本特利,《设计与场所认同》,魏羽力、杨志译,中国建筑工业出版社 2010 年 3 月第 1 版,第 4 页。

体、群体及其相互之间,显然也能顺利而轻松惬意地实现相互之间的交流甚至实现跨文化之间畅通无阻的交流,从而带来近乎完美的设计体验和实实在在的幸福感。

三、人类设计实践中的意义建构与文化身份的识别

作为知识生产的重要部门,人类学素以尊重人类文化的多样性著称。在人类学的研究视野中,世界各民族都有着自身独特的历史和文化,有着自身独特的价值观、生活方式、民俗和宗教信仰。所有这些色彩缤纷的文化,无论其持有者的种族、肤色、宗教信仰状况以及社会、经济和科技发展水平如何,在人类学家眼中,都与西方文明有着同样的价值并处以同等重要的地位。

秉承人类学的这一优秀遗产,在设计人类学和审美人类学的研究视野中,孕育和植根于每一民族文化内部,并且是作为该民族文化重要组成部分的设计文化,也应当是多姿多彩的,其独特性、多样性价值也同样应当得到充分地尊重。也正因为有了这种独特性和多样性,人类设计文化和人类未来发展才拥有了多种可能性与选择方向;也正因为有了这种对于人类文化多样性的充分尊重,世界各民族设计文化之间也才有了相互学习和借鉴的可能。

因此,在体验经济时代,尤其是在全球化进程日趋推进和不断深入的当下,保持世界各民族文化的独特性和多样性就显得尤其重要并且任重而道远。具体到人类设计创造的实践领域,作为文化创造者的世界各民族的设计师,因此都应当肩负起从本民族光辉灿烂而又源远流长的传统设计文化中不断汲取养料并不断努力建构本民族设计文化身份的重要历史使命。正如前文所指出的,当前国内旅游市场上出现的所谓“古镇热”,就表明具有地方性和独特性的地域文化,是旅游市场中的一种稀缺资源,它正成为市场热捧的一大卖点。这种具有地方性和独特性的地域文化,在千城一面的国内旅游市场背景中,所彰显的正是一种文化身份的识别特征。旅游市场如此,在广大设计实践领域同样如此。在体验经

济时代,在商品竞争日趋白热化的今天,任何一件设计产品,要想在商业上获得成功,除了具备良好的功能和强大的营销手段之外,商品美学或风格上的文化身份识别就显得尤为重要。法国著名学者让-鲍德里亚就说:"这种盲目拜物的逻辑就是消费的意识形态。"①既然是意识形态,它就具有弥散性的特征,像水和空气那样无处不在又无孔不入。按照鲍德里亚的观点,盲目拜物崇拜的并非物的使用价值本身,而是附着于物之上的符号价值。而之所以要盲目崇拜这种符号价值,其最深层次的动机,正是要把自身从由"福利革命"所努力营造的"人人平等"(是一种理想状态,事实上永远不可能)的氛围中解脱出来,把自己从"营营众生"的包围中凸显出来,实现一种身份上的区分目的。他说:"人们从来不消费物的本身(使用价值)——人们总是把物(从广义的角度)当作能够突出你的符号,或用来让你加入视为理想的团体,或作为一个地位更高的团体的参照来摆脱的团体。"②显然,这正是一种身份识别的巨大内驱力。在当下铺天盖地的媒体文化中,极具煽动性和魅惑力的广告,往往能最恰当地抓住消费者的这种身份识别和凸显心理,利用最具视觉冲击力的形象,激发消费者最强烈的购买和拜物欲望。在这一点上,包括鲍德里亚在内的众多西方消费文化的批判者的观点是深刻犀利的,但同时也是我们这一时代的人类迫切需要加以深刻反思的。美国著名制度经济学大师凡勃仑在《有闲阶级论》一书中对有闲阶级消费文化的批判同样表明了这一点。对于这一主宰当今人类世界的文化资本逻辑,我们急切地需要最强有力的批判。这一逻辑显然是世界资本主义发展的一种惯性逻辑,因为这种逻辑"只有把人的心理意愿用作刺激生产和消费飞升的必要条件,人们才能一直贸易、交换更多的商品并以此致富"③。这正是资本最为臭名昭著同时也是最为根深蒂固的逐利本性。而到了所谓的体验经济时代,资本的增殖显然与时俱进地改变了其自身策略,它开始关注和拥抱日益渗透到设计创造实践、设计产

① [法]让鲍德里亚:《消费社会》,刘成富、全志钢译,南京大学出版社2014年10月第4版,第40页。
② [法]让鲍德里亚:《消费社会》,刘成富、全志钢译,南京大学出版社2014年10月第4版,第41页。
③ [法]奥利维耶・阿苏利:《审美资本主义:品位的工业化》,黄琰译,华东师范大学出版社,第40页。

品与服务的消费实践中的文化和艺术元素，并将它们创造性地予以改造（或梳妆打扮），巧妙地运用到商品生产、营销和消费的每一环节，创造出了一种美轮美奂的"审美幻象"。正是这种美轮美奂的"审美幻象"光晕，不断地刺激着人类的购买和消费欲望。这其中的身份识别与认同，也正成为资本家得心应手地加以操控的一大利器。这是问题的一个方面。另一方面，当面对日趋白热化的国际竞争，一国的设计和制造如何在这一国际大背景之下求得生存和发展，也同样应该提到我们的议事日程上来。

具体到当下的设计创造实践。中华民族拥有灿烂辉煌而源远流长的设计文化，在其漫长的发展演变历程中，经典设计作品更是层出不穷。因此，作为一名炎黄子孙，作为一名体验经济时代和全球化时代的中国设计师，当我们面对博大精深而又源远流长的中国传统设计文化时，首先就应当肩负起全面、深入地研究并广泛地汲取其精髓的重任。这就要求我们的设计师全身心、长时期地沉浸到中国传统设计文化中，对中华民族传统设计文化中的技术、工艺、历史、哲学、生活方式、民俗和宗教信仰等几乎是无限丰富的文化信息进行全方位的系统理解、研究和把握，广泛地汲取各种养料，并自觉地运用到自身的设计实践中。与此同时，还应当拥有一种包容开放的世界眼光，把世界其他民族优秀的设计创造实践融入自身的创造过程中。只有这样，才能创造出经典的设计作品。而且，也只有在这种既融入了中华民族独特的价值观、审美取向，而又极富人文关怀并且具备一种宏阔的世界眼光的设计作品中，我们的每一位炎黄子孙，才能寻找到自身文化的归属感、意义感和价值感，也才能最终追寻到中华民族的文化认同感。这样的设计作品，显然同时也是对世界文化和人类设计文化的重要贡献。

在全球化进程不断加剧的今天，世界经济一体化发展已经成为无法阻挡的潮流。在这一时代背景之下，设计产品竞争力的提升不但关乎整个国家和民族的经济发展战略，而且优秀设计产品本身所携带的丰富的民族文化信息，对于提升国家的文化软实力进而扩大国际影响力有着至关重要的作用。在这一过程中，民族文化身份也正得以被逐步建构起来。

由此可见,在设计创造实践和设计物品和服务的消费实践中,展开民族文化身份的自觉建构,这在体验经济时代和全球化时代,尤其具有重要的意义和价值。当前的世界各国也都逐步意识到了这一点。在当今时代,也只有极富民族文化身份识别价值和认同价值的设计实践和设计作品,才能在剧烈的国际经济竞争环境中立于不败之地,也才能对人类设计文化和人类文化的未来发展做出本民族实实在在的贡献。

第三节　体验设计的人类学研究

一、体验经济与体验设计

按照美国著名经济学家派恩二世的说法,世界经济的增长模式在从 20 世纪初到现在的短短百年历程中,经历了由工业经济到后工业经济(或称服务型经济)再到当下体验经济的过渡与转型。[①] 在派恩二世看来,作为经济增长模式的体验经济,正是以"体验"作为经济增长主要引擎和动力的经济形态。

在当下的体验经济和审美经济时代,中华民族源远流长、多姿多彩而又无限丰富的文化遗产,理应成为广大百姓日常生活世界的鲜活存在,成为其日常生活世界不可或缺的重要组成部分。显然,这正应该成为文化遗产传承、保护与开发的根本目标和真正旨归。随着时代的变迁,在中华民族当下每一个体的日常生活经验中,许多有着悠久历史和丰富内涵的文化遗产,正在同我们渐行渐远。而要把这些东西(即被收藏在博物馆里的文物、陈列在广阔大地上的遗产和书写在古书里的文字)最终转变成为民众日常生活中可触可感的和实实在在的鲜活经

---

① 基姆·科恩约瑟夫·派恩二世在《湿经济:从现实到虚拟再到融合》中说,"体验已经成为经济的主要产品,让 20 世纪下半叶里风行一时的服务型经济相形见绌。服务型经济当时取代了工业经济,而工业经济此前替代了农业经济的地位。"王维丹译,机械工业出版社 2013 年 5 月第 1 版。

验，这毫无疑问将是一项浩大的系统工程。它应该成为中华民族传统文化在当代复兴的一个伟大理想和宏伟蓝图。如果我们真能够实现这一伟大目标和宏伟蓝图，那么中华民族将爆发出何等伟大的创造力，中国在新一轮的以文化软实力为主要衡量指标的剧烈的国际竞争中，必将立于不败之地。中国在当下进行得如火如荼的体验经济和审美经济大潮中，也必将扮演引领者和弄潮儿的伟大角色。

具体到人类设计实践领域。Marc Hassenzahl（马克·海森扎尔）是德国位于艾森城的富克旺根大学"用户体验和经济学"系教授，他在《体验设计：拥有正当理由的技术》一书中，把体验的性质概括为四个方面，即"主观性""整体性""情境性"和"动态性"①。显然，Marc Hassenzahl 是在人机交互设计领域来谈用户体验。尽管如此，他对用户体验及其性质的理解对我们仍然具有重要的借鉴意义和价值。

无论是在交互设计领域还是其他的设计实践领域，体验设计的关键，正在于创造出完美的用户体验。用户作为一个个鲜活的生命个体，总是生长于特定的文化语境中，特定文化中的生活方式、价值观、审美习尚、民俗和宗教信仰，对于设计物品和服务产品消费过程中用户体验的生成，都将产生极为重要的影响。这些都印证了 Marc Hassenzahl 所指出的用户体验"主观性""整体性""情境性"和"动态性"特征。

狭义上讲，在设计学研究领域，体验设计概念的最初提出正是在人机交互设计领域，它用于描述人机交互界面设计以用户体验为中心的设计原则。但事实上，如果我们从广义上来对体验设计进行理解，那么在人类历史上、在每一民族的设计文化中，大凡经典的设计作品，又都无不是以用户体验为中心的设计作品，因为它们都毫无例外地把创造完美的用户体验，作为追求的终极目标。正因为如此，我们对于用户体验概念的使用，也绝不应当仅仅局限于人机交互设计领

---

① Marc Hassenzahl, *Experience Design*：*Technology for All the Right Reasons*，A Publication in the Morgan & Claypool Publishers series, *Synthesis Lectures on Human-Centered Informatics*，2010.

域,而应该把它扩展到了人类一切的设计创造实践和设计产品、服务的消费实践领域。

因此,真正意义上的体验设计,应当是建立在设计师的产品和服务设计实践对于消费者文化充分尊重的基础之上。这就要求设计师应当首先沉浸到消费者的文化语境中,对其生活方式、价值观、审美倾向、民俗和宗教信仰进行深入考察和研究。在这一过程中,甚至对于具体消费者的个体生命历程、审美品位、生活方式等文化信息进行充分理解与把握。在此基础上,设计师才能创造出极富人文关怀和有着良好用户体验的产品和服务,从而给消费者带来近乎完美的用户体验。

最近中央电视台经济频道热播的"交换空间"栏目,其中有几期栏目中的设计师在提升用户体验方面就尤其用心。他们往往对家居装修客户家庭每一成员的需求、生活和工作特点、审美偏好,甚至个体的生命历程都做了深入细致的了解,因此其设计作品才能不但具备完美、强大的功能性,而且在每一细节上都极为用心,让客户在获得审美愉悦的同时也在情感上获得了巨大的满足感,为设计师的创造性实践深深打动。而显然,设计师的设计作品要能够获得这样完美的效果,就离不开设计师深入扎实的人类学民族志实践。可见,"交换空间"栏目中的优秀设计师,正是以自身的创造性实践,引导消费者去感悟和体验生命中的诗意震颤和惊异体验。

从这一角度来看,设计师的设计产品和服务在尊重特定文化生活方式的同时,也在不断培育、模塑着特定文化中人们的生活方式。因此,要真正实现中华民族传统文化当代复兴的伟大理想和宏伟蓝图,作为文化创造者和传播者的设计师可谓任重而道远。他们不但要拥有对于中华民族传统文化的精深理解,还要凭借自身的创造性实践,让这种理解活起来,让它转变为广大百姓日常生活经验中一个个完美、鲜活的经验,并在这种经验中寻找到对于中华民族文化真正的归属感和认同感。

二、作为设计文化资本的民族文化资源

文化资本是布迪厄社会学思想的一个重要概念。有国内学者指出，文化资本"指一种标志行动者的社会身份的，被视为正统的文化趣味、消费方式、文化能力和教育资历等的价值形式"①。在西方社会学中，布迪厄的思想一向以深刻著称，与这种深刻性相对应的却是其表达方式的晦涩、散漫和不成系统。对于文化资本概念的理解也同样如此，我们必须把它与布迪厄社会学思想中的其他概念联系起来，才能获得较为准确和全面的理解。综合来看，其文化资本概念可以从以下几个方面来进行理解。首先，文化资本是某些主观形态，表现为人肉体和精神活动的诸多实践状态；其次，文化资本是某些客观状态，表现为各种书籍、工具和工艺品等众多的文化产品；再次，文化资本是社会的某种体制状态，表现为一定时期的权力体制、教育体制、分配体制和艺术资助形式等等。②

通过以上的回顾表明，文化资本概念与布迪厄社会学思想中的场域概念和习性概念密不可分。文化资本的"在场"，所构造出的便是每一社会中形形色色和大大小小的场域。正如前文所言，构成了这些形形色色和大大小小的场域的文化资本，既有主观形态的社会人肉体和精神的诸多实践状态，又有客观形态的每一社会的所有文化创造物。另外，这种文化资本还具体包括每一社会中长期以来形成并较为稳定的权力体制、教育体制、分配体制和艺术资助体系等等制度要素，而所有这些要素的组合，所构造而成的正是每一社会中活跃程度不一、规模大小不一、风格特点不一的场域。正是在这些形形色色和大大小小的场域中，每一社会中的每一个体作为社会人的习性才得以被不断培育。而作为社会人的每一个体，其习性又是文化资本的重要组成部分，正是他们肉体或精神的诸多活

---

① 张意：《文化资本》，选自《文化研究》（第5辑）（陶东风，等），桂林：广西师范大学出版社，2010年9月第1版.
② 布迪厄：《文化资本与社会炼金术》，包亚明，译，上海人民出版社，1997.

动状态,不断赋予了其社会生活中大大小小和形形色色的场域以生机和活力,这些场域同时又反过来不断对其中社会人的习性加以影响和培育。在布迪厄的社会学思想中,每一社会中的每一个体,由于其出身、社会地位、经济状况等的不同,就造成了在其社会生活中所能支配和拥有的文化资本数量和质量的根本差异,因此其活动的场域也就各不相同,最终培育出的习性自然也千差万别。

近些年的人文社科研究实践表明,布迪厄的社会学思想极具原创性和活力,其影响早已不再局限于社会学和人类学领域。布迪厄的这一社会学思想在设计学研究领域同样具有强大的解释效力。

阅读布迪厄,我们可以提出设计文化资本这一概念。显然,设计文化资本赖以产生的重要源头,显然正是一个民族、国家或社会总体的民族文化资源。民族文化资源中的设计文化资本,正是设计师和消费者习性得以培育的文化资本。如前所述,它既包括主观形态的社会人肉体和精神的诸多活动状态,又包括客观形态的每一社会的所有文化创造物,另外还包括每一社会中长期以来形成并较为稳定的权力体制、教育体制、分配体制和艺术资助体系等等制度要素。设计师和消费者习性的培育,正是设计师和消费者生活其中的民族文化资源长期熏陶渐染的重要结果。具体到中华民族文化中的设计文化资本,它至少包含以下几个方面:首先是中华民族(包括汉民族和各少数民族)在漫长的历史进程中所展开的灿烂辉煌的营造和设计实践,正是它创造了中华民族伟大辉煌的物质文明。这些灿烂辉煌的营造和设计实践,部分以实物的形式得以完整保存下来,而绝大部分却湮没于历史的尘埃之中,需要我们诉诸文献、考古、史料或田野调查等手段,重新构拟其辉煌的历史原貌。其次是这些灿烂辉煌的营造和设计实践背后所隐藏的中华民族工匠伟大的创造精神和进取精神,以及这种精神在当下的现实意义与价值。第三是这些灿烂辉煌的营造和设计实践背后所体现出的权力体制、教育体制、分配体制和艺术资助形式等。

显然,这是一个极其庞大的设计文化资源库。中华民族当下的每一位优秀设计师,都应该自觉地从这一庞大的资源库中孜孜不倦地广泛汲取营养,并自觉地运用到自身的设计创造实践中,从而创造出优秀的设计作品。当下的设计实践表明,越是优秀的设计作品,越是能自觉地从设计师自身所在的民族文化中创造性地汲取营养元素,并且越是具备鲜明的民族文化身份识别特征和深厚的民族文化意蕴,这样的设计作品也往往更能深深地打动消费者并在消费实践中寻找到自身文化身份的归属感和认同感。这对于设计师来说,毫无疑问是一个前所未有的巨大挑战。尤其是在体验经济时代,当设计产品和服务产品的成败越来越取决于它能否最大限度地给消费者带来完美体验之时,设计师对于自身民族文化的精深理解和对于本民族设计文化资本的创造性发掘和利用就变得越来越重要。这样的设计作品,由于浸透着设计师对于本民族设计文化的精深理解、对于本民族艺术和审美的精熟把握,以及对于本民族民众的价值取向、生活方式的深刻理解,并且凝聚着设计师在长期设计创造实践中磨炼出的纯熟技艺,因此往往更能给消费者带来完美的用户体验,消费者也往往更能从这样的消费实践中获得更深层次的中华民族的文化认同感和归属感。

作为设计文化资本,中华民族的设计文化资源库可以说是取之不尽用之不竭。悠久的历史和灿烂的文化,不但培育了汉民族卓越的设计创造实践,而且培育了各少数民族多姿多彩和风格迥异的设计创造实践。单就汉民族设计创造实践来说,由于地域文化、气候环境和生活方式的差异,幅员辽阔的中华大地,设计创造实践在南北、东西之间也存在着巨大差异,其中体现出了汉民族工匠卓越的智慧和伟大的创造精神。而各少数民族由于历史、地域和宗教信仰等差异,设计创造实践自然也呈现出多姿多彩的面貌。这些都可以作为设计文化资本取之不尽用之不竭的资源库,而每一位中华民族的优秀设计师,都应该长期沉浸于这一资源库中,自觉地汲取养料,应用于自身的设计创造实践,设计出既能让消费者寻找到自身文化认同感和归属感,又能带来完美体验的设计物品。

这些传统的和民族的设计文化资本,在体验经济蓬勃发展、绿色设计和可持续发展越来越成为人类关注焦点的大背景之下,尤其具有重要价值。在不同民族或不同风格的设计文化资本背后,其更为根本的,则是多姿多彩和风格各异的生活方式。在消费成为经济增长引擎（体验经济在很大程度上仍然以刺激人的消费欲望作为经济增长引擎）、资源消耗越来越触目惊心、人类越来越沉溺于感官享受和完美体验的追寻的时代大背景之下，这些形形色色的设计文化资本，以及其背后所赖以生存的全新生活方式，是否能给我们以全新的启发？是否能使我们自觉反思自身的生活方式？是否能给人类未来的绿色和可持续发展提供某种启发？答案也许是肯定的。但这里绝非仅仅是得出答案的问题，最根本的还在于全人类开始实实在在地去思考、去行动。而在这一过程中，设计师更是任重而道远。他与设计人类学研究者一道，不但应当承担起行动者的角色，还应当承担起文化批评家和日常生活启蒙者的角色，通过自身的实际行动和创造性实践，探寻人类未来绿色和可持续发展道路。

三、体验设计的人类学研究

正如前文所指出的，在体验经济时代，设计师和设计人类学研究者承担起文化批评家的角色显得尤为重要而迫切。因为这种文化批评"除了关注历史现实的诸多失败之处外"，"还包含着某个潜在的乌托邦维度或解放的维度。它相信，通过义无反顾地关注现代的诸多缺憾，它将获得导向某个更融洽、更和谐的未来的前提条件"。[①] 它对于我们人类摆脱当下的生存危机，寻找到一条绿色和可持续发展道路尤为重要。

对于当下每一位中国设计师和设计人类学研究者来说，这种类型的研究意味着一方面拥有对于中华民族博大精深的传统文化和设计文化的全面、深刻理解，另一方面又能深入到广大民众当下生活世界鲜活的经验层面，对于百姓的幸福感和关切有着实实在在的触摸与把握，与此同时又能对世界各民族的设计文化有着包容、开放的视野和心态。拥有了这样的素养与胸襟，设计师和设计人类

---

① ［美］理查德·沃林：《文化批评的观念：法兰克福学派、存在主义和后结构主义》，张国清译，商务印书馆 2000 年 11 月第 1 版。

学研究者因此就能更清晰、敏锐地捕捉到"应然存在"和"实然存在"之间的隔阂和差距，以非凡的眼光和气度，引领设计实践朝着健康、绿色和可持续的方向发展，完成自身的设计创造和文化批评使命。最终真正在世界各民族多姿多彩的设计文化中，标识出中华民族设计文化的醒目身份。

以这样的视野来进行审视，作为一名设计人类学研究者，我们显然不能再仅仅满足于传统人类学谋求知识生产和文化理解的"超然"和"静观"态度所倡导的所谓"客观的科学精神"，而应该切实、积极地介入当下全人类的日常事务中。如此，在设计人类学家的批判视野中，设计师显然也不能再津津乐道和满足于销售利润而一味迎合市场趣味与流行趋势，并在与广告商和资本家的"同流合污"（维克多·帕帕耐克语）行为中大肆渔利，把自身的设计创造实践和文化创造实践与使命沦落和贬低为单纯的投机取巧和逐利行为。而应该循着设计人类学家深刻的设计批评所开创的道路，真正对自身的设计创造实践展开深层次的反思。正如美国设计人类学研究学者 Jamer Hunt 所指出的："我们再也不满意于人类学'置身事外'的态度和设计师'多多益善'的机巧。简单地说就是有太多的纠结，大量的问题现在正日益挤压着我们的生存空间……无论是全球变暖、人口过剩、水源和食品短缺，或者是经济的不平等，真正意义上的生活转型迫在眉睫。"①这显然正是一位富于担当精神的设计人类学家和设计师所应该具有的态度。因此，作为一名设计人类学研究者，我们不但应该具备人类学家"客观冷静"的科学态度（即寻求对于设计文化的深层次理解），而且应当拥有批评家疾恶如仇、勇于行动和热情似火的个性与气质。

这样，无论对于哪一个民族的设计文化，人类学家对于体验设计的研究，就应该深入到该文化长期形成的传统语境中，同时沉浸到每一个体当下日常生活世界鲜活的经验层面，直面该文化语境中诸多令人纠结的问题，探寻每一个体日常生活中由特定产品和服务的消费实践所引发的一系列问题；关注每一个体在

---

① Alison J. Clarke（ed.），*Design Anthropology*，*Object Culture in the 21st Century*，Springer Wien New York，2011，p. 33.

这一过程中的鲜活体验,感受特定设计产品和服务的消费给他们带来的幸福感或不幸福感;分析这些设计实践给他们自身文化带来的种种影响和冲击;客观评估这些影响和冲击所产生的后果。从而揭示出当下设计文化存在的问题和症结,指明应该努力改进的方向。从而为设计师的设计创造实践指引出正确的方向。这也正是前文引文中所强调的"潜在的乌托邦维度或解放的维度"。没有了这样的维度,人类的设计创造实践和文化创造实践将是盲目的和看不到希望的。

与此同时,在体验设计的研究实践中,技术问题同样是设计人类学研究的一个核心问题,同时也是设计人类学家开展文化批评的重要目标。人类文明的多样性,决定了世界不同民族、不同社会和群体都拥有自身独特的技术文化。在特定文化语境中,人们对待技术的态度、特定的生活方式和宗教信仰都对技术的产生、发展、传播和接受等实践产生着重要的影响。这些都应当纳入设计人类学技术研究的视野中来。尤其是在人类生存危机日益凸显的大背景之下,这些人类不同民族文化中多姿多彩的技术观,能否为人类的未来可持续发展提供某种借鉴和启发,这是值得我们思考的一个重要问题。设计人类学研究者通过自身的创造性研究实践,对不同民族文化中的技术观进行并置,就可以引发人类对于不同发展模式和道路的比较与反思。

在人类学对于技术研究的看法上,Bryan Pfaffenberger 的观点给我们以深刻启发。他说:"尽管技术人类学和物质文化研究的边缘身份,但问题的紧迫性仍然存在:什么是技术? 技术是否具有全人类的普世性? 技术发展和文化进化之间的关系是什么? 在评估架设起了资本主义和前资本主义社会之间的桥梁的手工艺技术方面,存在共同的主题吗? 在日常生活经验中,人们如何利用手工艺技术实现特定的社会目的? 什么样的文化意义镶嵌于手工艺技术中? 文化如何影响了技术进化——并且反过来,技术进化又是如何影响了文化?"[1]在这里,Pfaffenberger 为我们开显的正是人类学技术研究广阔的问题域。毫无疑问,在

---

[1] Bryan Pfaffenberger, "Soacial Anthropology of Technology", *Annual Review of Anthropology*, Volume 21(1992), p. 491-516.

这些问题的背后，正预示着技术人类学和物质文化研究的一片广阔天地。尽管设计人类学的技术研究与技术人类学和物质文化的既是研究在研究的问题域或思路方面存在区别，但设计人类学的研究同样应该汲取技术人类学和物质文化研究的思路与成果，对特定文化语境中的设计创造实践和设计产品、服务的消费实践及其过程中的技术文化问题展开深入细致的研究。

显然，这同样应该成为体验设计研究实践中的一个重要方面。而这样的研究也同样应该成为广义文化批评的重要组成部分。深刻揭示出其中存在的诸多问题，其目的也正是要为具体的技术运用和设计创造实践和设计产品、服务的消费实践指引出正确的方向。

第二章

设计实践中的情感唤醒与文化语境的建构

第一节　设计实践中的情感唤醒

一、社会心理学中的情感唤醒理论

情感心理学和情感社会学的研究表明,情感是人类特有的一种重要现象,其发生、发展、正性情感(即积极情感)和负性情感(即消极情感)之间的相互转换以及不同个体情感之间交流和互动,既是一种生理、心理现象,同时又是一种社会和文化现象。

设计人类学要对人类设计创造实践和设计产品、服务的消费实践展开深入研究,要对当代设计的身份问题进行探讨,显然就离不开对于特定文化语境中个体日常生活经验的全面考察,同时也离不开对其中的体验和情感问题进行细致考察。因此,首先对情感的社会学和心理学问题进行一番回顾和梳理,这对于设计人类学的研究就具有重要的参考价值。

　　英国著名情感社会学学者乔纳森·H. 特纳认为:"情感社会学理论必须解释不同水平——微观、中观、宏观——的社会文化条件是怎样导致情感发生的,以及这些情感在社会现实的不同水平是怎样作用于自我、他人和社会结构的;当这些情感是负性情感(negative emotions)时,又是怎样被防御机制所转换以及这些因防御而产生的情感又是怎样峰回路转,对导致其发生的社会文化条件施加影响。"①可见,设计人类学的研究,正应该汲取社会心理学的思想和方法,来对人类设计创造实践和设计产品、服务的消费实践中情感的生成和转换机制进行深入探讨,以此来揭示设计文化中包括身份问题的诸多问题。

　　在人类设计创造实践尤其是设计产品、服务的消费实践中,特定的设计产品和服务携带着丰富的文化和审美信息,这些信息诉诸特定文化语境中个体鲜活的用户体验,这种体验又进一步唤醒了个体独特、鲜明的情感经验。个体的这些情感经验一方面与个体独特的生命历程密不可分,另一方面又与当下遭遇的用户体验息息相关,这两方面的交互作用,才最终促成了这些情感经验的生成。显然,在这种情感经验推动之下的个体行为,又对该文化中的社会组织、人际关系、审美、民俗和宗教信仰等诸多的社会文化状况产生了重要而深刻的影响作用。这种影响作用正如特纳所言,我们应该从微观、中观和宏观三个层面上来展开深入细致的考察。显然,这些考察毫无疑问也应当纳入设计人类学的研究领域。

　　特纳认为,微观水平的社会现实在美国著名学者欧文·戈夫曼的"人际互动"(encounter)概念中得到了细致的描述,其特征表现为:一个相对集中的注意中心,交互的语言沟通,交互的行为受到重视与监控,相应的仪式和庆祝,"我们"的感受,异常行为的纠正补偿等等。中观层面的社会现实则包括社团和范畴单元。其中的社团又包括三种基本类型:组织、社区、群体。范畴单元是指社会区分(如性别、年龄区分以及种族和社会阶级区分),这种区分影响人们怎样被他人

① ［美］乔纳森·H. 特纳:《人类情感:社会学的理论》,孙俊才、文军译,东方出版社 2009 年 11 月第 1 版,第 10 页。

评价和对待。宏观水平的社会现实由体制域、分层系统、国家以及国家系统构成。体制域是这些存在于整个社会之中的结构——经济、政治、血缘关系、宗教、法律、科学、医学、教育等诸如此类的社会体制。不但如此,特纳又认为,三个水平上的社会现实和社会结构之间又互相嵌套为一个整体。

由以上观点可知,人类设计创造实践和设计产品、服务的消费实践,显然首先深刻影响着微观层面的人际互动,这种人际互动进而对中观层面的社团和范畴单元施加影响,从而也进一步影响宏观层面的体制域、分层系统、国家以及国家系统的构成等。因此,我们对设计人类学的研究,也应该分别关注从微观、中观再到宏观的不同层面,深入考察和描述设计创造实践所触发的情感体验在不同层级上的具体表现,以及它们与社会文化机制之间的互动。身份认同显然也正是在设计体验与社会文化机制的互动过程中,分别在微观、中观和宏观的不同层面上被逐步建构起来。

在此分析的基础上,特纳进一步探究了情感唤醒的两个基本原因,即期望和奖惩。无论是期望还是奖惩,特纳认为都是在相互嵌套的社会背景中发生的。特定文化中的每一个体,也都是带着某种程度的期望,进入到人际互动之中,这种人际互动由于总是嵌套于特定文化语境的中观和宏观层面的社会区分(如性别、年龄和种族等)、体制域、分层系统、国家以及国家系统,以及经济、政治、血缘关系、宗教、法律、科学、医学、教育等诸如此类的社会体制之中,因此特定社会文化语境中的个体和组织,会对人际互动的结果做出反应。这种反应通常体现为奖惩。而奖惩又最终反馈到互动中的个体身上,从而激发出种种特定的正性情感和负性情感。这些情感又反过来对特定文化语境中的每一个体行为进行引导和规约。显然,正是在这一互动过程中,特定文化语境中的身份认同和文化认同意识才得以在不同社会范畴的层面上被建构起来。

著名社会学家豪格和阿布拉姆斯就认为,每一个社会都不可避免地要被范畴化,没有范畴化也就不存在社会认同。而所谓的社会认同也只能毫无例外地是建立在社会的范畴化基础之上。范畴化源于人类的认知天性,它能使人类的认知在面对纷纷扰扰的和千差万别的自然和社会现象时简化感知,从而最终将一个模糊而无边界的世界明晰化。其工作方式是通过在同一范畴内增强或夸大事物间的相似性,与此同时却增强或夸大不同范畴之间事物的差异性,从而对外界事物获得某种区分度。豪格和阿布拉姆斯进而认为,社会是由大规模的社会范畴,如种族、性别、宗教、阶级职业等组成,这些范畴在权利、地位和声望等方面相互依存又彼此相关。① 无论是社会舆论还是自我意识,都倾向于自觉不自觉地把社会中的每一个体归入特定的范畴中,社会认同因此形成。显然,如果从范畴的角度来考察,那么社会认同过程中自然包含着文化认同和身份认同,而文化认同和身份认同的目的,也正是为了寻求在社会范畴层面上的某种区分度,从而也满足个体在归属情感方面的需要,同时为个体自身的行为提供其在自身文化中的合法性依据。

不但是个体当下的情感体验,而且个体的生命历程尤其是记忆,对于外部世界的感知和身份建构也具有重要的影响力量。比如另外一些学者,像波兰的丹尼尔·罗森博格(Daniel Reisberg)和福瑞德瑞克·荷乌尔(Friderike Heuer)则指出,回忆具有极为重要的情感唤醒功能,并且将影响我们的身份建构和我们对于整个世界的感知。他们认为:"情形似乎很确定,对于这些重要事件的回忆,一定程度上模塑了我们对于我们自己究竟是谁的认识并且同时也决定了我们对于世界的感知。反之,这一点又将影响我们的行动、感知和信仰等诸多方面。"②大到一个民族、国家的历史,小到每一个体的生命史,都保有对于这一漫长历程中所发生的诸多重大事件的回忆和记录,这种回忆和记录也都有助于确立并不断加强我们对于国家、民族和自身的认同感,同时也不断加深着我们对于自身的理解和认识。

---

① [澳]迈克尔·A. 豪格、[英]多米尼克·阿布拉姆斯:《社会认同过程》,高明华译,中国人民大学出版社 2011 年 1 月第 1 版。

② Daniel Reisberg, Friderike Heuer, *Memory and Emotion*, Edited by Daniel Reisberg and Paula Hertel, Oxford University Press, 2004, 18.

二、设计实践领域的情感唤醒

除了心理学和社会学之外,新现象学的情感研究也能给我们以重要启发。国内赫尔曼·施密茨研究专家庞学铨认为,新现象学情感研究的主要创新点,"是把情感理解成客观上把握到的具有空间性的力量、气氛。"[①]正是基于这一重要观点,施密茨在其新现象学中提出了"情感氛围"这一概念。

在施密新茨现象学的情感研究中,与"情感氛围"概念密不可分的另一个概念是"身体经济学"概念。这被认为是一个治疗学概念。施密茨认为,人类的情感有两个相互对立的极点,这两个相互对立的极点就是两种极端的情感氛围,这两个极点即宽广氛围和狭窄氛围。宽广氛围与人类身体和情感的一切积极体验相关联,这些积极体验如快乐、兴奋、轻松、愉悦、舒适、惬意等等;而狭窄氛围则与人类身体和情感的一切消极体验密不可分,这些消极体验如痛苦、倦怠、沉重、悲伤、疼痛、沮丧等等。施密茨认为,人类情感氛围如果长期处于极度宽广或极度狭窄氛围,都会给人类心理和生理带来问题甚至疾病,而一种健康的状态往往是在这两个极点之间保持一种动态平衡。正是在这个意义上,施密茨的身体经济学概念被认为是一个治疗学概念。[②]

具体到人类设计创造实践和设计产品、服务的消费实践,这些实践所创造出的,其实正是一种具有弥散性、空间性特征的情感氛围。这是我们作为消费者,在切身的对于设计产品和服务的消费体验中所能获得的真切经验和感受。联系赫尔曼·施密茨的新现象学思想,我们就能体悟到,这种弥散性、空间性的力量和氛围,绝非仅仅是某种纯粹感官或知觉的东西。如果联系前文所介绍的社会心理学情感唤醒理论,则它在微观层面上就是一种人际互动,包含着这种人际互动过程中所发生的一切心照不宣的奖惩机制。与此同时,它又嵌套进入了中观

[①] 庞学铨:《新现象学的情感理论》,《浙江大学学报(人文社会科学版)》,2000,10。
[②] [德]赫尔曼·施密茨,《身体与情感》,庞学铨、冯芳译,浙江大学出版社 2012 年 8 月第 1 版。

和宏观层面的社会和文化现实中。在这些层级上,诸如社会组织、家庭、宗教、伦理、民俗以及民族、国家等等社会文化现实又与微观层级上的人际互动发生紧密关联,又对微观层级上的人际互动做出积极反馈,文化语境中的每一个体也正因此能鲜明地体验到由此反馈所带来的一系列正性情感和负性情感。在这一层面上,情感成了一种人际互动过程中的调节机制,同时也成了维护特定文化语境中的组织、家庭、伦理、宗教、民俗以及民族、国家等等社会现实以及文化认同和身份认同的重要机制。显然,世界不同民族的文化,无论是在微观、中观还是宏观的层面上,相互之间都表现出极大的差异性特征。民族文化认同和身份认同,也正是在这些不同的层级上被逐步建构起来社会文化现象。

在个体的生命史历程中,随着时间的流逝,在特定的设计物品身上,总是凝聚着使用者深厚的情感。显然,这种情感总是与使用者生命历程中发生的大大小小的诸多事件息息相关,而对于这些事件的回忆显然又总能够唤醒使用者的种种丰富的情感体验。正如加斯东·巴什拉所说的,"通过研究家宅的形象并小心翼翼地不打断记忆与想象的团结,我们可以指望让人感受到形象的全部心理学弹性,它在不可预料的深处感动着我们。诗歌或许比回忆更能让我们触及家宅空间的诗意根基。"①这里的回忆,犹如一首感人至深的老歌或一首兴味盎然的诗歌作品,总是在不经意间拨动着我们内心深处最敏感、最脆弱的某根神经,在一瞬间就令我们感动得热泪盈眶。而显然,在这种感动的背后,也正蕴含着微观层面的人际互动以及中观和宏观层面诸多的社会现实性因素之间的相互作用过程。在这些人际互动和社会现实性因素中,特定文化语境中的诸多文化机制,也无不每时每刻地不在发挥着自身的重要影响力量。身份认同便在这一互动过程中被牢固建立起来。

以中国传统的园林设计来说。在中国传统的园林设计创造实践中,往往蕴含着设计者和使用者极为丰富的文化信息,而这些丰富的文化信息,又体现在一

---

① [法]加斯东·巴什拉:《空间诗学》,张逸婧译,上海译文出版社 2013 年 8 月第 1 版,第 5 页。

山一石、一草一木的精心布局以及亭台楼阁、回廊水榭、假山池沼的匠心营造以及提款、对联、匾额等的精心设计实践中。与此同时，所有的设计和布局，又作为一个整体，营造出了某种风格的环境与氛围。这种环境和氛围，往往能让从小生长于这一文化语境中的每一位参观者流连忘返、乐此不疲，正所谓每每移步换景皆能妙趣天成，在景致的丰富层次和意境中、在有限的物理空间中，营造出了一个无限丰富的审美空间、情感空间和想象空间。

就意蕴层面来说，中国传统园林的设计与营造，往往传达出造园者或园主人渴望回归自然、寄情山水或求仙问道、超然出世的道家思想，或者是禅宗空寂清幽的意境，而这些意境的表达又往往需要诉诸园林设计者对诸多意象的匠心营造，从而创造出美轮美奂、层次感丰富而又极富意蕴的园林环境。这样美好的园林环境，就使得园主人或游览者在繁杂的公务之余，或在纷纷扰扰的凡俗事务之后，能够通过园林清幽雅致、层次丰富而又美不胜收之景致的鉴赏，创造出一种闲适自得而又超然世外的心境。而在这种心境中，自然饱含着园主人或鉴赏者的种种美好而丰富复杂的情感体验。而这一切的情感体验，往往又能够诉诸微观层面的人际互动，并且在中观层面和宏观层面的种种社会和文化现实层面发挥其强大的影响力量。也正是这种情感体验，不断强化着园主人和游览者对于自身文化身份的认同感和归属感。更进一步分析我们甚至可以说，中国古典园林，正是中国传统知识分子性格最鲜明、最集中也最生动的写照。中国古典园林艺术中所传达出的文化气质和文化精神，也正是中国传统知识分子的文化气质和文化精神。也正因为如此，在中国古典园林艺术几千年的漫长发展历程中，园林总是与知识分子和文人墨客结下了不解之缘。

可以想见，在这样一座融入了中华民族传统审美风格、价值取向和诸多深厚文化意蕴而又美不胜收的园林景观中，即便是一位其生命历程与这座园林毫无交集的普通游览者，徜徉其中，也能透过这眼前的景致，或许从一山一石、一草一木以及亭台楼阁、匾额对联或提款等熟悉的景致或文化意象中，生发出良多的历史兴亡之感。更不用说一位园林主人的家眷，因每日生活其中，睹物思人，种种回忆、感慨、情思等诸多体验便不由自主地油然而生。因此从这一角度看,设计物品往往能唤醒特定文化中的个体对于自身、家族或本民族历史的深沉记忆。而这种记忆中又往往蕴藏着极为丰富和强大的情感能量。这正是民族文化身份认同之建构最为重要的路径之一。

在其他设计物品和服务产品的消费实践中也同样如此,正是在这种饱含感情的对于设计物品和服务产品的消费与鉴赏实践中,在这种强烈深沉的、对于本民族历史和文化的认同感中,特定文化语境中的每一个体,才寻找到了强烈深沉而历久弥新的幸福感。显然,对于这种幸福感的努力营造与精心呵护,正是每一位设计师、每一位文化批评家和每一位设计人类学研究学者应该共同担负起的神圣职责。

三、情感唤醒的设计人类学研究

正如前文所指出的,情感唤醒可以在微观、中观和宏观三个层面的社会现实上加以描述。特纳认为,微观层面上的社会现实表现为一个相对集中的注意中心,具体包括个体交互的语言沟通、交互行为的重视与监控、相应的仪式和庆祝、"我们"的感受以及异常行为的纠正补偿等。中观层面的社会现实则包括社团和范畴单元。社团包括组织、社区、群体三种基本类型。范畴单元是指社会区分,它影响着人们怎样被他人评价和对待。宏观层面的社会现实由体制域、分层系统、国家以及国家系统构成。

特纳的情感唤醒理论显然能给我们的设计人类学研究以深刻启发。设计人类学对于身份问题的研究,正可以在特纳所揭示的微观、中观和宏观三个层面的社会现实上展开描述。与此同时,正如特纳所言,社会结构的有机特征,又决定了这三个层面的社会现实相互嵌套为一个有机整体。如果以此观点来对人类的设计创造实践和设计物品与服务产品的消费实践进行考察,那么设计实践(包括设计创造实践和设计产品与服务产品的消费实践)就成为人类情感得以被唤醒的媒介之物。借助于对这一媒介之物的"操弄",每一社会中的意识形态才最终实现其自身目的。日本学者柄谷行人说:"一般而言,民族主义就是在美学的意识中得以成立的。"①审美最容易唤醒人类情感,而民族审美对本民族民众的情感尤其具有感染效应,因此审美意识形态成为意识形态的重要组成部分。民族审美实践中的民族认同和文化认同,正是社会意识形态"操弄"的有力工具之一。

在微观层面上,人类的设计创造实践和设计物品与服务产品的消费实践,总是诉诸人类的身体,才得以最终实现其目标或功能,体验也正是在诉诸身体的过程中才得以全面展开。正如前文所指出的,在这一层面上,我们正可以引入新现象学哲学家赫尔曼·施密茨的身体经济学概念,来对这一过程进行深入细致的描述。

以解释学的观点来看,特定文化语境中,每一个体的生命历史都毫无例外的是一部效果历史。这一效果历史在受到设计产品和服务产品深远影响的同时也都毫无例外地要对设计产品和服务产品的设计创造实践产生不容忽视的重要影响。从这一层面来看,民族审美图式也同样是一部效果历史。一方面,既有的民族审美图式向过去敞开,它影响着特定文化语境中每一个体对于设计产品和服务产品的选择与接受过程;另一方面,这一民族审美图式又向未来开放,它是一个永未完成状态的永不停歇的生成过程。长期以来,每一民族独特的地域环境、气候状况、宗教信仰、生活方式、风俗习惯及历史传统,不但模塑了其独特的感知方式,而且也模塑了其有着独特风格的民族审美图式。可以想见,携带着这样一部效果历史(既是一部民族的大历史又是一部个体生命的小历史)的不同文化语境中的不同生命个体,在面对共同的设计产品或服务产品时,所唤起的情感体验显然也应该是千差万别的。在这种情感体验中,个体能否追寻到其自身民族的文化认同和身份认同并获得强烈的归属感,显然就是一个大大的未知数。而其背后的深层次原因,则显然是民族审美图式之间的深层次差异。

---

① 〔日〕柄谷行人:《民族与美学》,薛羽译,西北大学出版社 2016 年 8 月第 1 版,第 101 页。

　　显然,微观层面上每一生命个体的情感体验,正是人际互动的基础和关键环节,从某种程度上来说,它恰恰能充当某种媒介的作用,使得不同生命个体之间实现顺畅的交流和互动,也正是在这种交流和互动过程中,"我们意识"才得以最终形成。这种"我们意识"又可以作为区分社会范畴或实现社会现实范畴化的推动力量,正是有了这种中观层面上"我们意识"的有力推动,各种社团(组织、社区、群体)的身份认同才得以产生和维系。这些显然都为意识形态的"操弄"留下了巨大的空间。正是在这种"操弄"实践中,每一社会宏观层面的社会现实,诸如体制域、分层系统、国家以及国家系统等才得以最终建构起来。宏观层面上的身份认同也才得以最终被建构起来。在这里,民族审美图式的概念,显然就能很好地解释艺术作品、设计产品和服务产品(尤其是艺术作品)跨文化接受、传播和交流过程中的困难。

　　人类学的文化研究倡导把文化现象纳入其生存的特定文化语境中,倡导人类学家对其所研究文化的长期沉浸式体验,在此基础上对其文化系统展开全方位的理解、阐释和描述,认为只有这样,才谈得上对特定文化现象的理解。设计人类学研究同样如此。它要求设计人类学研究者长期沉浸到设计创造实践和设计产品与服务产品消费实践的特定语境中,与设计师和消费者展开对话。对其情感体验分别从微观、中观再到宏观的层面上展开理解、阐释和描述,深刻揭示其中的动力机制。尤其是在体验经济时代,艺术和审美已经作为审美资本和文化资本,广泛渗透进入了生产和消费的所有环节,并作为经济增长的重要引擎,不但对于人类社会的经济增长,而且对于人类社会的政治发展产生了前所未有的深刻影响。在这一时代背景之下,由于设计人类学的描述能深入特定的文化语境中,并且能整合艺术学、美学、经济学、社会学等学科的广阔资源,因此其研究是富有活力的,对当下的诸多现实问题具有极强的解释效力。不但如此,正如前文所指出的,设计人类学还应当承担起文化批评的重要职责,对当前进行得如火如荼的体验经济保持清醒的头脑,并对人类当下面临的深层次问题进行思考,探寻人类未来可持续发展的可能路径。

第二节　设计实践中的情感唤醒与文化语境的建构

一、设计人类学研究与文化语境建构

在长期的人类学民族志实践中,人类学家们较为系统地总结出了人类学研究的诸多理论和方法。其中的主位方法(emic)和客位方法(etic)是人类学民族志的两个重要方法。这两个词汇是由著名人类学家肯尼斯·派克首先创造的。他认为,所谓的主位方法(emic)就是通常说的内部视角或本地人的视角,也即从文化现象所属文化的内部,以当地人的视角,来对诸多的文化现象做出解释。派克认为,这需要人类学家长期"沉浸"到自己所研究的文化当中,以当地人特有的思维方式、习惯甚至运用当地人的特有语言、词汇和概念,来对其现实生活中的文化现象做出合乎其自身文化逻辑的解释。而所谓的客位方法(etic),则是以外来的、异文化的分析立场,站在与人类学家所研究文化的外围或远距离地来观察和解释该文化中的诸多文化现象,并与其他文化现象进行比较,从而确立起较为"客观"和"科学"的解释。

以上的回顾表明,无论是主位方法还是客位方法,其目的都在于为某个孤立的文化现象,建立起与其自身所属文化的某种语境性关联。没有这种语境性关联,我们对任何孤立文化现象的理解都将是不准确、不科学甚至是主观臆断的。我们甚至可以这样说,所有的人类学民族志实践,其最终目标,都是为某个或某些文化现象建立起与其自身所属文化系统的语境性关联,正是通过这样的民族志实践,该文化现象才最终获得了理解,从而最终实现了跨文化之间的交流。

设计人类学作为人类学的一个分支领域,近年来伴随着人类设计实践重要性和地位的跃升而获得了蓬勃发展。作为一个新兴学科领域,设计人类学一方面秉承运用人类学的学科旨趣,凭借设计民族志实践的强大武器,在现代产品开

发、市场拓展和产品营销等领域大显身手,为跨国公司的全球扩张不断攻城略地,立下了赫赫战功;另一方面,设计人类学也秉承了人类学文化批评的历史使命,对人类当下的设计创造实践和设计产品、服务产品的消费实践进行了意义深远的广泛批评,并对人类生存危机和未来命运与前途等诸多重大问题展开了深层次的思考。但反观设计人类学的研究实践(尽管短暂并且仍处于发端阶段,但许多趋势仍然是明显的),无论是设计民族志的运用人类学旨趣还是文化批评的理论旨趣,它们都以文化语境阐发和的建构作为自身学科实践的重要目标。

图 1:我们研究什么

英国 UCL(伦敦大学学院)MA Materials Anthropology Design 的硕士学位课程下设物质文化(material culture)和设计人类学(design anthropology)两个方向,其中的一门课程称为"culture·materials&design"[1],其所列出的研究范围如上图所示:位于图示核心部分的为"文化语境层",包括家居文化、景观文化、工作场所文化、遗产与博物馆文化、身体文化、公共空间文化等。围绕"文化语境层"的是"材料层",是人类设计实践得以展开的材料媒介,它包括营造材料、可穿戴材料、塑料 & 塑形材料、信息材料、包装 & 黏合材料等。最外围是人类以材料为媒介并依托特定的技术手段展开的一系列设计、创造实践和行为,包括交通设计、环境与可持续发展设计、健康与福利设计、商业与发明设计、作为文化批评的设计、社会与政治参与设计等。

---

[1] 可参看链接 http://www.ucl.ac.uk/culture-materials-design/anthropology-materials-design.html。

　　显然，正如图1所表明的，如果核心文化语境层最外围的人类设计和创造实践领域，诸如交通设计、社会和政治参与设计、环境与可持续发展设计、卫生与福利设计、商业与发明设计等领域需要雇佣人类学家，那么人类学家工作得以展开的媒介或人类学家诉诸的手段，正是其最得心应手的设计民族志，而设计民族志的核心目标，显然正是对该设计实践所关涉到或息息相关的文化语境尽可能全面、准确并且直观地呈现出来，为设计师或项目管理者的决策提供最终依据，从而有力保证了整个项目的有效推进或最终设计产品的成功开发。比如在卫生与福利设计领域，设计人类学家就需要通过对社区居住人群的田野调查，所产生的设计民族志能够对特定社区民众的生活方式、文化状况、宗教信仰、卫生习惯、健康和保健意识、就医习惯、对现有卫生与福利设施的满意程度等展开深度考察，寻找问题的症结所在，在对文化语境进行深入理解、阐释和描述的基础上，提出改革或改良的建议。为政府和卫生部门的决策提供重要依据。

　　在文化批评的理论旨趣方面同样如此。设计人类学的文化批评，同样建立在文化语境的理解、阐释和描述基础之上。批评的出发点是对现状的不满，现状即某种"实然"状态，设计批评家显然决不能仅仅满足于指出"实然"状态的缺陷和不足，还要畅想未来，为我们描述出某种"应然"状态。为此，作为文化批评家的设计人类学家，就不但要谙熟自身文化中诸多设计实践的语境信息、自身文化中的传统设计实践，而且还要对异文化设计实践背后的语境信息高度关注和熟悉，也即保持一种开放的心态和全球文化的视野。与此同时，在设计实践和文化语境的纵向（历史的维度）与横向（全球的维度）比较中，确立某些批评的标准。这些标准的确立显然不是一件轻而易举的事情，它需要设计人类学家付出长期艰苦不懈的努力，努力构拟出人类设计实践相关领域鲜活、生动的文化语境，并且秉持一种人文精神，真正把人类福祉放在一切批评的最终归宿和出发点位置。只有这样的批评才能经得起历史的检验，并且真正推动人类设计实践朝向健康、绿色和可持续的方向发展，为人类生活带来真正意义上的福祉。

　　在设计人类学研究和实践领域，设计民族志也曾一度沦为资本家牟取暴利的工具,也曾一度以利润追逐而非人文关怀为最终目标,尤其是在体验经济时代,它极容易沦落为刺激消费者欲望、洞察消费者心理和获取市场信息的利器而被滥用。因此,设计人类学研究两个维度之间的相互补充和相互为用就尤其不可或缺。设计师作为文化创造者,其职业伦理也要求他们具备某些文化批评家的素养,在自身的职业实践中,自觉抵制不可持续的人类设计创造实践和消费实践,为人类福祉做出自身实实在在的贡献。

二、来自博物馆展示空间设计的启发

日常的博物馆参观经验告诉我们,优秀的博物馆展示空间设计,能处处给参观者带来诗意、震颤和惊异体验。[①] 能把参观者带入设计师所精心营造的某种独特文化语境中,去感悟、体验那些由一个个物件所呈现和讲述的文化与历史。

事实上,在博物馆展示空间的设计实践中,设计师往往面临着非常严峻的挑战。通常情况下,博物馆需要给普通观众展示和呈现的东西,往往是在时间或空间上间隔相当距离。它们要么属于本民族的一段历史,要么是来自异民族的某种文化。正因为如此,作为普通民众,要理解本民族过去的这一段历史或理解来自异民族的某种文化,就需要跨越一段相当的时间或空间距离。设计师的任务,就是帮助普通民众顺利跨越这一段时间或空间距离,理解所要展示或呈现的历史或文化,并给参观者带来良好的参观体验。

显然,设计师要帮助普通民众实现这一目标,就必须在有限的博物馆物理空间中,精心营造出某种极富美感、意蕴丰富而又能够给参观者带来完美感官体验的文化语境。也正是这种由设计师精心营造出的文化语境,激活并唤醒了参观者丰富的情感体验,从而使得参观者能够在不经意间沉浸并徜徉于这一美轮美奂的文化语境,最终对这一文化语境获得鲜活生动的经验和深层次理解。可见,

---

① 李清华:《博物馆空间诗学:他者视野中的博物馆展示空间设计》,《民族艺术》,2016 年第 4 期。

优秀的博物馆展示空间设计,一方面设计师首先要充分尊重所要展示和呈现的历史与文化,另一方面又要充分尊重参观者的审美习惯、接受水平和参观体验,只有这两方面的完美结合,才有可能创造出高品质的博物馆展示空间设计作品。

面对无论在时间上还是空间上都距离遥远的历史和文化,设计师首先要拥有对于这段历史或这一文化的精深理解。在此基础上,设计师还需要运用丰富、生动的设计语言,为参观者提供充分的、对于理解这段历史和文化所必须的种种信息和丰富、鲜活的背景资料和线索。这些背景资料和线索要能够引领参观者,进入某种异彩纷呈而又鲜活生动的历史或文化语境中。有着高超技艺的设计师,往往能够赋予这些历史和文化语境以极强的生命力和吸引力,它在不知不觉中,引导着参观者乐此不疲地徜徉其中,沉浸到这一美轮美奂的文化情境中,去探寻和遨游一番,并最终获得完美的参观体验。

图 2　中国木雕博物馆·中国古代建筑(作者自摄)

位于浙江省东阳市的中国木雕博物馆,设计师在文化语境的营造方面就颇为用心。其中的"生活厅"主要展出了明清时代人们日常家居生活领域的诸多精美木雕作品。但这些木雕作品的展出方式并非单个作品的简单和机械排列,而是通过日常生活场景和文化语境的精心营造,为我们呈现出明清时代人们传统日常生活的一个横截面,并且把其中蕴含的传统价值观、伦理观和礼制精神生动地呈现出来。如图 2 中所展示的传统家庭厅堂陈设，就不但把中国传统厅堂建筑设计中美轮美奂的梁架木雕、檐下木雕、门窗木雕、匾额木雕、家具木雕和工艺品陈设木雕等精心展示出来，并且通过家堂正上方"孝行笃纯"的匾额、匾额下方的对联、厅堂两侧的家训以及整个厅堂家具的陈设，生动准确地传达出了传统家庭的伦理价值观和尊卑有等、长幼有序的儒家人伦和礼制精神。置身设计师精心营造的这一文化语境，参观者仿佛被带回到了明清时代的传统生活场景中。

正是在这种为设计师所精心营造的文化语境中，参观者种种丰富、鲜活的情感体验被最大限度地唤醒和激活，种种诗意、震颤和惊异体验也随之源源不断地自然涌动出来。试想，如果一位对中国传统文化有所了解，又从小生长于中国本土文化语境中的参观者，那么由这种强烈深沉的体验中显然就能自然而然地生发出某种对于本民族文化的强烈认同感和归属感。由此可见，在人类设计创造实践和设计产品和服务产品的消费实践中，设计师对文化语境的精心营造对于消费过程中丰富体验的生成和身份认同的建构发挥着至关重要的作用。

在以上所列举的博物馆展示空间设计实践中，参观者体验的丰富程度除了与设计师素养和技艺的高低密不可分外，显然还与参观者对这段历史和这种文化的理解程度密切相关。通常来说，参观者对于本民族历史和文化的理解，其难度要远远低于对异民族历史和文化的理解。

图 3 中国木雕博物馆·非洲木雕(作者自摄)

比如,对于大多数参观者来说,非洲就是一片陌生而充满神秘的土地,中国木雕博物馆世界厅的非洲木雕部分就以"野性非洲木雕"为标题。与此同时,非洲又有大大小小的不同国度,其文化、宗教、生活方式、地域特点又都并非同质,而是多姿多彩和千差万别。这就更为普通参观者理解非洲木雕和非洲文化增加了难度。面对这样的问题,设计师更要在深入理解非洲历史、文化、宗教和民众生活方式的基础上,精心营造出有别于中国传统文化的文化语境,让参观者沉浸其中,通过对非洲木雕作品沉浸式的体验,获得对于非洲文化的深入理解。这对于博物馆展示设计师来说,可以说是一个巨大的挑战。图 3 所展示的非洲木雕作品,设计师就通过灯光的精心营造和大量背景性资料的提供,为我们营造了一个充满神秘宗教氛围的文化语境,从而帮助我们获得对于非洲文化和非洲艺术的深入理解。但是,一位中国本土的参观者,要在对于非洲木雕作品的参观和鉴赏过程中,形成某种文化的认同感和归属感,显然是不大可能的。这背后的深层次原因,显然正在于民族审美图式的差异。

特定文化中的个体,由于从小成长于自身民族文化的语境中,耳濡目染,对于自身民族的历史、文化的理解显然要优于对于异民族历史和文化的理解。不但如此,本民族的历史和文化,以及生活方式、价值观、宗教信仰,长期以来还涵养出了该文化中每一个体独特的审美习尚,同时也培育出了每一民族独特的民族审美图式。这些民族审美图式,决定了该民族中的每一个体,在面对本民族历史、文化和艺术作品时,有着一种近乎本能的亲切感和审美偏向。与异民族的历史、文化和艺术作品相比,设计创造实践和消费实践中的个体,就更容易从中获得更为丰富、鲜活的体验,也就更能获得一种对于本民族文化的深切的认同感和归属感。

三、设计师与文化语境的建构

博物馆通常发挥着重要的教育功能。通过博物馆展示空间的精心设计,一段历史或某种类型的文化以极富感染力的形式呈现在每一位参观者面前。在这种呈现中，参观者不但能够获取有关某段历史或某种文化的丰富信息，而且能够获得丰富深切的情感体验。尤其是当参观者面对自身熟悉的本民族历史和文化时，这种情感体验就更加丰富和深切。如前所述，这种丰富和深切的情感体验还有着强大的模塑力量，它能有力地推动参观者形成对于本民族文化强烈的认同感。从这一角度来看，在博物馆展示空间的设计创造中，设计师还承担着教育者的重要角色。

在其他领域的设计实践中，设计师也应该承担起教育者的角色。在这些领域，设计师教育者的角色功能的发挥，同样是通过建构能够产生诗意、震颤和惊异体验等极富感染力的文化语境的方式来实现的。如前所述，作为一名优秀设计师，首先不但要拥有对于本民族设计历史、设计文化的精深理解，而且对于自身民族的历史和文化还应有着广泛深入的研究。在此基础上，设计师才能创造出符合本民族审美习尚的设计作品。这样的设计作品由于有着对于本民族历史、价值观、生活方式、宗教信仰的充分理解与尊重，因此凭借在长期设计实践中磨炼出的高超技艺，设计师就有可能创造出能给本民族消费者带来丰富、完美体验的设计作品。显然，一位对于本民族历史和文化有着精深理解的设计师，凭借其高超的技艺，其所使用的设计语言，自然也应该是本民族所喜闻乐见的设计语言，在这些设计语言中，融入了本民族历史和文化的丰富意蕴。

可见，优秀设计师的设计作品，为本民族消费者所创造的，同样是一个个鲜活的文化语境，本民族的消费者在对该设计物品的消费过程中，能够沉浸到由设计师所创造的这一文化语境中，从而处处获得多姿多彩的诗意、震颤和惊异体验。

比如，现代家居设计讲究室内空间设计、家具设计以及软装设计风格的统一，其目的正在于创造出既有着良好视觉体验，又有着丰富意蕴的文化语境。在这一过程中，倘若设计师还能够充分了解客户个体的审美偏向、生命历程，在设计过程中穿插进入能唤醒个体生命记忆和诗意体验的一些物件，那么就有可能创造出一个既充满诗意又符合客户生活需要、审美诉求和审美习惯的鲜活的文化语境。客户生活在这样一个精心设计的家居环境中，显然就能够获得一种完美的用户体验。

在心理学史上，精神分析心理学以研究人的深层意识著称，其目标是要挖掘人类灵魂的最深层，从而揭示出人类心灵的复杂程度。著名精神分析心理学家荣格曾打过这样一个比方：我们要发现一座建筑物并对其做出解释，其上层建于 19 世纪，底层上溯至 16 世纪，更为细致的考察表明，它是在一座 2 世纪的古堡基础上建造的。而在地窖中，我们或许还会发现罗马时代的地基，地窖之下还埋藏着一个被填满的洞穴，我们在洞穴上层发现了燧石器具，在更深的基层中却发现了冰河时期的兽类遗骸。荣格认为，这就类似于我们人类灵魂的结构。如果从人类学的角度来看，这些人类心灵的不同"层次"和不同层次上发现的丰富遗存，正是个体生命历程和民族或群体历史（荣格的精神分析心理学关注于集体无意识的研究）长期积淀和沉积下来的物质或精神文化元素。个体、群体或民族不管其意愿如何，总是要背负着这些不断变得沉重的物质或精神文化元素蹒跚前行，直到生命的尽头（群体或民族有无生命尽头则另当别论）。在这一过程中，在我们周围与我们生命历程不断相遭遇的形形色色和纷繁复杂的诸多文化语境，能否拨动我们内心深处最敏感的那根神经、那份情感，能否唤醒我们种种复杂美好的情感体验，一方面跟我们自身对于文化语境的敏感度有关，另一方面也跟该文化语境的"品质"密不可分。正如加斯东·巴什拉所言："从各种最不同的理论视域来进行考察，似乎家宅的形象成了我们内心存在的地形图。"①怪不得荣格也以家宅做比方。在巴什拉这里，内心存在的这幅"地形图"也即家宅，它能与实实在在的家宅产生共鸣。之所以能产生共鸣，巴什拉认为其原因正在于这背后的一门"家宅现象学"，正在于家宅中不但凝聚着个体的生命史，而且凝聚着群体或民族的历史，甚至是人类的大历史。长期以来，旅游文化资源中的历史文

---

① ［法］加斯东·巴什拉：《空间诗学》，张逸婧译，上海译文出版社 2013 年 8 月第 1 版，第 28 页。

化遗迹之所以受到追捧而历久不衰,正是因为其中蕴藏着的个体、家族、群体或民族的历史,其中的沧桑巨变往往使得我们在凭吊时能够源源不断地生发出丰富复杂的历史兴亡之感,这正是与我们内心深处这一家宅"地形图"产生共鸣的结果。而当我们面对异文化或异民族的历史文化遗迹,如果我们对于该民族的历史和文化知之甚少,那么这种共鸣显然就要大打折扣,甚至聊胜于无。显然,无论是人类内心深处的这一家宅"地形图",还是外部世界的任何一个历史文化遗迹,又都是一部效果历史,它既面对过去,又向未来敞开,是一个源源不断的信息和情感流动过程。这也正表明了人类情感和内心深处,对审美和情感体验有着决定性影响的审美图式的存在。它不但影响着个体对于审美对象的选择,也影响着个体文化身份和认同感的形成与建构。与此同时它还决定了来自不同文化或相同文化中的个体在面对同一审美对象时,所生成的体验品质之间的差异性特征。

具体到设计实践领域,在体验经济和经济全球竞争日趋加剧的今天,作为一名中国设计师,更应该承担起教育者的角色,在自身的创造性实践中,不断创造出符合本民族审美习尚和生活方式的作品。在这样的作品中,不但有着本民族喜闻乐见的、美轮美奂的传统形式感,还有着对中华民族传统价值观、民俗和宗教信仰等丰富意蕴的充分尊重。不但如此,设计师还应怀抱一种开放的态度,在设计作品中还体现着对于世界各民族优秀设计文化的借鉴与吸收。这对于在全球化时代模塑中华民族的文化认同显然就具有举足轻重的意义和价值。

第三节　设计实践中的价值感受与文化语境建构

一、马克斯·舍勒: 价值感受系列的先天秩序类型

在西方哲学史上,马克斯·舍勒是一位重要的现象学哲学家,他的现象学思

想和方法，与胡塞尔现象学既有一脉相承的地方，又有自身的突破与创新。正如国内著名学者刘小枫所言，他所关注的既不是生产关系、阶级斗争和社会革命，不是宗教伦理、理性化和官僚制，也不单纯是基督教世界观，而是与所有这些方面都有密切相关的世界价值秩序、社会精神特征和主体的体验结构。①

与胡塞尔相比，马克斯·舍勒同样是一位有着全人类关怀的哲学家。胡塞尔认为哲学家应当承担起"人类父母官"角色，而马克斯·舍勒从对于西方资本主义文明的深刻批判中，同样发展出了其极具人文关怀的现象学哲学思想。

如前所述，马克斯·舍勒的全人类关怀发端于他对资本主义文明的深刻批判。作为这种批判的基点，马克斯·舍勒提出了颇具形而上学色彩的"内驱力"和"抵制"两个重要概念。舍勒认为，"世界的现实是在分别由'内驱力'(Drang，英译为'drive'或者'vital drive')和直接作为现象而存在的世界的'抵制'(Widerstandigkeit，英译为 resistance)组成的两极之间，在这两者之间存在的张力之中给定的；而且，我们关于这种世界现实的经验——其中既包含诸如爱、恨以及痛苦这样的情感体验，也包括我们对于这个世界的各种认识——也都是这样形成和给定的。"②可见，在舍勒的现象学中，"世界的现实"就存在于由"内驱力"和"抵制"这两极所构成的"张力世界"之中。显然，这一"张力世界"在世界不同民族的文明中，其表现形态是千差万别的。舍勒认为，在当代的西方资本主义世界，自然态度(与其相对的是现象学态度)催生并繁荣了西方近、现代的自然科学。自然科学的繁荣进一步培育了西方人实证主义世界观("只见事实的科学造就了只见事实的人"——胡塞尔)。在压倒一切的实证主义世界观推动之下，自然科学变成了人类征服世界、实现自身无穷欲望的工具，这就造成了工具理性的严重泛滥。在舍勒的思想中，这同样是内驱力的重要表现之一。在这种内驱力的推动之下，亲情、友情和爱情，宗教、传统道德、伦理、神话和各种民俗等

---

① 刘小枫：《资本主义的未来》(马克斯·舍勒)"中译本导言"，牛津大学出版社1995年版。
② 艾彦：《以人为中心的现象学知识社会学》，马克斯·舍勒《知识社会学问题》译者序，华夏出版社，1999年9月。

都迅速土崩瓦解，都通通让位于工具理性。而正是为了遏制这种瓦解所造成的社会混乱，西方近现代社会才开始纷纷出现各种契约、法律、制度，才出现了各种政府和非政府组织以及各种各样的机构。这样，在现代社会，"世界不再是真实的和有机的'家园'，不再是爱和沉思的对象，而是变成了冷静技术的对象和工作进取的对象。"①这就是资本主义文明深刻的内在危机。可见，在对于资本主义文明的深刻批判方面，舍勒和胡塞尔在思想观点和路径上有着高度一致的地方。

在此基础上，舍勒进一步对人类拥有的两种技术类型进行划分：一种是西方自然科学技术，它试图通过概念来说明和征服实在并使之技术化，最终使人控制世界而成为世界的主人；另一种是心理技术，它是一种试图通过阻碍或消除"内驱力"来取消世界之"抵制"的技术。舍勒认为，这后一种技术存在于包括佛、道在内的东方神秘主义哲学和基督教哲学中。在舍勒看来，这是使得这个世界能够本真地存在，从而使得人获得有关其诸本质的洞见的技术。但这样的划分并没有导致舍勒对于西方自然科学和技术的全盘否定，舍勒认为只是应当为其划定出正当的界限。

从这些基本观点出发，舍勒提出了对世界的价值感受系列的先天秩序类型思想。舍勒认为，这些秩序类型按照由低到高的顺序进行排列分别是：②

1. 适意与不适意的价值系列；

2. 生命感受的价值系列；

3. 精神价值系列；

4. 神圣与不神圣的价值系列。

对于这些价值感受的先天秩序类型，舍勒认为，之所以有一个由低到高

---

① M. Scheler："死与来生"；转引自刘小枫编，Max Scheler，《资本主义的未来》，牛津大学出版社 1995 年版，第 XVI 页。
② ［德］马克斯·舍勒：《伦理学中的形式主义与质料的价值伦理学：为一门伦理学人格主义奠基的新尝试》，倪梁康译，生活·读书·新知三联书店 2004 年 7 月版，第 127－134 页。

的级序,正是因为在越是高级的价值中,精神和情感就越是水乳交融地融合为一个整体,而在越是低级的价值中,精神和情感就越是处于分裂状态和碎片化状态。

正是基于这样的思考,舍勒找到了西方资本主义文明危机的疗救之术:哲学应当按照这种价值等级秩序,来对西方现代人的动机结构和情感体验结构进行大张旗鼓的改造。纵观舍勒的思想,这种改造实践其实正包含于他和胡塞尔哲学所共同倡导的现象学态度中。在对待世界(包括人自身)的现象学态度中,世界和人本身都获得了一种本真意义上的存在。这种态度不再是一种"只见事实"的态度,而是一种反思性的态度。在这种现象学的反思视野中,世界与人之间的关系不再是一种主客两分的对立、敌对关系,不再是一种改造与被改造、支配与被支配的关系,而是一种水乳交融的栖居、和谐互动的朋友关系,世界是承载万物(包括人类自身)、化育万物(包括人自身)的"大地",人类与自然万物和谐共生、融为一个整体。人与自身、人与他人之间也不再是一种肉体与心灵的关系、一种"自我"与"他者"之间的关系。"我"作为一个鲜活的此在存在,与"他者"一样,有着各个层面的需求、价值,热切地期望着、幻想着、信仰着某种东西,这些东西作为"我"存在的重要组成部分,理应得到无微不至地尊重与呵护。在"我"的这种本真的生活世界中,所有的价值都不但有其优裕、从容而合法的存在空间,而且彼此不会相互倾轧。在现象学家眼中,这正是人最本真的存在状态,也是一种诗意栖居的状态。

在这种状态的基础上,舍勒之所以认为秩序类型之间有着由低到高的级序特征,就是认为这些价值之间,相互之间在达到一种彼此和谐的状态之后,每一生命个体仍然需要不断努力提升、改造自身的动机结构和体验结构,使之朝向更高层级的价值类型超越、转化和发展。也只有这样,整个人类社会才能逐步向和谐、完满的方向发展。而整个人类的自我完善和自我超越显然是一个漫长而艰巨的过程。

二、从舍勒的观点来看文化语境

作为一位胸怀天下而又视野宏阔的哲学家,马克斯·舍勒身上并没有西方中西方中心主义的劣根性西方文化的优越感。舍勒认为,他的价值感受的先天秩序类型之所以是先天的和绝对的,正是因为这种秩序类型尽管会因为世界不同民族拥有不同的文化而被填充进不同的内容,但却并不会因为这些内容的不同而改变其由低到高的级序。与此同时,舍勒也承认并尊重世界不同民族文化所赋予这一先天秩序类型的不同内容,并且尊重这些不同内容所带来的多姿多彩的面貌。

这一思想显然为我们思考文化语境问题留下了广阔空间。舍勒认为,适意与不适意的价值系列包括令人愉悦或痛苦的价值领域、功利性的价值领域(包括效用价值、经济价值等)。显然,即便是在这些较低的价值领域,其判断的标准,也会因为世界不同民族文化的不同而呈现出各不相同的面貌。比如在效用价值和经济价值方面,对于特罗布里恩德人来说,一串世代相传而在不同部落之间辗转流传的库拉有着极大的效用并且有着极高的经济价值。而在外部世界的民族(比如西方资本主义民族)看来,那不过是一串毫无用处、毫无价值又丑陋不堪的贝壳! 其间也许还夹杂着一些由于年代久远而泛黄的丑陋的野猪獠牙! 如果我们不真正了解特罗布里恩德人的文化,则外部世界的其他民族很难理解库拉在其文化中的崇高价值,也无法理解特罗布里恩德人为了交换库拉而付出的种种艰辛和努力。再比如说对于生命感受的价值系列来说同样如此。舍勒认为,生命感受的价值系列包括高贵与粗俗的价值,而对于什么是高贵、什么是粗俗,在世界不同民族的文化中显然有着截然不同的标准。对于欧洲中世纪的骑士来说,勇敢、坚毅、对于领主的忠诚以及对于爱情的献身精神是高贵的,而懦弱、摇摆不定则是粗俗、低贱的;对于特罗布里恩德人来说,在库拉礼物交换中的慷慨大度并严守礼节是高贵的,而吝啬、欺骗、不守礼节则是粗俗、低贱的。在精神价值和神圣与不神圣的绝对价值方面，不同文化中其标准和内容的差异同样显而易见。比如对于基督教徒来说，见证了基督殉难的十字架是神圣的；而对于穆斯林来说，供奉于麦加大清真寺中的黑石就具有无比的神圣性，等等。

由此可见，在世界不同民族各不相同的文化语境中，价值感受的先天秩序类型有着各不相同的内容，表现出多姿多彩的面貌。这也正是以现象学的态度来进行关照的重要结果。在这种态度中，世界不同民族多姿多彩的价值感受和体验得到了最大限度的尊重。正如前文所引的马林诺夫斯基的观点，我们正要以这种现象学的态度，沉浸到每一民族的文化语境中，沉浸到每一民族鲜活的日常生活世界，去"感受这些人对其幸福实质之鲜活意识的主观意愿"，去体验他们在对于"价值感受的先天秩序类型"的追寻中那些真真切切和实实在在的幸福感。

设计人类学的研究，其目的之一，正是要努力去呈现、描述和建构世界各民族日常生活世界和文化语境，去努力揭示和呈现出世界各民族价值感受的先天秩序类型在其生活世界中鲜活的表现形式和多姿多彩的存在面貌。显然，这也正是设计人类学作为广义文化批评的题中应有之意。设计师从这样的设计批评中，正可以源源不断地汲取各种养料，设计创造出能给该文化语境中的每一位消费者带来完美体验的设计作品，消费者也能从这种对设计产品和服务的消费实践中，满足各种类型的价值感受和体验，回复到那种诗意栖居的本真存在状态。与此同时，每一文化语境中消费者的这一设计产品和服务的消费实践，同时也是一个在特定文化语境中展开的价值感受和体验的培育过程。在这一过程中，消费者的人格得以不断培育和健全，品位得以不断提升，自身的民族文化认同也在潜移默化中被逐步建构起来。从这一角度来看，设计师显然也同时担负着民众趣味和审美引导者和教育者的角色。

可以预见，有了世界不同民族的设计师、文化批评家和设计人类学研究者的长期共同努力，相信胡塞尔和舍勒等思想家所倡导的、"改造西方现代人的动机结构和情感体验结构"的美好愿景，就终有开花结果的一天。其实不仅仅是西方人，世界各民族的"动机结构和情感体验结构"也都需要加以大力提升和改造。

我们相信,只要我们沿着正确的方向,在世界各民族每一位设计师、文化批评家和设计人类学研究者,甚至每一位文化参与者的共同努力下,全人类实现和谐共处、绿色、健康和可持续发展的目标也同样有实现的希望。

三、设计实践中的价值感受与民族文化语境的建构

显然,由于世界不同民族都拥有自身独特而漫长的历史与文化,因此民族文化语境的建构就既是一个历史的范畴又是一个现实的目标,与此同时,它又是指向世界各民族社会和文化发展未来的愿景。德国著名学者科斯洛夫斯基就指出:"因为文化必然构成一种与主体的抉择相关联的情境、意义网络。亚里士多德称诗与神话是重大事件在具有重要意义的历史中的融合。文化是个人与社会的历史之网。它使个人抉择的事件融入个人生活的历史中,使生活的历史融入一个充满意义的更广阔的历史中。"[①]从这一角度来看,世界各民族文化语境的建构,其目标正是不断继承、编织和不断完善这张古已有之、当下又无处不在并且还不断向未来延伸的、永远处于未完成状态的"历史之网"。而在这一过程中,民族认同和文化身份的建构,显然就是这一浩大工程的重要组成部分。

毫无疑问,世界各民族对于这张"历史之网"的编织,既不可能"横空出世",也绝非一朝一夕之功,并且显然也不可能由某位功高盖世的"文化英雄"来一举完成。它涉及一个民族全部历史和文化的方方面面,是一个民族广大民众长期的共同杰作。具体到设计实践领域,尤其是在当下的后工业时代和体验经济时代,对这种"历史之网"的编织,就需要在设计、生产、营销和消费的所有环节,都融入本民族历史、文化和审美的要素,努力营造出能让本民族的每一成员都感觉如沐春风的民族文化语境。在这一民族文化语境中,每一个体都能从设计创造实践和对于设计物品和服务产品的消费实践中,追寻到实实在在的幸福感和充

---

① [德]彼得·科斯洛夫斯基:《后现代文化:技术发展的社会文化后果》,毛怡红译,姚燕校,柴方国审校,中央编译出版社 2011 年 10 月第 1 版,第 68 – 69 页。

盈的价值感受,同时也追寻到自身民族文化的归属感和认同感。这种带有明显乌托邦性质的设想,尽管充满了幻想的成分,但却是人类当前文明危机的一剂疗救药方。这剂药方的疗效,正取决于人类当下和未来世界的每一位参与者,取决于每一位参与者所愿意承担起的责任和担当意识。作为文化创造者和批评家的设计师自然更是责无旁贷。

显然,从现象学观点来看,这种文化语境的建构,其根本目标并非创造出令人瞩目的高经济增长和高额利润,而是真正让人类回归生活世界,回归其生存的本真状态。也正如科斯洛夫斯基指出的:"经济伦理学、文化经济学试图以一种新的观点回答这样一个问题,即经济意义的领域、客体领域和我们的社会生活总体中政治、文化、宗教、美学等领域有怎样的关系。经济在一个社会文化事业和目的的总体中,究竟占什么样的地位?"①可见,人类开始越来越自觉地思考经济增长本身的目的问题,越来越深刻地意识到,经济增长并不一定能给人类带来实实在在的福祉,它只是人类生存中的一个组成部分而已。意义和价值问题,对于人类生存来说,同样是一个举足轻重的大问题!学者诺瓦利斯甚至因此提出"财政金融的诗意化"命题。

由此可见,对于全人类来说,充分尊重并系统梳理和研究本民族历史和文化之根脉,立足于体验经济时代和全球化发展的现实,高瞻远瞩,从现在开始,努力规划、营造和构建本民族未来理想的文化语境蓝图,就显得尤为迫切。系统来看,它不但关系到本民族优秀历史和文化的传承与创新、关系到本民族经济和社会的全面发展、关系到本民族未来在世界民族之林的地位问题,而且还关系到本民族的广大民众,在自身的生命历程中,能否追寻到实实在在的幸福感,以及文化的认同感和归属感。

在人类设计实践中,如果设计师能够广泛、充分汲取本民族源远流长而又灿烂辉煌的历史文化精髓并且继承光辉灿烂的设计文化遗产,凭借自身的创造性

---

① [德]彼得·科斯洛夫斯基:《后现代文化:技术发展的社会文化后果》,毛怡红译,姚燕校,柴方国审校,中央编译出版社 2011 年 10 月第 1 版,第 107 页。

实践和高超技艺,创造出既符合本民族审美习尚又有着良好功能和优美形式感的设计产品,而且还能在创造实践中自觉融入本民族优秀的历史和文化意蕴,那么这样的设计创造实践显然就能够给本民族的广大民众带来丰盈而美好的用户体验。在这种良好体验中,每一个体都能获得孜孜以求的价值感受的最大满足,从而最终获得鲜活而实在的幸福感。在这种完美的体验中,广大民众价值感受的动机结构和体验结构也能够得到良好的培育,并使之朝着更高层级的价值类型转化和发展。

从这一角度来说,正所谓天下兴亡匹夫有责。每一位设计师、每一位社会和文化的参与者,甚至日常生活世界的每一位消费者,在本民族良好文化语境的建构实践中,都应当各自承担起不可推卸的责任。在民族文化语境的建构过程中,设计师、文化批评家、设计人类学研究者以及其他文化研究者,显然就承担着引领者的角色。这部分文化参与者更应当立足本民族源远流长而又灿烂辉煌的历史和传统文化,并长期沉浸其中,对它们展开精深的理解与研究。在此基础上,积极参与到创造性的设计实践和文化批评实践中,把本民族传统文化中最为优秀、最为精髓的东西充分挖掘出来,积极培育和模塑本民族广大民众的民族审美图式,提升每一个体的审美品位,积极改造和提升每一个体的动机结构和价值感受秩序类型。

如果世界各民族的文化精英和广大民众都有了这种自觉而长期的努力,那么世界各民族赖以生存的、有着本民族深厚文化传统的、良好的民族文化语境就能够被建构起来。世界各民族文化的多样性也将在这一人类长期而伟大的实践中得以维护和尊重。这样的伟大实践,也将引领人类重返生活世界,涤除实证主义世界观和工具理性价值观所遗留下来的恶劣影响,追寻到真正意义上的幸福,实现真正意义上的诗意栖居。

第三章

文化语境、情感唤醒与民族审美图式

第一节　文化资本与民族文化语境

一、民族设计文化与文化资本

　　文化资本概念是法国著名学者皮埃尔·布迪厄思想中的一个重要概念。布迪厄把资本划分为三种基本形态：经济资本、文化资本和社会资本。① 布迪厄认为，无论是哪一种形态的资本，想要发挥作用，都离不开其"生于斯长于斯"的"场"，没有了这种"场"，资本便不能发挥作用。这是理解布迪厄文化资本概念的关键点之一。在此基础上，布迪厄分析了文化资本的存在状态，认为文化资本可以有三种存在状态：具体的状态、客观的状态和体制的状态。具体状态是指文化资本通常以精神或身体的持久"性情"的形式存在；客观状态则是指以文化商

---

① ［法］皮埃尔·布迪厄：《文化资本与社会炼金术：布迪厄访谈录》，包亚明译，上海人民出版社1997年1月第1版，第192页。

品的形式存在,包括图片、书籍、工具、机器等,它们是理论留下的痕迹或理论的具体显现,或者是对这些理论、问题的批判;体制的状态是指以一种客观化的形式,这一形式必须被区别对待,就如我们在教育资格中观察到的那样。① 这是理解布迪厄文化资本概念的关键点之二。

显然,布迪厄对文化资本的研究,大大丰富和拓展了西方经济学对于资本的理解与研究,同时也为当代的人文社科研究提供了一个全新的视角并且开拓出了一片全新的领域。不但如此,布迪厄的文化资本概念,对于理解和研究体验经济时代的设计文化也将是一份极富启发性的思想资源。下面我们就运用布迪厄的文化资本概念,来对中华民族的传统设计文化做一次分析。

在中华民族源远流长而又灿烂辉煌的传统文化中,传统设计文化毫无疑问占据着一个独特而重要的位置。我们甚至可以说,正是中华民族高度发达的传统设计文化,为中华民族创造了灿烂辉煌的物质文明,也正是这个灿烂辉煌的物质文明,哺育和涵养了中华民族博大精深的精神文化。与此同时,这种精神文化又反过来深刻影响了中华民族的传统设计文化。

在中华民族灿烂辉煌的传统设计文化中,工匠文化显然是其中最重要和最典型的表现形态之一。

在中国古代,工匠被称为“百工”。尽管在作为中国传统文化正统的儒家文化中,工匠的地位并不高,但在成书于战国初年、素以“中国第一部手工艺技术汇编”闻名于世并且堪称中国工匠文化经典的《考工记》一书中,却给了工匠地位以合理的、极高的评价。在这部中国古代工匠文化经典中,作者把工匠列为“国之六职”之一,与“坐而论道”和“作而行之”的王公贵族、士大夫相提并论。不但如此,作者还进一步把那些伟大的发明家和能工巧匠提升到了圣人的地位,说:“知者创物,巧者述之,守之世,谓之工。百工之事,皆圣人之作也。”② 这与儒家传统

---

① 〔法〕皮埃尔·布迪厄:《文化资本与社会炼金术:布迪厄访谈录》,包亚明译,上海人民出版社1997年1月第1版,第192－193页。
② 《考工记》,闻人军译注,上海古籍出版社2008年4月第1版。

中,把从事具体劳动的体力劳动者与从事治理国家、教化民众的脑力劳动者对立起来,并且贬低体力劳动者、抬高脑力劳动者的做法形成鲜明对照。从工匠在中华民族文明发展历程中所扮演的角色和发挥的重要作用来看,《考工记》对工匠地位的肯定显然是客观、公允的。

在中华民族源远流长而又灿烂辉煌的传统设计文化中,无数的能工巧匠创造了中国设计史上一个又一个的奇迹。这是中华民族一笔极可宝贵的财产,也是中华民族一笔巨大的文化资本。对于这笔财产和文化资本,作为炎黄子孙的我们,理应最大限度地予以继承。

对这笔巨大的文化资本做进一步分析,则其中既有无形的精神传统与精神能量(具体表现为中华民族独特的工匠精神、独特的民俗和信仰体系),也有有形的物质遗产(具体表现为过去历史时代遗留下来的种种物质文化遗存物);既有具体的状态(具体表现为工匠文化中的技艺修为和技艺的师徒传承),也有体制的状态(具体表现为传统工匠文化的行业或商业组织模式)。

可见,对于这笔巨大文化遗产和文化资本的继承,我们既要有精神层面的深入挖掘、系统梳理和精深研究,又要有制度层面的深入研究与系统借鉴,此外还要有政策和文化环境层面的积极作为。

就拿中国当前推行的非遗保护政策、非遗传承人制度、工艺大师评审制度等方面来说,我们确实在继承中华民族传统设计文化这笔巨大财产方面做出了许多卓有成效的努力,并且也取得了诸多可喜的成就。但显而易见的事实是,我们的所有这些措施和政策仍然处于初始阶段,我们的传统设计文化遗产的继承工作仍然处于较为粗放的状态。

这种明显的滞后显然有着多方面的原因,但其中最重要的原因是我们对于经济增长与人类生存之间关系问题的认识仍然停留在工业经济时代的认识水平,我们仍然固守过时的观念,仍然盲目追求经济的高增长率而置环境、文化、生活意义和价值以及人民幸福指数于不顾。进一步分析,则主导我们世界观和价值观的仍然是实证主义世界观工业经济时代的工具理性价值观,我们仍然没有把人本身的生存、发展、完善以及真正的福祉放在经济发展和社会发展目标的首要位置上来。

因此,在当前继承中华民族这笔宝贵财产的伟大实践中,努力营造和构建一种良好的文化语境仍然是当务之急。在这一伟大实践中,每一位设计师和设计文化的研究者,显然首先就应当长期沉浸到中华民族灿烂辉煌的传统设计文化中,对其进行全面、精深的理解与研究,对其中的精髓加以创造性的借鉴和吸收。在此基础上,立足本民族民众的生活世界,创造出功能强大、美轮美奂而又极富民族文化和精神意蕴的设计作品,从而逐步引导并培育民众健康、绿色的生活方式,同时逐步改造和提升民众的动机结构和价值感受类型。这显然是一项长期而艰巨的历史性工程。

二、文化资本与民族文化语境

如前所述,文化资本显然是人文社科领域近年来涌现出的一个创造性的概念。尤其在后工业时代和体验经济时代,文化、审美和体验作为经济增长背后最核心、最强劲的驱动力的时代背景之下,重新审视文化资本概念,往往能给我们以深刻启发。而对于审美资本,在后面还将专门对其展开深入探讨。

正如前文所指出的,"场"概念和文化资本存在的三种样态,是理解文化资本概念的两个关键点。文化资本要发挥作用,就离不开其"生于斯长于斯"的"场"。这就告诉我们,某一民族文化资本的活力,直接取决于这一"场"的能量与活跃程度。从这一角度来看,我们可以把布迪厄的"场"概念,理解为民族文化语境。正是"场"(即民族文化语境)的存在,长期以来培育和滋养了文化资本,而文化资本又反过来,不断赋予"场"以生机和活力。"场"的存在状态、品质与活跃程度以及"场"内个体的地位,就决定了在这一"场"内行动的每一个体,其所能够获取的文化资本要素的质量和数量,同时也决定了每一个体能够积累起来的文化资本的基本状况。在文化资本的三种存在状态中,一种是每一民族文化中一个个鲜活的生命个体；一种是以客观状态存在的各种民族文化创造物；第三种是民族文化中的各种制度性存在。这三种存在状态的区分，就同时决定了在民族文化中，每一种类型的文化资本，其在积累方式、表现方式、运作方式以及其机制等方面，都存在着重要区别。

就拿中华民族传统设计文化来说。历史上和现实中千千万万的能工巧匠、各种传统手工艺的劳动者，构成了资本存在的第一种样态。这其中，他们在长期的职业实践中所接受到的教育、他们的文化素养、艺术和审美素养、技艺精湛程度、领悟能力、交往圈子等等综合性要素，都是他们在长期的劳动实践中积累的第一种类型的文化资本样态。与此同时，各种民俗、民间信仰和地域文化及生活方式，也在这些工匠和手工艺人之间流行。所有这些，也都构成了中国传统设计文化资本的第一种存在样态。以布迪厄的术语来说，第一种资本样态可以称为"习性"（或翻译为"惯习"）。中华民族历史上这些数量庞大的工匠和手工艺劳动者的长期劳动，积累了大量的社会物质财富，其中不乏国宝级的物质文化精品，以及大量技艺精湛、工艺考究、有着优美造型感和形式感并且意蕴深厚的作品。所有这些就构成了中华民族传统设计文化资本的第二种存在样态。在中华民族传统设计文化的发展过程中，国家为了推动社会和经济发展并且推进社会治理，设立了各种各样的工匠和传统手工艺劳动者的管理机构、制度，对其生产和创造实践进行统一管理。同时，各种工匠和传统手工艺劳动者为了维护自身利益，又纷纷成立了各种行业和商业组织，制定了种种规章制度。所有这些，都构成了文化资本存在的第三种样态。

在中华民族五千年的文明史上，无数的能工巧匠创造了灿烂辉煌的物质文明。与此同时，在儒、释、道文化精神的熏陶和培育下，加上民俗、民间信仰、地域文化的浸染以及各少数民族民族文化之间的融合，才最终创造了中华民族独特的工匠文化和工匠精神。再加上各个历史时期形成的各种管理制度和行业、商业组织。所有这些都汇聚成为我们当下应当努力继承的一笔无比巨大的文化资本。显然，对于这笔巨大文化遗产和文化资本的继承，其成败得失不仅关乎中国当代设计实践和设计文化的健康、快速发展,而且关乎整个中华民族复兴的伟大事业,关乎中华民族文化软实力的迅速提升和在未来全球竞争中的地位问题。

正如布迪厄所言,"场"正是文化资本得以发挥作用的无形媒介。我们对于这笔文化遗产的继承,正应该让各种类型的文化资本样态以及这些文化资本样态赖以生存的"场"真正活起来,依靠科学的决策和强有力的措施并动员广大民众积极参与,持续不断地为其注入生机与活力。显然,这也正是一个营造和构建民族文化语境的过程。这需要我们在当下的文化和广大民众社会生活的各个层面、各个领域都同时全方位地积极行动起来。

就拿当前乱象丛生的旅游文化产业来说。近些年来,广大游客对于古镇旅游资源的追捧可谓热情高涨,但从当前古镇旅游的生存状况来说,却存在着诸多令人担忧的问题。这些问题可以说是不胜枚举:过度的商业开发削弱甚至从根本上破坏古镇文化资源自身的地域特色、文化特色、个性及文化品位;古镇商业开发缺乏统一设计与长远规划;古镇文化生态的脆弱性;古镇旅游文化资源开发的收益分配问题,等等。

当前的国内古镇,其文化资源的特点和丰富程度存在较大差异。但在目前的旅游开发实践中,各地方对于古镇的自身特色、品位和文化资源状况等都缺乏清晰定位,往往一哄而上,盲目引入各种商业业态,而对于这些业态的引入与古镇文化生态的和谐程度以及由此带来的旅游体验,却缺乏系统、全面的考量。大量能提升古镇文化内涵和旅游体验的独特民风、民俗以及当地极富特色的生活方式、美食和民间信仰却得不到开发,甚至缺乏基本的尊重与保护意识。

在发展古镇旅游、开发古镇文化资源的过程中,一定要对自身的特色和文化资源状况有一个清晰的定位,在开发过程中更要注重品位的提升、独特和浓厚文化氛围的营造以及游客良好体验的营造。这本身就是一个民族文化语境的营造和建构过程。古镇拥有其自身独特的历史、地域环境、民风民俗、生活方式、宗教信仰,再加上独特的民居和建筑艺术,其本身就构成了一个独特的民族文化语境。在开发的过程中,每一个措施、每一个政策,都要着眼于营造和维护这一独特而浓郁的民族和地域文化语境。而任何与这一民族、地域文化语境和文化生态不相协调的景观、商业模式、文化现象,则都要进行改造。其目标,正是要让游客全身心地沉浸到这一独特而浓郁的民族和地域文化语境中,体验独特的民俗、生活方式、餐饮文化和宗教文化,创造出良好的旅游体验。

对于中华民族传统设计文化遗产其他部分的继承,我们同样应该致力于良好的民族和地域文化语境的营造与建构。这无疑是一项极为浩大的系统工程。它需要我们每一位炎黄子孙,以"天下兴亡,匹夫有责"的担当精神,付出长期艰辛的努力。我们相信,只要我们认准了方向,这种努力最终一定能结出累累硕果。

三、设计实践、审美资本与当代文化批评

前文的研究指出,面对当今世界的社会、政治、经济和文化状况,众多的哲学家、社会学家和经济学家提出的诸多命题,如后工业经济、体验经济、文化经济、审美资本主义等,它们都从各自的侧面,揭示了当下经济增长和社会发展过程中的一个重要趋势,那就是文化和审美向经济领域的渗透。在这一过程中,设计一方面作为人类最重要的艺术创造实践之一,另一方面作为人类重要的文化实践和经济实践,就成为连接文化、审美与经济之间的重要桥梁和关键环节,因此在当下世界社会、政治、经济和文化发展过程中扮演着越来越重要的角色。正是认识到了这一点,近些年来,在世界众多国家的发展规划中,设计都被提升到了国家经济、文化和社会发展的战略高度上来。

从当今世界的政治、经济和文化状况出发,法国哲学家奥利维耶·阿苏利提出了著名的审美资本主义概念,并且深入追溯了其在西方资本主义社会中从萌芽、发展到壮大的整个过程。阿苏利说:"资本主义演变的特点在于捕捉例如美丽、娱乐、审美这些无实际用途的多余产物,并把它们转化成可以估价、可以买卖并能覆盖社会生活的大部分领域的价值。这种演变是从文化进入到经济中心开

始的。"①在阿苏利的描述中,"美丽、娱乐、审美这些无实际用途的多余产物"发端于文艺复兴时期,存在于日渐繁荣的艺术和审美实践中,它们原本是封建时代贵族品位和身份的重要象征。

随着资本主义和工业化大生产的发展,产品日渐丰富。伴随着产品的过剩,消费者越来越不满足于产品丑陋的外观和使用过程中的糟糕体验。除了基本功能外,人们越来越看重漂亮的外观、使用过程中的趣味性以及完美的用户体验。资本的逐利本性,驱使资本家雇佣有着较高艺术修养的设计师,来对产品外观和性能进行大规模的改造与提升。在这样的时代背景之下,资本主义经济从工业经济到服务经济再到体验经济的发展历程,也正是设计师从开始职业化到与资本家、广告商通力合作再到形成全新职业自觉的发展历程。资本主义的竞争,也逐步由一开始的产品数量、质量的竞争,转移到产品外观、性能和使用体验的竞争上来。正是在这一过程中,按照阿苏利的说法,品位逐步开启了自身"工业化"的历程。艺术、审美、娱乐、品位和文化逐步成为资本主义企业和国家发展的核心竞争力。

在资本主义消费经济增长模式的框架之下,这一切显然都是资本逐利本性自然推动的重要结果。在这一过程中,资本找到了自身增长屡试不爽的强大法宝,那就是人类在艺术、审美、娱乐、品位和文化等外衣包裹之下的享乐欲望。正如阿苏利所说的:"只有把人的心理意愿用作刺激生产和消费飞升的必要条件,人们才能一直贸易、交换更多的商品并以此致富。正是在品位以及由品位所生成的情感关联的战场上,消费欲望将被启动、被转化、被提炼。"②资本主义利用手中握有的这一法宝,不断刺激消费者的购买欲望,企图让资本主义经济永久增长和繁荣下去。在这一过程中,专业设计师的设计创造实践扮演着极其关键的角色。

---

① [法]奥利维耶·阿苏利:《审美资本主义:品位的工业化》,黄琰译,华东师范大学出版社 2013 年 9 月第 1 版,第 9 页。
② 同上,第 40 页。

　　设计师凭借手中掌握的专业技能和较深厚的艺术与审美素养,在新产品的开发、设计和市场推广实践中,扮演着极其关键的角色。在这一实践中,设计师一方面与充分动用自身掌握的本民族乃至世界民族艺术、审美及文化元素的信息,创造性地把它们运用于自身的设计创造实践和产品开发实践,另一方面与广告商通力合作,不断利用日趋强大的现代传媒技术,充分激发甚至挑逗起广大民众的消费、购买和享受欲望,为资本家在现代经济竞争中利润追逐目标的实现立下了汗马功劳。在资本逐利本性的驱使之下,设计师应当承担的社会责任被彻底抛弃。设计师在设计创造实践中,唯一关心的是成本、投入与产出比、产品美感、性能和消费体验,至于材料、消费过程和产品生命周期的环境影响、生产的可持续性等问题则完全不在其视野范围之内。因此,在消费经济的增长模式之下,全球环境开始急剧恶化、资源开始枯竭、发达国家和第三世界之间的收入差距越发扩大。与此同时,伴随着世界各国对资源的争夺、经济地位的不平等、贸易摩擦的不断加剧以及全球经济的周期性衰退,广大非西方国家和地区越来越陷入持续的动荡之中,再加上西方发达国家的侵略和干预,因此形势越来越趋于恶化。近些年频频出现的贸易保护主义抬头、难民危机、种族歧视、极端思想蔓延、恐怖袭击升级等,都为人类经济、社会和文化的可持续发展敲响了警钟。人类社会、经济和文化发展面临着越来越深刻的危机。

　　在这一全球危机的时代背景之下,不但是设计师,而且是每一位消费者都应该承担起义不容辞的责任,都应该自觉地对自身的设计创造实践和消费实践展开深刻反思。在这一过程中,设计批评显然扮演着不可或缺的重要角色,它显然应该成为当代广义文化批评的重要组成部分。

　　在当下,面对全球几乎是无序的经济竞争,对于在资本和欲望裹挟之下的设计和消费实践,尤其需要我们展开深刻的反思和批判。

　　正如前文所指出的,有经济学家把当下世界经济发展的最新趋势称为体验经济,在这一经济增长模式中,消费者的体验被提升到了前所未有的重要地位,成为经济增长的强大引擎。对此,有人欢呼雀跃,认为这是人类文明史无前例的巨大进步和飞跃。面对任何新生事物,我们都应该保持一种冷静、客观的态度,来对它进行科学的剖析。其实,所谓的体验经济,它同样属于消费经济的范畴,它同样诉诸消费、诉诸对消费者消费欲望的刺激来作为经济增长的引擎。不但如此,也正如前文分析所指出的,对于人类飘忽不定和变幻莫测的欲望的无条件尊重甚至刺激,其本身也是荒谬的。因此在这一语境之下,我们迫切需要诉诸一种广义的文化批评,来对设计师的设计创造实践和广大民众的消费实践展开深层次地批判,以此引导设计创造实践和消费实践朝着绿色、健康和可持续发展的方向前进。从这一角度来看,当代文化批评可谓任重而道远。

面对这一艰巨任务,每一位设计师、每一位消费者尤其是设计文化研究学者,显然都应该承担起各自的责任和义务,只有这样,人类的绿色、健康和可持续发展也才有希望。

第二节　文化资本与设计实践中的情感唤醒

一、习性与文化资本

布迪厄的思想具有体系化的特征,由他所提出的诸多概念,相互之间有着非常紧密的内在关联。在布迪厄所描述的文化资本的三种存在样态中,第一种存在样态——民族文化中每一鲜活的生命个体,在其教育和成长的漫长历程中,逐步积累起来的文化资本——就与他提出的习性概念密切相关。而具体到人类设计创造实践中,习性概念显然与情感唤醒息息相关。

在布迪厄的社会学思想中,个体习性的养成和培育过程,也就是文化资本的积累过程。在世界不同民族的文化中,每一阶层,其在社会结构中的地位,不但决定了其经济状况,同时也决定了他能从整个社会获取的文化资本的质量和数量。民族文化中的每一个体就生活在由这些社会文化资本所构造而成的一个个大大小小的场域中。这些场域的长期涵养和培育,造就了该民族文化中每一个体各不相同的习性。民族文化中每一个体的出身、经济地位、政治地位、阶层,这些都决定了他们之间习性的差异,这也正是布迪厄"区隔"概念的真正内涵。这些不同的习性同时也就是文化资本在该民族文化中的不同生命个体上的存在状态。该民族文化中的一个个场域,不但涵养和培育了该民族文化中每一个体的习性,而且反过来,该民族文化中每一个体的行动,又不断赋予了这大大小小的场域以生机和活力。

布迪厄正是以此为逻辑前提,推演出了习性是文化资本的存在样态之一的命题。这一存在样态,又与其他存在样态一起,共同构成了每一民族文化中大大小小的场域。这些场域要保持活力,就离不开场域中一个个鲜活个体的习性,而习性的涵养和培育,又是大大小小的场域长期潜移默化和共同作用的结果。这就是布迪厄实践感概念的真正内涵。

如果遵循布迪厄实践感的逻辑,则具体到人类设计创造实践,则不但设计师通过长期职业训练掌握的高超技艺、深厚的艺术和审美素养、精深的技术修养,而且包括消费者的文化素养、艺术和审美品位、消费习惯、生活方式等等,显然都属于习性(惯习)的范畴,它们同时也都是文化资本的存在样态之一。以此逻辑进一步推演,则显然不同民族文化中的实践感就有着不同的逻辑架构,这也就最终决定了世界不同民族在审美心理结构进而是民族审美图式上的根本差异。

如果以现象学的视野来进行审视,那么在每一民族文化中,这大大小小、千姿百态的场域,就与在其中长期涵养、培育的一个个鲜活个体的习性一道,共同构建出了多姿多彩的生活世界。在这一生活世界中,每一鲜活个体都热切地期盼着自身的幸福,都通过自身的积极行动,努力朝向自身所设定的目标不断前行。而这些目标的设定在世界不同民族中显然又是各不相同的。正是它们最终决定了世界不同民族文化中情感唤醒方式之间的根本差异。

二、设计实践中的习性与情感唤醒

每一民族文化中一个个鲜活的生命个体，每时每刻都在热切期待着某种幸福，都在努力行动，以期实现其自身的某个目标。这每一个鲜活的生命个体，在布迪厄的思想中，也就是作为文化资本存在样态之一的习性。

显然，按照布迪厄的实践感逻辑，每一民族文化中，每一鲜活个体的习性涵养和培育过程，都毫无例外地要在该民族文化的大大小小、形形色色的场域中展开。著名学者麦金太尔说："我从我的家庭、我的城市、我的部族、我的国家的过去继承了许多债务、遗产、合理的期望和义务。它们建构了我的生活状态和我的道德出发点。这让我的生活具有了自己一部分的道德特性。"[①]显然，麦金太尔这里所说的种种"债务""遗产""期望"和"义务"，所有这些，最终都将在该民族文化中每一个体习性的培育和涵养过程中发挥其自身的影响力量。也正是它们，共同构筑了该民族文化中一个个大大小小和形形色色的"场"。这些形形色色和大大小小的"场"，影响着置身其中每一鲜活的生命个体，它为每一个体的行动提供了定位和方向，每一鲜活的生命个体，其行动又反过来不断地赋予了这些"场"以源源不断的生机和活力。

具体到每一民族的设计创造实践。每一民族文化中的每一鲜活个体，在其漫长的生活与成长历程中，显然都毫无例外浸染上了该民族文化独有的色彩。因此可以想见，他在面对具有自身民族特色和文化意蕴的设计物品时，往往更能从中获得鲜活、丰富的审美和用户体验，也更能唤醒其丰富的情感体验。而在面对来自其他民族文化的设计物品时，由于不熟悉该民族的历史、文化和审美风格，对于该民族设计物品中所蕴含的独特意蕴往往会不甚了解。这样，也许尽管

① ［美］阿拉斯戴尔·麦金太尔：《追寻美德》(Alasdair Maclntyre, *Der Verlust der Tugend*, Frankfurt an Main 1995)。转引自哈拉尔德·韦尔策编：《社会记忆：历史、回忆、传承》，李斌、王立君、白锡堃译，北京大学出版社 2007 年 5 月第 1 版，第 11 页。

这同样是该民族文化中的一件经典设计物品,但它在这一来自异文化的个体身上所唤起的情感体验和用户体验显然就要大打折扣。

由此可见,在设计创造实践和设计产品和服务的消费实践中,特定的民族文化,以及涵养和培育了该民族文化中每一个体习性的形形色色和大大小小的场域,对于唤醒该民族文化中每一个体的情感体验具有极为重要的决定作用。并且显然,正如前文论述所指出的,这种情感体验的唤醒,对于幸福感的追寻是一种具有决定性的影响力量。不但如此,它们对于该民族文化身份的模塑和建构,也同样发挥着决定性的影响作用。

从这一层面看,设计师正应该首先立足于本民族的历史和文化传统,对本民族的历史和文化传统进行精深的理解和研究,在此基础上,再凭借自身的创造性实践和高超技艺,就能创造出本民族民众喜闻乐见而又有着良好用户体验的设计作品。在这个过程中,通过唤醒本民族民众情感体验的方式,来潜移默化地对本民族民众的审美图式进行模塑和建构,从而最终建构起强烈的对于民族文化身份的认同感和归属感。

显然,如果整个中华民族当下的设计师都能充分认识到这一点,都有着模塑民族审美图式、建构本民族文化身份认同感的自觉意识,并在自身的创造性设计实践中把这种设想和自觉意识付诸实施,那么可以想象,这将汇聚起一股多么强大的力量!在千千万万设计师的共同努力之下,又将能创造出何等辉煌的文化奇迹!另一方面,如果中华民族的每一位未来公民,从小都能浸染于本民族杰出设计师所创造的、凝聚着中华民族传统设计文化精髓而又有着深厚精神和文化底蕴的物质环境中,那么这样的创造性实践,显然将会创造出数不胜数的优质而活跃的场域,这些场域又将涵养和培育出大量有着本民族特质的习性的文化个体和数量庞大的文化资本。这种习性的涵养和培育过程,正是中华民族传统优秀文化的继承、发展和创新的过程。强烈的民族文化认同,也将在这一过程中被培育和建构起来。如果这样,那么实现中华民族伟大复兴的理想和目标也就有了实实在在的依凭。

三、设计实践中的审美资本与情感唤醒

奥利维耶·阿苏利曾引述过法国哲学家塔尔德《社会逻辑》一书的思想,他说:"塔尔德强调说,在以前的年代里,是由宗教奠基人、学者、立法者、国家领导人来规范人们的精神和心灵、判断和意愿。由科学和宗教来实施信仰的社会化;道德和国家负责欲望的社会化;而艺术最终承担纯粹的感觉的社会化。就像复调乐曲中的延长符,艺术家缔造了一个共同体,这个共同体的原则与和谐是建立在感性体验的分享上的。因此,'像巴黎这样的大城市中的居民的视网膜和耳鼓膜'是由一代代建筑家、音乐家、画家所打造的。艺术为这个感官的社会共同体的建立、巩固和完善做出了贡献。"①这段引文表明,人类作为审美动物,我们甚至可以这样说,在世界每一民族极其漫长的发展演变历程中,正是艺术塑造了每一民族独特的审美感知模式,也即民族审美图式。而在独特的民族审美图式背后,又深刻关联着一个民族自身独特的认知结构、情感机制、个性气质,乃至风俗习惯、宗教信仰和生活方式等种种错综复杂的文化信息。

显然,具体到每一民族的设计创造实践,这些诸多错综复杂的文化信息,尤其是艺术和审美文化信息,在当下的体验经济浪潮中要能够高效率地转化为审美资本,渗透进入设计产品、服务产品的设计创造与消费实践中,这对于设计师来说毫无疑问是一个史无前例的巨大挑战。它不但对于设计师的专业技能、艺术和审美素养提出了极高的要求,而且还要求设计师拥有对于本民族文化尤其是艺术和审美文化的精深理解、宏阔国际视野以及良好的商业素养。只有这样,设计师在本民族审美资本的转化过程中才能做到游刃有余,也才能创造出能给消费者带来完美体验的设计产品和服务产品。消费者在对这些产品和服务的消费实践中,也才能寻找到对于自身民族文化的认同感和归属感。放眼当下的人

---

① [法]奥利维耶·阿苏利:《审美资本主义:品位的工业化》,黄琰译,华东师范大学出版社 2013 年 9 月第 1 版,第 72 页。

类设计创造实践,我们在这一点上做得显然还远远不够。与此同时,在当下人类生存和可持续发展面临深刻危机的关键点上,我们还面临着对人类设计创造实践展开深度批判和加以强有力引导的艰巨任务。所有这些,显然都需要我们付出艰辛的努力。

可以想见,消费者面对既符合自身民族审美习尚,有着丰富和深厚民族文化底蕴,而且拥有开放、包容的审美情怀的设计产品和服务产品时,种种美好的情感和愿景将被源源不断地激发出来,在产品的消费实践中显然就能获得强烈、深沉的对于本民族文化的认同感和归属感。

民族审美的感知模式既然是过去时代本民族源远流长的艺术实践长期模塑的结果,那么设计师自身的设计创造实践显然就应该充分尊重这一源远流长的文化传统和艺术实践,花大力气长期沉浸其中,对其艺术表现手法、技巧、风格以及精神和文化底蕴等进行精深理解与把握,并把它们创造性地运用于自身的设计实践中。只有经历长期的磨炼和艰苦卓绝的努力,设计师才有望创造出既符合本民族民众审美习尚又具有全球文化和审美视野的设计产品和服务产品,并在现代商业运作中取得成功。

具体到我们自身民族的设计创造实践,如果每一位设计师都拥有这种自觉意识,都能深深扎根于我们深厚的民族文化传统中,同时又能放眼世界,拥有包容和开放的情怀,那么中华民族在新一轮的世界经济竞争中将抢占先机,中华民族伟大复兴梦想的实现也就是可期待的了。

第三节 设计实践中的民族审美图式

一、图式的民族文化特性

图式(scheme),有国内学者也翻译为图型,它是西方哲学知识论中的一个重要概念。在西方哲学史上,图式概念首先出现于斯多葛派的逻辑学思想中,指的是一种用于把辩论形式还原为基础形式的根本规则。认为经过这样的还原,就能运用这种基础形式,来对辩论进行具体分析。① 到康德那里,图式概念被发展成为其知识论思想的一个核心概念。他说:"我们将把知性概念在其运用中限制于其上的感性的这种形式的和纯粹的条件称为这个知性概念的图型,而把知性对这些图型的处理方式称之为纯粹知性的图型法"②,"我们知性的这个图型法就现象及其单纯形式而言,是在人类心灵深处隐藏着的一种技艺,它的真实操作方式我们任何时候都是很难从大自然那里猜测到、并将其毫无遮蔽地展示在眼前的"③。可见,图式在康德哲学中是人类认知之所以可能的前提条件,它在逻辑上先于感性经验,是感性经验的纯粹形式和纯粹条件,其基本作用正在于对感性经验进行"统摄"。除了哲学知识论外,图式也是一个重要的心理学概念,它被皮亚杰运用于儿童心理学研究领域。有学者就指出:"图式是一种心智模式或框架,经验得以在其中被消化。广泛地被皮亚杰运用于描述儿童感知世界的不同发展阶段。"④透过这段引文,我们正可以看到图式心理学概念所受到的哲学影响。

通过以上的简略梳理可知,西方哲学和心理学中的图式概念,是某种介于范畴与现象之间的东西。它一方面与范畴同质,另一方面又与现象同质,通过它,生活世界中大量生动活泼而又纷繁复杂的经验现象,就被"统摄"到了某些"框架"中,从而使我们获得了某种"秩序"。在西方文化观念中,人类知识的大厦,正是在这种"秩序"中,才得以被建构起来。在西方文化对于图式概念的探讨过程中,康德哲学显然占据了核心的位置。对于康德来说,图式是某种先验的东西,而之所以说它是先验的,正是从逻辑上说,它总是先在于主体对具体经验世界的感知之前,若非如此,人类对杂多经验世界的统摄就不可能发生,人类知识因此

① Robert Audi, *The Cambridge Dictionary of Philosophy*, Cambridge University Press, 1999, p. 810.
② [德]康德:《纯粹理性批判》,邓晓芒译,人民出版社 2004 年 2 月第 1 版,第 140 页。
③ Ibid, p. 141.
④ David A. Statt, *The Concise Dictionary of Psychology*, Third Edition, published 1990 by Routledge, p. 118.

也将成为不可能。正是在这个层面上,图式对于康德来说充满了神秘,认为它是人类心灵深处隐藏着的某种"技艺"。

认知心理学的研究指出,审美也是一种广义的人类认知行为。因此图式概念也被运用于审美心理和审美鉴赏的研究领域。在此基础上,进而有国内学者提出了审美心理图式概念,并进行过一些研究。比如稍早些的李森认为:"审美心理图式是一个复杂的结构系统,它以审美为指导,以表象为依托,涵盖和融合了审美主体在长期的社会——审美实践中形成的关于政治思想、社会历史、伦理道德,以及哲学、文化、民俗等多方面的认识水平和独特见解,就其基本特征来说,审美心理图式既不是抽象的概念,也不是具体的表象,而是在具体表象基础上形成的、渗透了抽象概念的一种特殊构成——抽象表象。这种抽象表象,一头系于具体表象,和感性世界相联,一头指向抽象概念,和理性思维相接。"他进而认为,审美心理图式具有民族性,"处于同一民族圈的审美主体,由于共同的地域环境、历史传统、文化背景、宗教信仰、生活方式、风俗习惯、语言系统以及经济结构、社会制度、意识形态等,就使得他们的审美心理图式具有共同的、区别于其他民族圈的鲜明的民族性特征"。[1] 通过以上的引文和概述可知,这正是把康德的图式概念,具体运用于审美心理和审美鉴赏的研究领域。姚莉苹的《审美心理图式与文学鉴赏》一文,则把审美心理图式概念,运用于文学鉴赏的美学分析实践中。她指出:"所谓审美心理图式,指的是接受主体在文艺接受过程之前,在个人心理方面先在地存在着的一种审美反应的心理结构模式","审美心理图式的形成是一个长期的过程,它是接受者长期审美实践、艺术熏陶以及文化涵养综合作用的结果,同时,还受到接受者自身的民族文化传统、社会生活环境,个体心理结构等方面的影响"。[2] 这是从审美接受的角度,来探讨审美主体的心理结构问题。

结合以上的研究成果,并联系布迪厄的文化资本和习性概念,本文认为,审

---

① 李森:《审美心理图式论纲》,《渭南师专学报(社会科学版)》1995 年第 2 期。
② 姚莉苹:《审美心理图式与文学鉴赏》,《中国文学研究》,2012 年第 4 期。

美图式既是审美主体在特定文化情境中，经过长期的涵养和培育而逐步形成的较为稳定的审美心理结构，又是一种习性和文化资本的存在样态。它既是一个认知哲学概念和心理学概念，同时又是一个社会学与文化学概念。因此本文认为，审美图式概念要比审美心理图式概念能更好地传达出以上几个层面的含义。下面就对这一观点进行一次较为系统的梳理。

让我们再次回到图式概念的源头上来。在康德那里，图式是"有理性的存在者"身上与生俱来的一种"神秘技艺"，但在胡塞尔的意向性概念中，康德图式概念的这层神秘面纱却被悄然揭开了。意向性是胡塞尔现象学中一个表明主体反思性意识的重要概念，它涵盖了笛卡尔"我思"内容的一切领域。胡塞尔说："作为起点，我们在严格的、一开始就自行显示的意义上理解意识，我们可以最简单地用笛卡尔的词 cogito（我思）来表示它。众所周知，我思被笛卡尔如此广泛地理解，以至于它包含'我知觉、我记忆、我想象、我判断、我感觉、我渴望、我意愿'中的每一项，以及包括在其无数流动的特殊形态中的一切类似的自我体验。"①而到了梅洛-庞蒂这里，一切主体都成了身体主体，笛卡尔的"我思"内容，包括"我知觉、我记忆、我想象、我判断、我感觉、我渴望、我意愿"等等，都变成了身体意识。因此图式在梅洛-庞蒂这里自然也就成了身体图式。梅洛-庞蒂说："当有生命的身体成了无内部世界的一个外部世界时，主体就成了无外部世界的内部世界，一个无偏向的旁观者。"②显然，梅洛-庞蒂想要表达的，正是身体意识作为主体，它同样有能力对诉诸身体感知的各种感知印象进行反思，并且在反思过程中也同样能生成各种各样的知觉表象，而这种知觉表象生成背后所隐藏的"规则"，也正是康德孜孜以求的图式。而在梅洛-庞蒂看来，这种"规则"能力的丧失，将导致身体图式的某种病理学变化。身体图式的这种病理学变化，在梅洛-庞蒂对施耐德身体"抽象运动"能力的丧失（即丧失了根据语言指令做出相应身

---

① ［德］胡塞尔：《纯粹现象学通论·纯粹现象学和现象学哲学的观念·第一卷》，舒曼编，李幼蒸译，商务印书馆1992年12月第1版，第102页。
② ［法］莫里斯·梅洛-庞蒂：《知觉现象学》，姜志辉译，商务印书馆2001年2月第1版，第85页。

体动作的能力)病例的描述中,得到了非常细致的描述。显而易见,在这里,语言恰恰成了身体沟通生物性机体和社会、文化性"规则"之间的媒介和必然通道。

在布迪厄的社会学思想中,这种表象的生成过程及其背后所隐藏的所谓"神秘规则"不再是某种"先验"的东西,而是与特定文化中的场域对个体习性的培育过程密不可分。而这种培育过程及其结果,又都毫无例外地表现为高度的文化差异性特征。这种文化差异性最显著的表现便是民族文化之间的差异性。论述至此,从人类学和社会学的观点来看,图式显然就只能是具体历史和现实语境中的图式,它们由于被浸染上了特定民族文化的特质而表现出高度的民族差异性。正因为如此,图式必然地并且也只能是被浸染上了民族文化特性的民族的图式。这其中显然也正包含着民族审美图式。

二、设计实践与民族审美图式

现实经验告诉我们,设计实践既是一种艺术实践和审美实践,同时又是一种生活实践和消费实践。因此,图式在不同民族之间所表现出来这种民族的差异性,在设计文化中的表现也尤为明显。

德国著名现象学美学家莫里茨·盖格尔,在运用现象学方法对所谓的"内在专注"和"外在专注"进行描述和区分的过程中,曾经对"艺术平民化"以前的"原始艺术"做出过这样的描述:"原始艺术是对一个精神尚未分化的社会的表现。在这里,在艺术和人民之间并不存在紧张状态。部落的精神也就是它的艺术精神。而且,任何一个隶属于这个部落的人,也都能够在它的艺术中识别出他自己的精神:对于任何一个人来说,那些宗教仪式的舞蹈和歌曲、那些编织物,以及那些雕塑,都是熟悉的和可以理解的。"①盖格尔指出,接下来的专制主义,垄断了艺术和艺术家,使得艺术远离了人民大众,成为某种怪异、陌生而无法理解的

① [德]莫里茨·盖格尔:《艺术的意味》,艾彦译,译林出版社 2012 年 1 月第 1 版,第 117 页。

东西。而到了 19 世纪末,艺术却开始了"平民化运动"。用盖格尔的术语来说,那就是伴随着现代化生产技术而得以最终完成的艺术"平民化运动",它使得艺术从人们通过快乐领会的艺术价值,向过分强调艺术体验之中的享受转化。

透过盖格尔的描述,无论是他对于内在专注和外在专注、审美事实和审美价值、表层艺术效果和深层艺术效果,还是对快乐与享受的区分,其目的正是要对审美经验与非审美经验、审美价值与非审美价值进行一种现象学的描述与区分。但作为一位艺术感觉敏锐而又训练有素的现象学美学家,盖格尔又非常清楚地意识到,这种区分所最终呈现的,正是一种现象学意义上的、完满而浑然一体的审美经验。这种经验之所以说是现象学意义上的、完满的和浑然一体的,正是因为它与非审美经验(日常生活的、感官的、情感的、宗教的和道德的等经验)是不可分割的一个浑然整体。

以此观点来进行审视,则盖格尔所描述的肇始于 19 世纪末的艺术"平民化运动",在后工业时代和体验经济时代,已然汇聚成为洋洋大观的时代洪流。显然,伴随着现代生产方式和现代意识形态的滥觞以及现代技术的勃兴而发展起来并不断壮大的专业设计和创造实践,其本身毫无疑问也应该被归入盖格尔所谓的艺术"平民化运动"之列,并且毫无疑问也正是这一运动最重要推动力量之一。从这一角度来看,在设计创造实践和设计文化中,审美经验与非审美经验的浑然一体,显然本身就应该是现象学直观的题中应有之义。而对于盖格尔来说,艺术风格的本质,就是一种相对统一的价值模式。[1] 这种价值模式之所以是相对统一的,正是因为它源自同一民族文化内部。盖格尔说:"对于价值模式来说,在一种艺术风格中也存在着构造它的许多可能性,只不过根本的图式(schema)保持了不变而已。"[2]显然,这里所说的"根本图式",就是而且也只能是一种民族的图式。在艺术的"平民化运动"开展得如火如荼的后工业时代和体验经济时代,这种民族图式显然同时也就是一种民族审美图式,它具有民族内部的相对同

① Ibid, p. 206.
② Ibid, p. 206.

质性和统一性。

在世界不同民族创造实践和设计文化中,每一个体从小耳濡目染,被包围和沉浸于富于本民族特色的人造物环境中。该文化中的风俗习惯、道德观、价值观、宗教信仰、审美习尚等文化元素,便全面渗透进入了该文化的设计创造实践中,参与到了设计文化中诸多审美意象的建构过程中,并且赋予了设计物品以丰富的民族文化内涵。进一步联系布迪厄的社会学思想来看,对于该文化中的每一个体来说,本民族文化中丰富多彩的设计创造实践,其所创造的正是一个个不同类型的、大大小小的场域,习性正是得以在这些场域中持续不断地被涵养和培育。与此同时,场域中各种资本要素和资本样态之间的剧烈斗争,以及社会中每一个体占有资本的不公平状况,都决定了该社会中从属于不同阶层的个体在习性上必然表现出种种差异性特征。这就是布迪厄所谓"区隔"概念的(distinction)真正内涵。

尽管在同一民族或同一文化内部,不同阶层的设计创造实践,在趣味或风格上表现出显著的差异性特征,但它们在横组合轴意象创造的转喻层面与纵聚合轴上赋予能指以意义的隐喻层面,仍然处于同一个文化系统内部,因此在转喻组合规则和隐喻运作规律上,以及意象的生成规则上仍然是相同的。也就是说,它们仍然拥有共同的身体感知模式和共同的民族审美图式。而对于不同民族的设计创造来说,由于风俗习惯、道德观、价值观、宗教信仰、审美习尚等文化元素各不相同,对个体习性进行培育的各个文化场域,其资本要素的构成以及各个资本形式和资本样态之间的斗争,也都存在着巨大差异。因此,习性培育、涵养的过程和结果,自然也存在较大差异。这些都最终导致了横组合轴上进入主体的意向性对象及纵聚合轴上由现象学滞留长期沉积所形成结构之间的根本差异。这种差异,也必然导致横组合轴上能指的转喻和纵聚合轴上所指的隐喻之间运作规则的巨大差异。正因为如此,不同民族的设计文化,也因处于不同的文化系统中,而呈现出不同的风格特征和不同的整体面貌。这种差异从根本上来说,正是源于民族审美图式之间的根本差异。

三、世界景观设计案例中的民族审美图式

景观或场所是人类生存的重要空间。人类的一切日常行为,包括重要节日、庆典、宗教仪式、社群或个体历史中的一切重要事件,都无不是在特定的景观或场所中发生。从这一角度来看,景观或场所承载了大至一个民族、国家,小至一个民族中每一生命个体的独特历史、文化、记忆和情感。而相对于人类日常生活中的其他事物——诸如服饰、音乐和装饰等等——的短暂生命周期来说,景观和场所是人类生存中相对更为恒久的要素。正因为如此,其中所表现出的民族审美图式也相对更容易识别。又由于它往往承载着一个民族、国家,乃至每一生命个体独特的历史、文化、记忆和情感,因此它又最容易唤醒我们的情感,是民族文化身份认同建构过程中最为稳固、最为深刻的要素。

在近代工业革命以前,由于科技、交通的限制,世界各民族之间的相互交往较为贫乏,世界各民族诸多重要景观和场所,几乎全部都是就地取材,利用乡土材料建造而成,以适应各地区不同的气候和环境条件以及各不相同的生活方式,满足不同的民俗和宗教信仰需要等等。因此在这一时期,世界各民族的景观和场所设计,其特色是自然形成的,是世界各民族地域文化和风土文化长期浸染和影响的重要结果。比如,河姆渡人的干栏式建筑、爱斯基摩人的雪屋、阿兹特克人的神庙建筑等。

在人类经历了三次产业革命之后,随着科技、交通和通信技术以及现代主义设计的蓬勃发展,世界各民族在景观和场所设计上的差异,越来越成为一种"稀缺资源",成为世界各民族、各地区旅游文化产业发展过程中的"可居之奇货"。正如有 M. 霍夫指出的:"寻找特色与不同之处是旅游的全部意义"①。近年来中国国内的古镇旅游热潮,正反映出旅游文化产业发展过程中的这一状况。

---

① 转引乔治娅·布蒂娜·沃森、伊恩·本特利:《设计与场所认同》,中国建筑工业出版社 2010 年 3 月第
　1 版。

　　之所以出现这种状况,其深层次的原因,乃是工业化发展给人类带来的深刻的环境危机,以及传统民俗、生活方式以及文化多样性的消失在人类内心深处产生的一种焦虑意识和漂泊无依之感。正如有学者分析指出的:"在文化景观和人类认同建构的关系方面有四个关键问题目前正处于危机之中。其一,我们需要景观,它将支撑起人们日常生活中选择的最开放的可能,并将有助于形成我们在实践中利用这些机会所需要的赋权感。其二,我们需要景观来支撑想象社群的建构,驱散内在的孤独无根感——令人兴奋的选择的永劫回归带来的不利一面。其三,作为特定想象社群的成员,我们需要景观的帮助以超越知足常乐的道德,以可持续的方式发展我们的开放而乐观的认同。这是我们找到和其他人共同生活的跨文化途径所需要的。其四,我们需要景观来鼓励我们发展出和更宽广的我们通常称之为'自然'的身体系统和谐共处的能力。"①正是这种深刻的环境危机和身份危机,驱使着人类在更为"永恒"的景观与场所设计领域去追寻意义,以摆脱内心深处的焦虑和漂泊无依感。在这种背景之下,大量带有浓厚乡土、民俗和传统生活方式色彩与韵味的、侥幸遗存下来的环境和景观受到了饱经"乡愁"折磨的人们的青睐,也就不足为奇了。

　　显而易见,特定地域环境中的场所或景观,往往是生存于这一环境中的个体、社团,甚至是国家、民族共同历史、经验和文化的重要组成部分。在特定的场所或景观中,往往凝聚着个体、社团,甚至国家、民族的共同历史和记忆。因此,特定场所或景观往往成为民族文化身份认同和建构的重要媒介。

　　在《设计与场所认同》一书中,作者在"引言"部分讲述了一个故事:在波黑莫斯塔镇的内雷特瓦河上,一座举世闻名的古桥,在 1993 年克罗地亚人和波斯尼亚穆斯林的内战中被炸毁了。这座在内雷特瓦河上矗立了几个世纪的古桥,已经深深融入了每一位莫斯塔人的历史记忆和生命情感当中,它把当地人的个人生命历程、社区重大事件和莫斯塔人的重大民俗和宗教仪式密不可分地连接

---

① 转引乔治娅·布蒂娜·沃森、伊恩·本特利:《设计与场所认同》,中国建筑工业出版社 2010 年 3 月第 1 版,第 14 页。

为一个整体。比如当地穆斯林的成人礼通常就在桥上举行。正因为如此,古桥的毁坏成为莫斯塔人内心深处永久的伤痛。文章通过几位莫斯塔人饱含深情的讲述,记录下了这座古桥在莫斯塔人生命和情感历程中的重要位置,以及古桥的炸毁在他们内心深处所造成的无法愈合的创伤。这样的故事其实每天都发生在我们身上:故乡的山山水水、一座座老屋、一件件老物件……在它们的身上,无不记录着我们自身的生命历程和一段段饱含情感的生命记忆,都无不寄托着我们最为深切的情感与牵挂。正是这些东西本身,以及在它们身上所触发的我们内心深处的种种诗意、震颤和惊异体验,共同构造了我们栖身其中的景观和环境。显然,如果我们真能回归到这些景观和环境所共同营造的这种诗意氛围中,那么我们就真能实现海德格尔意义上的诗意栖居。

正如前文所言,在现代社会的发展历程中,随着环境危机问题的日益凸显,人类越来越深刻地认识到记录和承载着自身民族历史记忆和文化的环境和景观的重要性。从现实层面看,每一个民族通常都越来越珍视属于自身的历史,因此对于见证或记录了民族历史或重大事件的场所或景观都会予以精心呵护。比如分布全国各地的古人类遗址博物馆,就是对繁衍生息在中国大地上的远古祖先,对其生存、发展历程的记录和见证;中国的南京大屠杀博物馆,就是对日本侵华战争和残暴罪行的历史见证;唐山大地震纪念碑是对重大自然灾害和中华民族在抗击灾难过程中伟大壮举和顽强意志的历史见证。在这一个个场所或景观中,显然正凝聚着一个民族的历史、记忆和情感。对它们的精心呵护,能使得后人在对这些场所或景观的瞻仰和游览过程中,获得一种深沉的历史感和强烈的民族认同意识。

一个民族所经历的一系列艰苦的发展历程、辉煌的高度成就、重大的历史事件和重重磨难,最终都汇聚进入一个民族历史的滚滚长河中,正是它们与民族的物质文化和审美文化一道,共同模塑了一个民族独特的审美图式。

第四章

审美图式、意义建构与民族认同

第一节　设计创造实践的民族风格与审美图式的民族性

一、设计创造实践的民族风格追求

在人类学研究领域，民族既是一个政治概念，又是一个地域和文化概念。通常来看，民族有广义和狭义之分。广义的民族通常与国家等同，如中华民族就指以汉民族为主体的并与中国境内的其他 55 个少数民族共同组成的现代民族国家共同体。狭义的民族则通常指族群。有国内学者指出："所谓族群，是对某些社会文化要素认同而自觉为我的一种社会实体。"[①]如中华人民共和国境内的 56 个民族、或特罗布里恩德人、爱斯基摩人、纳瓦霍人、毛利人等等。

我们在设计实践中探讨的所谓民族风格，其中的民族概念，既可指广义的民

---

① 徐杰舜：《论族群与民族》，《民族研究》2002 年第 1 期。

族又指狭义的民族。我们论题的主要着眼点,则主要指向依托于独特的民族文化,在长期的历史发展和演变历程中,经历了缓慢的历史积淀而逐步形成的、富于本民族特色的设计创造实践和设计文化景观。

在前工业时代,由于科技、交通和通信技术的限制,世界各民族长期各自生存于独特的自然环境中,彼此处于几乎完全隔绝的状态。因此长期以来,世界各民族在独特的地域环境、气候条件、资源禀赋、生活方式、世界观和价值观、民俗和宗教信仰以及审美取向等方面因素的共同作用之下,就形成了世界各民族色彩斑斓而多姿多彩的设计创造实践和独特的设计文化景观。我们看到,随着工业革命的发展、科技的进步以及交通和通信的迅速发展,尤其是现代主义设计的蓬勃发展,世界各民族设计创造实践和设计文化景观中的这种带有浓厚乡土色彩的丰富、多样和独特的风格特征逐步趋于消亡。在某种程度上,世界各民族独特的生活方式、世界观和价值观、民俗和宗教信仰以及审美取向,都伴随着工业化大生产和经济全球化的推进而逐步趋于消融。在这样的时代大背景之下,在人类设计创造实践和设计文化景观中,追求鲜明的民族风格反而逐步成为一种时尚和潮流。人们开始普遍带着一种回乡或朝圣的心态,来审视自身民族文化的古老传统。

也正因为如此,在当下的后工业时代和体验经济时代,人类在经历了工业革命、科技发展和生活方式的变迁所带来的环境危机,以及文化多样性消亡和世界观、价值观的扁平化所带来的人类生存意义和价值危机之后,才开始反思人类生存的意义和价值问题,才开始在人类设计创造实践领域思考绿色发展和可持续发展的可能性问题,才开始了对于自身民族传统文化、本土地域文化以及本土生活方式重新审视与回归,也才开始寻求人与自然的和谐发展。这一系列的全新变化,事实上正为我们在全新的时代背景之下,重新思考设计创造实践的民族风格问题提供了契机。

拿中华民族来说。长期以来,中华人民共和国境内的 56 个民族,在各自独特的地域环境、气候条件、资源禀赋的影响之下,并且在多姿多彩的地域文化、宗教文化和民族文化的熏陶和浸染之下，形成了极具特色的设计创造实践和设计文化景观。所有这些各具特色而又多姿多彩的设计创造实践和设计文化景观，都成为中华民族在全新的历史条件下，发展民族设计、实现经济腾飞取之不尽用之不竭的民族设计文化资本和武库。因此，对这笔巨大的设计文化资本和武库的系统梳理、研究和深度开发，就成为当务之急。

可喜的是，近年来不断有学者就如何对待和挖掘中华民族丰富的设计文化资本纷纷从学术高度提出了诸多的见解和观点。更有学者从民族地域文化设计的高度，提出要对中华民族境内各少数民族地域文化（包括设计文化）进行一种整体、统一的规划和设计。在此基础上，作者提出了六条民族地区文化瑰宝再设计的原则。这六条原则是：

1. 发展民族地域文化绝不是透过文化活动去消耗和破坏民族文化自身的资源，而是要通过设计来提升文化资源的价值。

2. 不以纯产业形态的量值、产量来核定项目的标准，而是以民族地区特有的历史文化、自然环境、独特个性、自身魅力来取胜。

3. 严禁乱拆、乱伐、乱建，在民族地区保持传统的生活方式、生产方式、民族习惯、家庭形态，尝试性地发掘历史文化资源和发展新的文化产业。

4. 让民族地区政府真正认识到民族传统文化和自然环境保护所具有的高度的"生产价值"和长久的"资产价值"。

5. 把无形的、心灵的、朴实的、诚挚的民族情感融入每一个项目每一件作品，用设计师的创意性、想象力、品味感，来策划每一个寨区。

6. 尽力恢复民族地区住民的传统、传说、生活方式、宗教信仰、环境生态观念、民俗节祭的生机和活力，以吸引更多的青年人驻守原地。[①]

透过作者的这六条"民族地区文化瑰宝再设计原则"，我们看到的是一种有别于人类工业时代和消费经济时代以"量"和"物质财富"的增长和"经济效益"的

---

① 宫崎清、李伟：《民族地域文化的营造与设计》，《四川大学学报（哲学社会科学版）》1999 年第 6 期。

高低为唯一衡量标准的经济发展形态和理念,取而代之的,是把人类生存中更为根本的"文化"以及"意义"和"价值"等文化要素的保护和发展,提升到了地域文化发展和开发的核心位置上来。这显然正是对人类(包括原住民)幸福、人类福祉真正意义上的关怀。

试想,如果当下在全中国进行得如火如荼的旅游文化产业开发、古镇开发都能遵循这"六条原则",那么中华民族源远流长的传统文化、多姿多彩的民族文化、地域文化都将得到良好的保护,并且在极富前瞻性、科学性的可持续开发战略的指导之下,地域文化和民族文化既能保持良好的原生态,又能创造出巨大的经济效益和社会效益。整个社会也将源源不断地获得可持续发展的巨大动力。

具体到设计创造实践上来。发展富于民族文化风格和地域文化风格的设计创造实践,其实正顺应了体验经济时代的需要和潮流。这样的设计创造实践,首先就应该立足于本民族、本地区深厚的传统设计文化,对本民族、本地区的历史、民俗、生活方式、价值观、宗教信仰等有着精深的理解和研究,并且充分尊重本民族和本地区民众的审美取向。在此基础上,设计师又能放眼世界,对世界各民族的设计文化怀抱一种宏阔、开放的视野。只有这样,才能创造出既为本民族民众喜闻乐见,又有着良好功能,而且能给消费者带来完美用户体验的优秀设计作品。

试想,如果中国境内所有民族(包括汉民族),其民族文化都得到充分地尊重,每一民族的设计师又都能长期深入到本民族历史、文化中,深入了解本民族的各种风俗习惯、民间节庆、宗教信仰、社会和家庭结构,那么显然,结合本民族独特的地域环境、气候条件、资源状况,设计师就能设计创造出本民族民众喜爱的优秀设计物品。这些优秀的设计物品,由于有着本土民众喜爱的审美形式和独特意蕴,因此又在民众的日常生活中不断涵养和培育着本民族每一个体的习性、审美图式乃至本民族独特的生活方式。这样的设计创造实践,与本民族文化之间,与本民族民众的生活方式之间,往往就能形成良性互动。在这种良性互动中,本民族优秀的传统文化得以传承,绿色健康的生活方式得以不断涵养、培育和延续。这样,本民族文化的原真性和独特性,就可以在这种创造性的设计实践中得以传承和保持。有了这种民族文化的原真性和独特性,那么旅游文化产业和区域的经济社会发展也自然就是水到渠成的了。

由此可见,如果从现象学的视角来进行审视,那么在人类设计创造实践中,对于民族和地域风格的追寻,就需要我们回复到本土的日常生活世界,以现象学的态度,来审视本土生活世界中的一切文化现象,从平凡琐屑的日常生活事件中见出价值,并获得诗意、震颤和惊异体验。并进而以现象学的反思目光,来审视本土文化中的一切事象,从人类生存的本真层面,来充分探寻、挖掘出其中的深刻意蕴和价值。

这样的设计实践,由于从人类自身生活的角度出发,因此人类生存中更为根本的层面,如神话、民俗、宗教信仰、家庭和社会结构、人与自然的关系等等,都能获得最充分的关照与审视,因此所创造出的设计物品,正是对于人类生存最本真意义上的关怀。这样的设计创造实践,也才能给人类带来实实在在的幸福感。

二、后现代的文化身份与民族审美图式

如前所述,审美图式是审美主体在特定的民族文化情境中,经过长期涵养和培育而逐步形成的较为稳定的审美心理和认知结构。它有个体和群体两个层面。因此从这一角度看,审美心理图式既是一个心理学概念,同时又是一个文化学和社会学概念。从群体的层面看,审美图式表现为一种民族和地域的差异性特征。因此,也正是在这一层面上,我们才提出民族审美图式概念。

正如前文分析中所指出的,无论是在个体还是群体层面,审美图式都表现出建构性和稳定性两方面的特征。从个体层面看,它就是特定文化语境中的某一个体,在其生命历程中,在该文化语境审美文化的长期浸染下而逐步培育和建构起来的较为稳定的认知和审美心理的结构性特征。从群体层面看,审美图式就

是在民族和地域漫长的发展演变历程中,在该民族和地域审美文化的长期浸染下,逐步形成的较为稳定的、具有本民族、本地域鲜明特点的认知和审美心理的结构性特征。从这一层面看,审美图式和民族审美图式本身,又都可以看成主体习性和文化资本的重要组成部分,同时也是文化身份建构的重要内容和最终结果。

在文化身份研究方面,英国学者斯图尔特·霍尔显然是一位重量级的人物。他把身份问题研究区分为三种主体形式:启蒙主体(Enlightenment Subject)、社会学主体(Sociological Subject)和后现代主体(Postmodern Subject)。他认为,启蒙主体理论把主体抽象为稳定、普遍、先验的实体,否认主体的社会性、丰富性、多样性和复杂性。社会学的发展使得启蒙主体理论日益受到社会学主体理论的挑战。社会学的主体理论致力于从社会学和心理学的视角来建构人的主体构成和身份认同,将主体置于复杂的社会关系中来进行考察,探讨与他人交往和互动过程中的身份建构和身份认同问题。霍尔进一步认为,社会学主体和启蒙主体都是静态的和本质主义的主体观。从 20 世纪五六十年代开始,后现代主体观极大地挑战了静态的和本质主义的身份认同观,认为不能把身份看成已完成事实,而应看作一种"生产",它永远处于过程中。[1]

显然,霍尔的区分想要表明的,正是不同时代对于主体问题的不同看法。这些不同看法既是特定时代精神和社会现实状况的真实反映,又表明人类对主体和身份问题认识和研究逐步深入的过程。在当下的体验经济时代,我们对身份问题的理解显然更应该倾向于霍尔的后现代主体观。

其实,这种后现代主体观我们甚至能从胡塞尔的现象学中找到其发端。在胡塞尔的现象学思想中,主体毫无例外的都是意向性主体。主体的意向性在胡塞尔的现象学中是一个永远朝向纷繁复杂而又多姿多彩的经验世界的开放过程。这纷繁复杂而又多姿多彩的经验世界,诉诸主体的身体感官,以直观的方式

---

[1] Stuart Hall, *The Questions of Cultural Identity*, *Modernity and Its Future*, edited by S. Hall, D. Held, and T. MeGrew, Open University Press, 1992.

源源不断地涌入主体的意向性中,又在主体的意识中形成源源不断的现象学滞留。正是这种现象学滞留的不断沉积,与主体生命历程中的种种情感、记忆一道,共同模塑了主体较为稳定的认知和心理结构。因此,从胡塞尔现象学的角度来看,主体身份就成为一个不断流动和不断建构的过程,它永远处于一个"未完成"的"生产"状态中。

在现实世界,每一社会都是由数量众多的个体组成。该社会中的每一个体,由于成长于该民族和社会共同的文化语境中,该文化语境共同的生活方式、价值观、民俗、宗教信仰、审美文化等,对该文化中的每一个体长期的耳濡目染,共同建构和模塑了主体对于该社会的文化认同。在这种文化认同中,显然就包含着共同的民族审美图式。

以现象学的视野来进行审视,则这种共同的民族审美图式也是一个辩证运动和不断生成的过程。无论是在个体还是群体的层面,能进入主体意识中的意向性对象显然都是源源不断和无限丰富的。尤其是伴随着全球化进程和世界各民族、各地域文化间交往的不断频繁,能进入主体意识的意向性对象,和以往时代相比其性质也变得日趋多元,其对主体由于现象学滞留而形成的相对较为稳定的主体认知和心理结构的撼动和冲击也日趋强烈。正如前文所指出的,正是在这种"求定"与"求知"之间张力的辩证运动过程中,后现代状况下文化身份和民族审美图式的流动性、生成性特征才得以被彰显出来。这就是后现代状况下文化身份和民族审美图式的建构与模塑过程。

三、设计实践中民族审美图式的建构与模塑

显然,对人类文明史的简要回顾表明,在民族审美图式的建构和模塑过程中,设计创造实践发挥了举足轻重的作用。可以这样说,从人类开始制造第一件工具开始,设计对世界各民族审美图式的建构和模塑过程便拉开了序幕。

丹麦设计现象学研究学者麦兹·尼高·福克曼把人类设计创造实践的可能

性理解为一种意义结构（a structure of meaning），认为它"蕴涵于设计对象之中，从而作为我们与世界联接的一个界面和文化潜在性的一个刺激因素在发挥作用"。①

如果从福克曼的这一角度进行审视，那么显然，人类设计创造实践所营造出的正是这样一个"意义结构"。通过这个"意义结构"，人类与世界建立了各种各样的纷繁复杂的联系。也正是在这种种纷繁复杂的联系中，人类文化的各种"潜在性"才得以最终实现。显然，世界各民族的历史和文化是一个不断继承、延续又不断创新的过程，因此"潜在性"的实现过程本身也是一个不断继承、延续和创新的过程，旧的"潜在性"实现了，新的"潜在性"又在旧的"潜在性"基础之上产生出来。显然，这种"潜在性"本身，同样是一个诸多对立因素的辩证运动过程、一个不断流动和建构的过程。世界各民族的历史和文化，也正是在这种辩证运动和流动性、建构性中，始终保持一种蓬勃的生机与活力。不但世界各民族文化的身份认同，而且世界各民族的审美图式，也都是一个不断流动和建构的过程。而人类设计创造实践在这一过程中，显然始终发挥着极为重要的作用。

以此观点来看，那么中国传统建筑设计实践，其所创造出的，正是一个"意义结构"。通过这一"意义结构"，传统中国人与世界建立了各种各样纷繁复杂的联系。这一"意义结构"最显著、最集中的体现之一，便是中国传统建筑中几千年来几乎是一以贯之的风水观念。正是诉诸风水观念，传统中国人在人与天地、人与自然、人与人、人与国家、人与祖先、人与鬼神之间，找到了种种纷繁复杂的意义关联。

在人与自然的关系上，中国传统建筑设计讲求"天人合一"，讲求人与天地自然的和谐。国内著名学者邹其昌教授就指出，《周易》和《周礼》"这两大体系可谓是中国传统建筑理论的主要源头，也是中国传统建筑理论的基本精神"，"《周易》体系注重建筑营造的'大壮'精神、'适形'意蕴以及'风水'玄理等。而《周礼》以及与之相关的理论则成为《周礼》体系'。这一体系，着重于'辨方正位'与'人伦

---

① Mads Nygaard Folkmann，*The Aesthetics of Imagination*，2013 Massachusetts Institute of Technology.

之轨模'的'伦理'精神"。①

《周易》作为中国古代最重要的哲学典籍之一,其哲学思想正是中国古代先哲们在"取法自然"基础之上的原创性结果。《周易·系辞下传》在谈到古代先哲创制《周易》思想中最重要的"八卦"卦象时说,"八卦成列,象在其中矣。因而重之,爻在其中矣。刚柔相推,变在其中矣。系辞焉而命之,动在其中矣。"②据《周易·系辞传下》说,这八卦的成象,正是古代先哲包牺氏长期"仰观俯察"的结果,八卦中饱含了天、地、雷、风、水、火、山、泽八种自然物象。而且"阴阳"和"刚柔"等等,也是先哲从对于天地自然和万物的长期观察中领悟出来的。《周易·系辞下传》接着指出:"上古穴居而野处,后世圣人易之以宫室,上栋下宇,以待风雨,盖取诸大壮。"③大壮为《易》六十四卦之一卦。即"乾"下"震"上,是阳刚盛长之象。《易·大壮》曰:"大壮,利贞。"《彖》曰:"《大壮》大者壮也。刚以动,故壮。《大壮》'利贞',大者正也。正大,而天地之情可见矣。"④也就是说,古代"圣人"发明创造出"宫室",其形制的"上栋下宇",正是取法于《周易》的"大壮"精神。

可见,中国传统的建筑设计,讲求的正是"天人合一",寻求人与天地自然的和谐共生。也正是有了这样的指导思想,中国古代建筑设计在《周易》精神的基础上,才进一步发展出了极具中华民族文化特色的风水学思想。著名景观设计学者俞孔坚教授认为,风水是中华民族在独特的地域环境、自然生态以及文化和哲学思想的共同影响之下,长期以来在中华民族内部逐步形成的一整套有关理想择居模式的观念和看法。⑤ 由此可见,所谓的风水学,其实更多的也是一种在建筑设计实践中,对具体自然环境的综合考察和对建筑宜居环境因素的最优化,正因为这样,中国的风水学中,其实包含着大量的合理因素。

再如与建筑设计密切相关的中国古代园林设计,也同样把天人合一以及人

---

① 邹其昌:《进新修〈营造法式〉序》研究——《营造法式》设计思想研究系列,《创意与设计》2012 年 01 月。
② 周振甫译注:《周易译注》,中华书局 1991 年 4 月第 1 版,第 255 页。
③ 同上,第 257 页。
④ 同上,第 120 页。
⑤ 俞孔坚:《理想景观探源:风水的文化意义》,商务印书馆 1998 年 12 月第 1 版。

与天地自然的和谐共生，作为设计的核心原则。中国传统园林设计讲求师法自然，讲求妙趣天成，讲求虽为人工创制却往往不露痕迹——"虽由人作，宛自天开"的艺术效果，在具体的观赏体验上则追求可观、可居、可游。计成在《园冶》一书中，将园林设计和建造的"相地"列为第一章，把园地分为山林地、城市地、村庄地、郊野地、傍宅地、江湖地六种。认为山林地最宜造园，因为山林地"有高有凹，有曲有伸，有峻有悬、有平有坦，自成天然之趣，不凡人事之功"。① 这正是园林设计因地制宜，师法自然观念的集中体现。

在人与人的关系上，中国传统建筑设计讲求儒家长幼有序、尊卑有等、男女有别的人伦秩序的建构与和谐人际关系的整体营造。

正如前文所引学者邹其昌对《营造法式》建筑思想的总结——《周礼》"这一体系，着重于'辨方正位'与'人伦之轨模'的'伦理'精神"。中国古代建筑讲求严格的礼制和等级秩序。这种严格的礼制和等级秩序在建筑的规模、形制、装饰等诸多环节都有严格规定和各自体现。《营造法式》说："况神畿之千里，加禁阙之九重；内财宫寝之宜，外定庙朝之次。"② 显然，这一套礼制和等级秩序源于《周礼》。《周礼》在天子和诸侯国都的规模、宫阙的重数、内外寝宫的布置和宗庙朝廷的位置、次序等方面，都有一套严格的规定，不得僭越。除此之外，为祭祀而建的郊丘、宗庙、社稷和为教育而建的名堂、辟雍、学校等都应"依制而造"。其他建筑构件，诸如阙楼、钟楼、鼓楼、费石、华表等等，也都要符合特定的形制。其余的建筑装饰要素，诸如龙、狮子、麒麟等的建筑装饰图案也有等级地位的规定和严格限制。在祠堂建筑中，最鲜明集中的体现则是家族成员的尊卑、等级、亲疏等伦理观念。

在人与鬼神的关系上。国内著名美学家陈望衡指出："中华民族在自己的文化生成过程中，不仅形成了自己的神灵体系，这些神灵的图像在建筑上如何运

---

① 计成：《园冶》，中华书局 2017 年 1 月第 1 版。
② 李诫著、邹其昌点校：《营造法式》，人民出版社 2011 年 10 月第 1 版。

用,也形成了整套规范。"①《营造法式》谈到建筑中的鸱尾装饰的来历时说:"《汉记》:'柏染殿灾后,越巫言海中有鱼虬,尾似鸱,激浪即降雨,遂作其象于屋,以厌火祥。时人或谓之鰞(鸱)吻,非也。'《谭宾录》:'东海有鱼虬,尾似鸱,鼓浪即降雨,遂设象于屋脊。'"②这里正是利用中国古代神话或传说中的鸱这种鸟作为建筑装饰,以此喻示降雨以避火灾的吉兆。

透过以上的分析可以看出,中国古代建筑实践,所建构起来的正是一个丰盈的"意义结构",通过这一意义结构,中华民族的历代祖先与宇宙自然和整个世界之间,便建立起了纷繁复杂的种种联系。也正是在这种种纷繁复杂的联系中,中华民族传统文化的深厚和丰富意蕴才得以逐步建构和生成出来。在中华民族几千年的文明历程中,每一位炎黄子孙,都从这种建筑实践所建构起来的意义结构中,从这种与整个世界的联系和交往中,建构起了强烈的民族认同感和归属感。在这种民族认同感和归属感中,正包含着诸多拥有共同审美风格取向和审美价值取向的共同的审美图式。可见,审美图式的模塑和建构,与民族设计创造实践之间,正有着密不可分的深层次关联。对这种关联的梳理与揭示,也正有助于我们深刻理解民族审美图式的概念。

第二节　民族审美图式与设计实践中的意义追寻

一、生活世界的意义建构

生活世界是胡塞尔现象学的重要概念。在胡塞尔的现象学思想中,生活世界是一个前实证科学的"原始明见性"世界,是一个未受自然科学实证观念"污

---

① 陈望衡:《〈营造法式〉中的建筑美学思想》,《社会科学战线》2007 年第 6 期。
② 同上。

染"的世界。在这个世界中,"我们处于变化着的感性事物的被给予性的赫拉克利特之流中",在这一世界中,"我们虽然在素朴的经验明见性中具有某种确定性",但是"对我们来说在这里作为这同一个事物的知识而成为自身的东西,必然是一种在大概中、在或大或小的完整性的模糊不清的差别中还悬而未决的东西"。①

显然,在胡塞尔的现象学思想中,生活世界正是我们以现象学的态度、以现象学的反思精神来对日常生活世界进行关照和反思的重要结果。在现象学的关照和反思目光中,这个世界充斥的是鲜活的"赫拉克利特"经验之流。这些经验之流尽管比比皆是"模糊不清"和"悬而未决"的东西,但正是在这种不具备"自然科学之确定性"的"模糊不清"和"悬而未决"的经验之流中,人类生存实践中大量情感情绪的、价值的、观念的、民俗的、宗教信仰的、审美的等等鲜活经验才获得了悉心关照和呵护,才显露出其存在的本真状态。正是有了这些经验的鲜活存在,人类在生活世界中才能感受到一种丰盈的幸福感。

显而易见,如果从意义理论的视角来看,这种幸福感的获得,离不开人类在特定文化语境中对于意义世界的自觉建构。而人类的这种自觉建构实践,又总是毫无例外地要诉诸符号手段。美国著名文化心理学家杰瑞米·布鲁纳(Jerome Bruner)认为,要想理解人类,你就必须理解他的经验和他的行为是如何为他的目的性陈述所塑造,并且这些目的性的陈述只有通过参与到文化的符号系统中才能得以实现。② 在布鲁纳的思想中,文化的象征符号系统包括语言和话语模式、逻辑形式、叙述性说明和相互依存的公共生活模式。而所有这些文化象征符号所建构起来的,正是一个丰盈、充实的日常生活的意义世界。

世界不同民族,总是通过行动和实践,并且以自身文化独特的象征符号系

---

① [德]埃德蒙德·胡塞尔:《生活世界的现象学》,倪梁康、张廷国译,上海译文出版社 2002 年 6 月第 1 版,第 250 页。

② Jerome Bruner, *Acts of Meaning*, Harvard University Press, Cambridge, Massachusetts London, England,1990,p. 33.

统,在自身文化语境中建构起一个个独特的地方意义世界。正如布鲁纳所指出的,文化的象征符号系统不但包括"语言和话语模式""逻辑形式"和"叙述性说明",还包括"相互依存的公共生活模式"。显然,如果以这一视角来进行审视,那么在世界上的每一种民族文化中,就同时包含着几种类型的象征符号系统。而这其中"相互依存的公共生活模式",正是由世界不同民族在长期的生产和生活实践中逐步形成、发展和建构起来的。通常情况下,它最为典型的表现即为一个民族在漫长的历史发展进程中和当下的日常生活世界中所创造出的多姿多彩的物质文化形态。这些物质文化形态又通常要诉诸本民族独特的艺术和审美样式,表达出该民族文化系统丰富而独特的精神意蕴。

二、意义建构与民族审美图式

世界各民族由于生存的自然环境、气候条件、资源禀赋的差异,其所创造的物质文化首先就需要满足自身民众独特生活方式的需要,这就决定了世界各民族物质文化在风格和面貌上的显著差异。与此同时,世界各民族在长期与自然、与其他民族的交往过程中,形成了自身独特的历史和文化。每一民族独特历史和文化的长期积淀,所孕育出的精神文化显然也就千差万别。因此在世界各民族的物质文化中,不但在艺术表现和审美风格方面,而且在精神意蕴方面,也同样表现出鲜明的民族风格和特色。

在日常生活世界,如果我们以现象学的态度,以"前科学"的"原始明见性"眼光,来审视世界各民族在长期的历史发展进程中创造的灿烂辉煌的物质文明,那么其中情感的、价值观的、审美的、民俗的、生活方式的以及宗教信仰的等等种种精神意蕴都能够如其所是地得以被鲜活地呈现出来,并被赋予其存在以坚实、不可替代的地位。如果以这种现象学的眼光来进行审视,那么世界各民族物质文化背后这些更为根本的层面,就能够如其所是地被呈现和开显出来,并赋予它们更为本真的存在价值。这完全不同于为实证主义世界观和工具理性价值观主所主导的实证价值、工具价值和理性价值。不但如此,如果我们以这种现象学的态度来对世界各民族多姿多彩的物质文化进行审视,那么就不但其多姿多彩的物质文化本身,而且这种物质文化背后同样多姿多彩的精神文化意蕴(包括情感的、价值观的、审美的、民俗的、生活方式的以及宗教信仰),也同样能够如其所是地被呈现和开显出来,从而最终获得一种坚实的存在基础。

如果进一步以布迪厄的观点进行审视,那么所有这些都是文化资本的存在样态。这其中自然饱含着世界各民族在长期的物质文化创造实践中形成的较为稳定的、具有民族共同特点的认知结构和审美心理结构。这显然就是民族审美图式的存在状态。民族审美图式的存在,就决定了世界各民族民众,在面对本民族喜闻乐见的艺术表现样式和审美风格时,表现出较为稳定的审美趣味、审美偏好和基本一致的审美价值判断。

显然,在这种现象学态度的关照之下,世界各民族生活世界中的情感、价值观、民俗、宗教信仰、审美判断等,都能得到如其所是地呈现,彰显出其在生活世界中不可替代的意义和价值。世界每一民族的设计师如果能以这种态度来关照本民族民众的生活世界,那么也能够充分体验和感悟到这些文化要素在本民族民众生活世界的重要位置,因而也就能在自身的设计创造实践中给予充分尊重,并自觉地在设计过程中融入本民族民众喜闻乐见的诸多审美意蕴、文化意蕴和文化元素。显然,设计师的这一设计创造过程,其本身同样是一个意义建构的过程。

著名景观设计学者俞孔坚教授通过对中国古代风水文化的系统梳理与回顾,归纳出了四种源于中国人内心深处的理想景观模式,即仙境和神域模式、文人和艺术家心中的理想景观模式、统计心理学的理想景观模式和风水理想景观模式。[①] 显然,这种理想景观模式,正是中华民族在特定的自然和地域环境中,在独特的历史、文化、信仰和民俗的长期浸染之下逐步形成的一种较为稳定的民族审美图式。如仙境和神域模式显然与中国传统的道家文化密不可分,在其发

---

① 俞孔坚:《理想景观探源:风水的文化意义》,商务印书馆 1998 年 12 月第 1 版。

展历程中,它又融入了大量的民间信仰,成为中华民族追寻长生不死、富贵绵长和世外福地等美好愿望的精神意蕴的承载意象,它同时也深刻地影响了中华民族广大民众的价值取向和审美取向,这些要素显然都参与了中华民族独特审美图式的建构与模塑过程。在中华民族源远流长的文明历程中,文人和艺术家作为一个特殊的群体,从布迪厄文化资本的视角来看,其独特的出身,其社会、经济和政治地位,其独特的生活方式,都决定了其所能支配的文化资本数量和质量,同时也决定了其习性的基本特征。文人和艺术家的理想景观模式,最集中地体现在中国山水画中。宋代郭思的《林泉高致》说:"世之笃论谓山水有可行者,有可望者,有可游者,有可居者,画凡至此,皆入善品,但可行可望不如可游可居之为得。"①中国文人和艺术家从广阔浩瀚的大自然的万千景观中,遴选出"可行""可望""可游""可居"者,诉诸丰富的艺术想像,运用中国山水画传统技法,营造出具备"三远"(即高远、深远和平远)效果的美轮美奂的山水画作品。文人艺术家们终日沉浸于其所创造的美好意境中,忘却了现实世界种种令人烦扰的"尘嚣缰锁"。这当中,其背后所折射出的,正是一种浸透着中国传统文人独特审美取向、价值观和人格理想的审美图式。俞孔坚所谓的统计心理学的理想景观模式,指的正是运用统计学的方法,对不同阶层、不同文化素养群体心目中的理想景观模式进行分析之后所得出的结论。显然,不同阶层和不同文化素养的民众,由于他们的经济地位、价值观、文化素养和审美趣味的差异,对不同的景观显然会表现出各不相同的偏爱。如果从布迪厄文化资本的视角来进行审视,那么这正是不同文化资本所培育出的习性之间的差异。表现在景观模式的偏好上,所表现出的也正是一种审美图式上的差异。而风水理想景观模式,则是中华民族在长期的生产和生活实践中以及长期与大自然打交道的过程中,在宗教和民间信仰、价值观和审美理想等文化要素的长期浸染之下逐步形成的一整套理想的择居模式和择居原则(包括阳宅和阴宅)。其背后所折射出的,正是中华民族在景观文

---

① 〔宋〕郭思:《林泉高致》,明刻百川学海本。

化方面的审美图式。显然,在生活实践中,这几种类型的理想景观模式之间并非泾渭分明地分割开来,而是一个浑然不可分割的整体,它们之间彼此渗透、相互融合,共同构建起了中华民族独特的民族审美图式。

再比如图4中的窗户和剪纸设计。窗户设计采用中国古代家具装饰设计中典型的万字格,不仅造型美观,而且极富寓意。万字格源于万字符(卍),来自梵语,是古代一种符咒、护符或宗教标志。它在梵语中意为"吉祥之所集"。这一符号后来又引申为坚固、永恒不变、辟邪趋吉,是吉祥如意的象征。图片中的天津民间剪纸,所剪出的"福""招财进宝""万事如意""聚宝盆""四季平安"等字样,直接表达了民众对美好生活的期盼和愿望。其中剪出的图案,如桃、万字符、元宝、灯笼等,更是传达出了民众喜庆、吉祥、发财、富贵等寓意。这些设计实践本身,也正是中华民族传统设计文化中的一种重要的意义建构行为。试想,如果中华民族的每一位炎黄子孙,都长期沉浸于由传统和民间的优秀设计师创造的这一美轮美奂而又意蕴丰富的生活世界中,那么显然就能获得真真切切的幸福感和强烈的民族认同感和归属感。这一生活世界所模塑的,正是中华民族独特鲜明的民族审美图式。

图4 天津民间窗户和剪纸设计(作者自摄)

再如中国传统建筑设计。中国传统建筑设计中众多的装饰元素也都极富意蕴。下图浙江衢州江山市廿八都镇的一座牌坊(图5)。牌坊的形制为重庑殿顶。在第一重的屋脊正中有一个葫芦,屋脊两端为龙头装饰。在中国传统文化中,葫芦有多重含义。中国古代将葫芦称为匏、壶,《诗经·豳风·七月》说:"七月食瓜,八月断壶";《诗经·小雅》说:"南有木,甘匏累之。"[①]在中国古代流传甚广的葫芦神话中,葫芦籽是万物的种子。因其种子众多,又有多子的寓意。另外"葫芦"与"福禄"音近而有福禄的寓意。除了屋脊装饰外,葫芦也大量出现在建筑的木雕装饰中,也都蕴含着这众多的吉祥寓意。龙则是中国古代建筑中最常见的神兽装饰之一。中国古代屋脊上的龙装饰通常为辟邪物。这与中国古代传说密不可分。传说中的龙可以驱逐来犯之厉鬼,守护家宅平安,并祈求风调雨顺、丰衣足食、人丁兴旺。由于龙在中国古代神话中往往主司降雨,因此房屋装饰上的龙还有避免火灾的寓意。

图5　浙江江山市廿八都镇牌坊(作者自摄)

以上所列举的,仅仅只是中国装饰设计中几个极少的例证。中国古代设计中,正包含着大量寓意丰富的装饰设计,这些装饰设计不但有着良好的审美形式感,而且往往喻示着中华民族广大民众对于美好生活的热切向往。这显然正是

---

① 周振甫:《诗经译注》,中华书局,2016年7月。

在设计创造实践中进行的自觉的意义建构行为。这种建构实践所彰显的,正是中华民族独具特色的民族审美图式。

三、设计创造实践中的意义建构机制

显然,正如前文所言,如果以现象学的观点来进行审视,那么意义就是一个流动、开放的范畴。世界的纷繁复杂和瞬息万变,决定了赫拉克利特的经验之流总是源源不断地涌入主体的意向性中,由此形成的现象学滞留正是民族审美图式得以持续不断地被建构和修正的基础。显而易见,正是这种现象学滞留,赋予了源源不断地涌入主体意向性中的经验之流以意义。这也正是现象学视野中人类生活世界意义生成的关键所在。

就个体而言,这种现象学滞留正是主体在其漫长的生命历程中,主体意向性向整个世界开放的重要结果。在主体漫长的生命历程中,生活世界纷繁复杂的经验洪流,所形成的便是一条赫拉克利特之流,它裹挟着外部世界的种种丰富信息,源源不断地流淌进入主体的意向性中。主体意识对这些丰富信息不断地进行甄别、选择、过滤、替换、沉淀、编码或重组,逐步形成较为稳定的、流动性较弱的现象学滞留,这些现象学滞留再缓慢沉积,最终形成主体较为稳定的认知结构、人格结构和心理结构。如果以索绪尔结构主义语言学的观点来看,那么主体这些较为稳定的认知结构、人格结构和心理结构便是纵聚合轴上既深且广的联想关系,它们在赋予横组合轴上的句段关系以意义的过程中发挥着极其关键的作用。

就群体而言,这种现象学滞留涵盖了一个国家、民族的民众在源远流长的民族历史进程中所积累的一切物质财富和精神财富。正是它们赋予了源源不断地涌入主体意向性中的一切经验之流以独特的意义。在这一过程中,它们同样一刻不停地对源源不断涌入的信息进行甄别、选择、过滤、替换、沉淀、编码或重组,也正是在这一过程中赋予了源源不断涌入的经验之流以意义。经验之流的涌入,正是横组合轴上展开的一系列句段关系,这一系列横组合轴上句段关系的意义被赋予的过程,同时离不开同时在纵聚合轴上展开的联想作用。没有了这种联想作用,显然那就任何意义都无从谈起。从这一层面上看,在横组合轴和纵聚合轴之间发生的这种相互作用,所构建起来的,正是一种图式性质的东西。正是由于世界各民族在自然环境、历史和文化方面的巨大差异,这种图式才被打上了鲜明的民族烙印。

在全球化进程不断加剧的后工业时代和体验经济时代,随着审美向日常生活领域的全面渗透,这种图式更多地表现为一种民族审美图式。它是一个民族历史和现实环境之间长期交互作用的产物,是一个民族较为稳定的认知心理结构和审美心理结构。

在全球化进程的猛烈冲击之下,尤其是在后工业经济和体验经济的大背景之下,世界各民族的艺术和审美实践正以前所未有的广度和深度进入其他民族的视野。在这种语境之下,世界各民族的民族审美图式与前工业时代相比,其开放性和流动性特征也更为显著。尤其是在全球环境危机日益加剧和世界文化多样性日趋消亡的当下,世界各民族的民族审美图式在保持高度开放性和流动性的同时,维护和保持自身民族文化独特性的意识也日趋自觉和日趋强烈。世界各民族都纷纷在各自的经济、文化以及艺术和审美实践领域,自觉追寻一种对于本民族文化和身份的认同意识和归属意识。用当下一个比较时髦的术语来说,这种趋势被称为"逆全球化"。

在这一语境之下,设计创造实践领域正可以大显身手。设计师通过自身的创造性实践,引领本民族民众和全世界的消费者,在完美的用户体验中创造出本民族文化独特的价值感和意义感,追寻到对于自身民族文化的认同感和归属感。当前的后工业时代和体验经济时代,也正是一个设计的时代。设计已经无处不在,已经渗透进入了日常生活、生产实践和文化创造实践的一切领域。这种状况也对设计师的创造实践提出了比以往任何时代都更高的要求。正如前文所言,它要求设计师承担起日常生活启蒙者的重要角色,承担起环境守护者和绿色生活方式倡导者和培育者的角色,它还要求设计师能够为消费者创造出处处能产生诗意、震颤和惊异体验的设计物品。这就要求设计师不但是产品强大功能的创造者,而且是美的创造者和意义及精神价值的创造者。只有这三者的结合,所创造出的用户体验,才是一种完美的用户体验。在这一过程中,设计师还应当具有强烈的社会责任感和担当精神。使得自身的设计产品在给本民族消费者带来完美用户体验、获得强烈的身份认同感和归属感的同时,也向全世界的消费者传播本民族的优秀文化,促进世界各民族文化之间的深入交流与融合。从这一角度来看,优秀设计师的创造性实践,其本身便是一个卓有成效的意义创造、建构和交流的过程。

第三节 人类设计实践中的民族认同: 可能性、现实性及其意义和价值

一、认同与民族认同

身份问题和认同问题与西方哲学中的主体性问题密不可分,是主体对自我的一种认知与肯定。通常来看,认同问题有个体和群体两个层面。在个体层面上,正如有国内学者指出的,身份问题是实践层面的问题,是关乎行为情境的问题,需经过情境中的行为实践才能生成、体验并纳入自我认知过程中。[1] 从这一层面来看,身份是主体自我认知的不断生成和建构过程。从群体层面看,历史语境中的身份认同问题经历了从族群认同向民族认同的发展和演化历程。这是世界政治、经济和文化共同推动的结果。在西方现代性扩张所带来的族群普遍面临生存、认同和整合危机的时代背景之下,现代资本方式、价值和制度发展促使

---

① 曾澜:《地方记忆与身份呈现:江西傩艺人身份问题的艺术人类学考察》,复旦大学博士学位论文,2012年。

族群身份向民族身份转换，从而为现代民族国家的形成提供了动力。在本尼迪克特·安德森的《想象的共同体》一书中，现代民族国家的形成，正是"官方的民族主义"，在充分利用"自发的群众民族主义"族群身份认同感和归属感的基础上，通过对语言、教育体系和官方意识形态等的有目的操控而建立起来的"想象共同体"。① 显然，在安德森的思想中，这种存在于"想象共同体"中的民族认同，带有浓厚的"想象"性质。但其实无论是"想象"还是"现实"，也无论是顺应自然还是人为操控，民族认同都是整个世界现代性的产物，都是现代民族国家政治和文化领域一个不容忽略的重要事实与特征。

在当下的后工业时代和在体验经济时代，尤其如果是以现象学的态度来对身份认同问题进行审视，那么无论是个体层面还是群体层面，身份认同都是一个开放、流动的不断建构和生成的辩证发展过程。也正因为如此，它才为现代国家的意识形态操控留下了巨大的空间。

在西方哲学中，保罗·利科对于身份问题的探讨可谓深刻。他分别从词源学和哲学的高度，深刻分析了认同的实现过程。在利科的思想中，认同实现的过程被划分为三个阶段：第一阶段，"它首先支配了对承认、认同的促进过程"，第二阶段则"支配了从对一般某物的认同向由自我规定性的实体的自我承认的转变过程"，第三阶段"支配了从自我承认转向相互承认，再转向承认和感谢之间的最后等同的过程"。② 尽管利科的语言素以晦涩著称，但透过其旁征博引的论述文字，我们仍然能够从中追寻到其思想内核。

在第一阶段，主体尽管"支配了对承认、认同的促进过程"，但这一过程自始至终都伴随着来自"他者"的质疑。可以说，没有"他者"的质疑就不存在认同问题，正是"他者"的质疑，才最终激发了主体对于自我认同的迫切需要。利科说"我们没有忘记在前言中宣布'他者'这个词，在一个可以追溯到前苏格拉底的思

---

① ［美］本尼迪克特·安德森：《想象的共同体：民族主义的起源与散布》，吴叡人译，上海世纪出版集团2011年8月第1版。

② ［法］保罗·利科：《承认的过程》，汪堂家、李之喆译，中国人民大学出版社2011年11月第1版。

想时期,这个词成了一种辛辣的辩证法的对象"①。"他者"进行质疑的利器即是判断,它是"解决承认—认同问题的不二法门"②,"他者"的质疑与主体的自我确证,它们之间的斗争一刻也未曾停歇过。正如利科所言,这确确实实是"一种辛辣的辩证法"。在这一阶段,主体处于一种探索过程中,主体"对象的呈现、目光的指向以及对世界进行积极—消极探索的整个身体一起汇合到这种认同中"③。从这一角度看,"认同有赖于依靠知觉恒量,这些知觉恒量不仅涉及形式和大小,而且涉及一切感官领域,涉及从颜色到声音、从味觉到触觉,从重量到运动的感觉"④。主体正是在这种由对于世界的身体探索实践中,从他者返回到其自身、确证其自身,再到抵御"他者"质疑目光的过程中,才完成了认同第一阶段的艰难历程。

在第二阶段,主体"支配了从对一般某物的认同向由自我规定性的实体的自我承认的转变过程"。对于这一阶段,利科是通过"有能力的人的现象学"描述来进行阐述的。主导这一阶段的是一种"自我同一性与他人同一性之间的辩证法",这涉及私人和公共两个方面,而无论是私人还是公共方面,这种同一性都是依靠叙述的策略和手段来维护的。在这一阶段,来自他者的质疑和考验同样无处不在。利科说:"在经受他者的对立的考验时,叙述的同一性显示出它的脆弱性,而他人是与个人或集体有关的。检验个人同一性或集体同一性的脆弱性的这种威胁不是虚幻的:显而易见的是,自从有可能像上面提到的那样,以其他方式进行叙述以来,权力的意识形态以一种令人不安的成功着手操纵这些脆弱的同一性(它通过行动的象征中介,并主要借助于叙事布局的工作所提供的变化的根源达到这一点)。这样,这些重新配置(reconfiguration)的资源(ressources)就变成了操纵的资源。"⑤在这一阶段,主体(有个体和群体两个层面)依靠精心谋

---

① 〔法〕保罗·利科:《承认的过程》,汪堂家、李之喆译,中国人民大学出版社 2011 年 11 月第 1 版。
② 同上。
③ 同上。
④ 〔法〕梅洛-庞蒂:《知觉现象学》,转引自保罗利科《承认的过程》,第 51 页。
⑤ 〔法〕保罗·利科:《承认的过程》,汪堂家、李之吉译,中国人民大学出版社 2011 年 11 月第 1 版。

划和选择叙事策略，诉诸"叙述"这一有效手段，来维护和彰显了自身还岌岌可危和脆弱不堪的"同一性"。显然，前文提到的安德森"官方民族主义"的操纵也正是在这一层面上进行，也同样需要依靠某种精心谋划和选择的叙述策略作为有效手段。在此基础上，利科还探讨了有关记忆和回想在这一阶段的认同过程中所发挥的作用。利科说："承认一种记忆，就是重新发现它。重新发现它，就是假设它即使无法达到，在原则上也是可自由处理的。"①虽然我们无法重新"达到"过去，但原则上我们可以自由地对其进行处理，无论是在个体的层面还是集体的层面都是如此。在个体层面的我们的叙述策略中，显然同样包含着对于记忆的"自由处理"（如同祥林嫂的阿毛故事那般）。而在集体层面，安德森意义上的"官方民族主义"，往往通过对凝聚了大量鲜活生动的"集体表象"的民族记忆材料的操纵，来建构起本民族民众对于民族国家的现代认同感和认同意识。

在第三阶段，"自我承认转向相互承认，再转向承认和感谢之间的最后等同"。在这一阶段，自我的确证与他者的质疑和否定之间的斗争暂告平息。在利科思想中，这种相互承认遵从一种相互作用原则，"相互作用原则也应被称为共同性原则或交往原则"，并且在这种交往原则中，"在时间层面上，同时性战胜了连续性"，"对相互承认、主体间交往而言，重要的恰恰是一种同时存在性"②。在这种交往中，尽管自我和他者两个主体之间获得了初步的和解而达至相互承认，但从黑格尔的辩证法来看，显然仍存在着一种既被克服又被保留的不对称性。利科认为"正是基于这种既被克服又被保留的不对称，一个共同的自然界和分享着共同价值观的许多历史共同体才得以被构造出来。"③显然，根据利科的思想，这种历史共同体既建立在对过去"回忆"的基础上，又建立在"现在"的基础上，并且在某种程度上还建立在对于未来畅想的基础之上。因为正是通过回忆，过去才变成了现在，变成了可以"自由处理"的现在。利科认为这就是回忆最深刻的

---

① 同上，第106页。
② 同上，第132页。
③ 同上，第134页。

悖论。任何一个作为现代国家的民族共同体,那种"既被克服又被保留的不对称性"可以说是始终如影随形。对这种不对称性张力之间各种力量的动态平衡操控与维持,从某种程度上说,正彰显了一个现代民族国家的政治智慧。也正是在这种对于动态平衡的操控和维持过程中,"分享着共同价值观"的民族共同体被建构出来,现代民族国家的每一个体,往往就从这种共同价值观中,寻找到民族的认同感和归属感。

可见,透过对保罗利科的思想的解析与描述,认同问题如何被建构的过程得以被清晰地呈现出来。无论是在个体层面还是群体层面,这种建构过程都是一个充满了斗争、充满了矛盾的辩证运动和动态过程。它与主体的记忆密不可分。这既包括个体记忆也包括集体记忆。也正是在集体记忆的层面,记忆中纷繁复杂的集体表象为"官方民族主义"的操纵提供了巨大空间。从这一角度来看,民族认同(无论是在个体层面还是集体层面)就是一个涉及主体性和交互性,涉及历史、记忆、文化和意识形态操控的历史性、政治性和文化性概念。

二、人类设计实践中的民族认同

正如前文所指出的,他者的出现和质疑是主体认同问题产生的重要前提。这在主体认同的个体层面和群体层面都是如此。具体到人类设计实践,当特定民族文化中的个体或群体与他者文化的设计实践相遭遇时,主体的自我意识才被唤醒,也才有了对他者质疑和否定的积极抵御。在设计文化实践中我们看到,这种对于他者质疑和否定的积极抵御行为,几乎会促发主体动用起自身文化中几乎所有的文化资源——历史记忆、生活习惯、价值观、语言、民俗、神话传说、宗教信仰、审美取向等等——来确证个体和集体同一性稳固和坚不可摧。这种确证的过程本身也就是主体身份认同的建构过程。

正如前文引用保罗·利科的思想时所指出的,这种抵御(同时也是确证)的过程,通常采用叙事的策略,诉诸我们对于记忆(个体记忆和集体记忆)的有目的操控来展开。研究集体记忆的著名学者莫里斯·哈布瓦赫就说："我们保存着对自己生活的各个时期的记忆,这些记忆不停地再现;通过它们,就像是通过一种连续的关系,我们的认同感得以终生长存。但正因为这些记忆是一种重复,正是因为在我们生活的不同时期,这些记忆依次不断地卷入到非常不同的观念系统中,所以,记忆已经失去了曾经拥有的形式和外表。这种记忆并非是动物化石中保存完好的脊椎,可以凭之就能重建包含它们的整体。人们不如把它比作在某些罗马剧场里找到的那些安置在里面的石头,在非常古老的建筑中,这些石头被用作原材料。它们是不是年代古老,并不能通过它们的形式和外表来判定,而只能通过它们仍旧显示出已被磨蚀的古老特征的痕迹这么一个事实来判定。"[1]可见,这种通过记忆展开的主体身份的建构过程,其本身是一个充满了曲折和艰辛的过程。在哈布瓦赫这里,记忆正如同那些古老建筑中的石头,它们只能作为原材料(而非完好的建筑物那般能为我所用),用来建构自我身份认同这座大厦。在这里,我们同样看到了这位思想家与保罗·利科思想声息相通的地方。随着与他者文化之间交往的不断深入,主体的同一性(包括个体和集体两个层面)与他者的同一性之间得到了相互承认,他者成为与主体自身具有同等地位的另一个存在者,他与自身主体一样,具有独立自足的同一性。这是与他者相遭遇给主体带来的最大收获,这也是主体同一性与他者同一性之间获得相互承认和相互尊重的根本前提。到了这个时候,用利科的话说,就是主体和他者之间从自我承认转向相互承认,再转向承认与感性之间的相互等同的过程。

阅读利科我们会发现,利科的思想受到黑格尔辩证法的深刻影响。在主体与他者的交往过程中,这种主体间的相互承认阶段并非主体与他者从遭遇到认同过程中的"历史的最后终结"。到这一阶段,主体与他者的认同历程又会在更高的起点上开始了新一轮的循环。随着这一轮循环的逐步推进,主体与他者之间的相互承认达到了比前一轮循环更为高级的阶段,随之而来的,是主体与他者

---

[1] [法]莫里斯·哈布瓦赫:《论集体记忆》,毕然、郭金华译,上海人民出版社 2002 年 10 月第 1 版,第 82-83 页。

各自对于自身的认同也达到了比前一轮循环更为高级的阶段。这种螺旋式的循环始终没有终结的时候。这便是历史辩证法的运动过程。

尽管如前所述,集体的身份认同过程往往受到"官方民族主义"的"操纵",这种操纵往往从纷繁复杂的集体表象中,策略性地选择一部分表象,来进行有计划、有目的的建构。尽管这样,个体的身份认同和集体的身份认同之间仍然密切相关。

在个体层面,正如前文所引述的赫尔曼·施密茨的身体经济学概念和梅洛-庞蒂的身体图式概念一样,它是人类个体在特定的文化语境中,依凭自身的身体感官进行的一项身体实践和文化实践。按照赫尔曼·施密茨的观点,在人类凭借自身身体与特定的设计创造物打交道的过程中,所创造出的,正是一种类似于氛围的东西。在这种氛围中,显然蕴含着主体(包括个体和群体两个层面)特定文化语境中的生活方式、情绪情感、价值观、道德伦理、宗教信仰、民俗等等鲜活的文化信息。这种情感氛围,不断加强着主体对于自身"同一性"确证,又不断抵御着来自他者的否定和质疑。不但如此,主体还不断尝试着以这种极富感染力的情感氛围,去影响、感染他者,企图把他者也拉入这种独特而浓郁的主体自身文化的情感氛围中。主体与他者之间的交往正是不断展开的这样一个辩证法过程。在全球化时代和体验经济时代的今天,这种文化企图和文化实践变得越发普遍。跨国公司凭借自身的强大财力和精心设计与包装的商品和服务,通过威力巨大的广告效应,并且诉诸完美的用户体验,不断把他者拉入本民族设计文化所创造的这种浓郁的情感氛围中,企图去影响和感染他者。其目的不仅是想要获得他者对于自身文化的承认,而且更是野心勃勃地想要他者也发自内心地来认同自身的民族文化。当前诸多的网络热词,诸如哈日、哈美、哈韩等等,所描述的,正是对于他者文化全盘、无条件甚至是五体投地般的臣服与认同,与此同时则是对于自身民族文化的全盘否定和抛弃。在全球化时代和体验经济时代的今天,这种现象不能不引起我们的高度警觉。显然,只要主体和他者相互遭遇并且互相之间的差异存在的一天,这种质疑—抵御—相互承认—相互认同的过程就会永不停歇地进行下去。按照利科的观点,在到达相互承认和认同阶段之后,主体与他者之间的交往又会在更高的起点上展开新一轮的循环,直到更高层次的相互承认和认同阶段。如此循环,永不停息。

当主体与来自异文化的他者相遭遇之时,也就是主体身份认同的建构过程的展开之时。当主体第一次与他者相遭遇,他者文化中的诸多要素通常会给主体带来极大的不适感。这种不适感引发了主体的高度警觉,主体从而强烈体验到了一种来自他者文化的对于自身身份同一性和合法性的质疑与挑战。按照保罗·利科的说法,主体此时极力想要成为一名自身文化中的"有能力者"。这便是利科"有能力的人的现象学"的展开。主体努力诉诸叙事策略,建构起自身文化中的情感氛围,想要以此来影响和"感化"他者,企图不断把他者拉入到自己创造的这一情感氛围世界。显而易见,他者同时也是一个来自异文化的、独立自足并且有着自身同一性的主体。他者在与来自其他文化中的主体的交往过程,也同样面临着他者对于自身身份的质疑,进而也要展开一个不断确证和不断建构的过程。世界不同文化之间的交往,显然正是在这个层面上展开的。

集体显然由一个个的独立个体组成。在全球化时代,集体中的每一个体,不但与来自异文化中的他者交往,而且更多的情况下是与来自本文化中的个体进行交往。拿设计文化来说,每一个体从小浸染于自身民族的设计文化中,对于自身民族的设计文化,无论是在表现技法、美学风格还是精神意蕴,往往都极为熟悉也极为亲切。因此在面对本民族优秀的设计创造实践时,往往会有一种如沐春风之感,体验到强烈深沉的美感进而是实实在在的幸福感,并且最终产生出强烈的认同感和归属意识。正因为如此,当主体在与同样是来自本文化的个体交往时,这种诉诸主体身体感知的交往过程,所创造的情感氛围往往会因集体中个体之间关系的和谐融洽而变得更为浓郁,这种情感氛围的感染力量和影响作用也往往会更加强大。而在本民族文化中个体之间的交往过程中,往往会逐步产生一些具备卡里斯马特质的领袖,这些领袖的"振臂一呼",往往能够产生个体云集的效果。这些交往的过程中,在本民族文化中,就逐步产生和积淀出丰富的集体表象。这就为"官方民族主义"有计划、有目的的"操纵"创造了极佳的条件。这种"操纵"的结果,最终创造出的便是强烈的民族认同。

显然,在全球化时代和体验经济时代,无论是设计师还是普通的消费者,都应怀抱一种开放、包容的世界眼光,都应该具备对于来自"他者"优秀设计文化的鉴赏能力和包容心态。这种眼光和鉴赏力既然是开放、包容的,那就理应包含着对于自身民族历史和现实语境中优秀设计创造实践的健康的眼光和鉴赏力,而不是一种病态的眼光和鉴赏力。显然,在那些所谓的"哈男""哈女"的身上,我们无论如何也找不到这种健康的眼光和鉴赏力。中华民族有着灿烂辉煌的传统设计文化,在源远流长的设计创造实践中,我们的无数先辈,创造了大量经典的设计物品,这显然是我们当下乃至未来的设计创造实践最可宝贵的一座几乎是取之不尽用之不竭的资源库和武器库。而我们当下的许多人甚至包括许多设计师,却往往弃之如敝履。这是极为可悲的一件事情。

可以想见,本民族文化中的每一个体,长期沉浸于本民族设计文化的浓郁氛围中,本民族设计文化中的诸多艺术样式、丰富的文化和精神意蕴,都会深深影响每一个体的生活世界,本民族民众的每一个体,其自身的身体图式和审美图式,也便在这一过程中得以不断被建构起来。这是一个长期的历史过程和辩证过程,这个过程渗透进了本民族在几千年的发展历程中逐步积淀下来的几乎所有的文化资本和文化资本的几乎所有样态。

三、设计实践中的民族认同建构:可能性、现实性及其意义和价值

如前所述,与他者文化的相遇是主体身份认同的前提。世界各民族文化(包括设计文化)在前工业时代,都经历了各自几乎是独立发展的漫长历程。在这一漫长的发展历程中,世界各民族都发展出了自身独具特色和灿烂辉煌的民族文化(包括设计文化)。这一时期,世界各民族的设计文化和设计实践基本上处于彼此隔绝的独立发展的状态。即便偶有相遇,这种相遇也往往是"擦肩而过",几

乎不会对自身的设计文化和设计实践产生任何较为深刻的影响。这一时期,即便有对于异民族设计文化的借鉴和吸收(较多停留于技术和工艺层面),这种借鉴和吸收也不会对自身的设计文化构成任何的质疑和威胁。

人类社会发展到了近代。西方自然科学的发展,推动了人类历史上影响深远的三次工业革命。这一时期,西方与非西方之间、世界各民族之间,由于交通和通信技术的发展,彼此有了更大范围和更深程度的交往。世界各民族设计文化之间的遭遇,其广度和深度都远远超越了前工业时代。这一时期,全球经济的资本主义扩张开始以前所未有的速度在不断推进。西方设计文化与非西方民族设计文化之间的相遇,往往伴随着全球资源、市场、财富、生存空间甚至是文化、价值观等领地之间的剧烈争夺。这种不平等的相遇,给世界各民族本土文化和传统设计文化带来了巨大的冲击进而是深重的危机,身份认同的意识和要求也变得前所未有的强烈。在这一次世界各民族设计文化之间的相遇过程中,尽管世界各民族设计文化的认同建构也经历了保罗·利科意义上的三个阶段。但一个显而易见的事实仍然是,西方设计文化与非西方设计文化之间,至少就迄今为止的状况来看,仍处于一个不平等的位置之上。广大非西方民族的设计文化,尽管也有其自身灿烂辉煌的成就和源远流长的历史,但在与西方设计文化的这次相遇中,并未成功地建构起自身民族鲜明的设计文化身份,因而在全球经济竞争中长期明显处于被动和劣势地位,经受到了西方资本主义的深重压迫和剥削。

在体验经济时代,在世界经济新一轮竞争逐步拉开序幕的时刻,世界各民族民众越来越深刻地认识到,在未来经济竞争过程中,文化软实力将发挥着越来越重要、越来越关键的作用。

世界各国(包括广大的非西方世界)经济,在西方主流经济增长模式滚滚洪流的裹挟之下,在经历了一段以商品经济、消费经济为主要经济增长模式的同质化发展历程之后,同时也在经历了一段以经济总量的增长为目标、以消费刺激为经济发展驱动力的发展历程之后,全球经济的繁荣虽然给人类带来了物质财富的极大丰富和生活水平的极大提升。但与此同时,经济增长的一系列副产品——环境恶化、资源枯竭、文化多样性和民族传统文化消失、人类生存的价值感和意义感缺失等等,也开始如同瘟疫一般疯狂蔓延。与此同时,在西方发达经济体首先爆发的周期性全球金融危机,其影响开始波及全世界,并给世界经济带来了周期性衰退。广大非西方经济体原本脆弱的经济在全球金融危机的影响之下更是雪上加霜、一片凋敝。在这样的时代大背景之下,世界各国开始反思自身的民族文化、反思自身的经济和社会发展方式、反思本民族和人类自身的生存和可持续发展问题。在这样的现实语境之下,众多的设计师和文化研究者开始纷纷把目光投向本民族灿烂辉煌而又源远流长的传统设计文化。开始思考在体验经济时代,如何充分挖掘这一资源宝库,在新一轮的全球竞争中抢占先机,探索出一条可持续发展的道路。

所有这些,都为世界各民族重新建构自身的设计文化身份提供了前所未有的契机。

就拿中华民族自身的传统设计文化来说。几千年辉煌的历史与文化、高度发达的技术体系、独具特色的制度安排、无与伦比的资源状况、多种多样的自然环境、多姿多彩的各少数民族历史与文化,所有这些,共同造就了中华民族灿烂辉煌的民族传统设计文化。在近现代在与西方设计文化的相遇过程中,中华民族的设计文化也曾经历了被质疑被否定的挫折与困惑,也曾一度迷失自我。但若以宏阔的历史眼光来看,这些状况显然都是暂时的,因为我们拥有如此丰富、如此庞大的设计文化资源库。仅仅凭借这一点,中华民族的设计文化就一定能从短暂的困顿中走出来,重建自身鲜明的民族文化身份。

现实情况是,我们不但拥有汉民族源远流长的传统设计文化,而且各少数民族的设计文化同样丰富多彩而独具特色。这其中蕴含着的,不但有着丰富深厚的文化意蕴、生动活泼的艺术表现手法、独具特色的价值观和审美理想,还蕴含着多姿多彩的生活方式信息。而这其中包含着中华民族在长期发展历程中逐步积淀下来的,在处理人与人、人与社会和人与自然的关系方面极富智慧的诸多观念与思想。这些都为我们在新的历史条件下重振民族设计文化、建构民族设计文化身份提供了巨大资源库和武器库。

显然,中华民族当下的每一位设计师,都应该肩负起自身民族设计文化身份建构的历史使命。在这一过程中,每一位设计师首先就应该长期沉浸到中华民族的传统设计文化中,对汉民族和各少数民族在漫长发展历程中逐步积淀下来的丰富设计文化遗产进行精深研究。对其技术体系、艺术表现手法、哲学观念、民俗、历史、神话传说、宗教信仰等文化信息进行全方位的理解与研究。在此基础上,才能凭借自身宏阔的世界文化眼光和高超的技艺,把中华民族喜闻乐见的艺术表现形式与时尚文化元素相结合,并融入中华民族传统文化的深厚底蕴,创造出功能强大而又有着完美用户体验的设计作品。

可以想见,在中华民族每一生命个体的生活世界中,如果都充满着经过本民族优秀设计师设计的优良设计作品,这些设计作品不但有着本民族民众深深喜爱的艺术样式,而且有着中华民族传统文化的深厚底蕴,那么这种设计文化长期的耳濡目染,所建构出的就一定是中华民族对于自身文化身份强烈的认同感和归属感,中华民族的每一位生命个体,也一定能够从中追寻到实实在在的幸福感。这样的设计作品在世界各民族文化交往日益频繁的体验经济时代,也一定能为他者文化中的个体所接受,并创造完美的用户体验,从而创造出中华民族设计文化良好的商业价值和文化价值。

在当下后工业时代和体验经济时代的世界经济大背景之下,如果中华民族的每一位炎黄子孙,都拥有对于自身民族文化自觉的认同意识,并且在设计产品和服务产品的消费过程中,自觉地努力提升自身的动机和价值感受的先天秩序类型,那么中华民族的设计文化就会焕发出青春与活力,中华民族的伟大复兴也就是可期待的了。

第五章

向生活世界的回归：设计实践与诗意栖居

第一节　人类设计实践的现状

一、资源危机与人类设计实践

资源危机是指地球在人类赖以生存的矿物、土地、淡水、森林、野生动物等自然资源方面，随着世界人口不断增长而逐步出现的相对紧缺趋势。面对日趋严峻的资源危机，人们通常有两种截然不同的态度：悲观者认为，地球资源是有限的，人口的增长和人类欲望的不断膨胀，最终将耗尽地球宝贵的自然资源，而人类为了争夺有限的自然资源，将陷入持续不断的战争状态，人类生存也将面临无穷无尽的灾难；乐观者则认为，地球的可再生资源是取之不尽用之不竭的，只要我们取之有度又加以适当保护，满足人类生存和社会发展之需是不成问题的。而对于不可再生资源，人类的自然探索和科技发展能力又足以开发出替代性的新能源，从而满足人类生存和社会发展的需要。

如果我们对这两种观点进行理性分析，那么无论是悲观者还是乐观者，他们对于资源危机的看法都有自己的道理。但是，二者之间的争论并非本文探讨的重点。我们想努力表明的一个观点是：资源危机与人类设计实践密不可分，人类设计实践和行为的不同选择，既可以加深也可以缓解甚至改变这种资源危机状况，从而给人类带来灾难或福祉。

也许我们每一个人在日常生活中都有这样的经验：我们的生活总是为大量的劣质设计所包围。这样的劣质设计几乎无处不在——漏水的水龙头、高度比例严重不匹配的办公桌椅、插不进去的电源插座、用过一两次即坏的家用电器、关不严的门窗、三天两头坏的金属门锁、一踩即碎的自行车脚踏板、缺乏明确分类标识的垃圾箱、看不清的道路标识和门牌号码、遇风伞骨立即折断的雨伞……简直数不胜数。显然，这些劣质产品本身的设计、制造，不但浪费了大量的物质资源和人力资源，不但不能发挥其应有的基本功能，而且在这些物品的使用过程中还造成了大量宝贵资源的严重浪费，其短暂的生命周期结束后又对环境造成极大的污染和破坏。而这些情况，如果我们拥有一个运行良好的设计、制造体系和一个较为严格的质量监管体系，显然就是可以避免的。可以想见，这个运行良好的设计、制造体系和监管严格的质量监督体系，将能为整个国家减少多少资源（包括自然资源和人力资源）的浪费。如果全世界的政府都能建立起这样的体系，那么又可以减少多少资源浪费和环境污染与破坏。

对于可再生资源，其再生周期绝大部分都不是人类可控的，而且都需要具备特定的自然条件。比如木材的生长，不但需要较长的时间周期，而且对于诸如气候、海拔、土壤、降水、空气湿度等自然条件等都有着特定的要求。从这一角度来说，地球的木材再生能力并非是无限的。人口的不断膨胀和自然环境的不断恶化，都需要我们科学、合理地规划和使用木材资源，本着节约的原则，在原材料加工、产品设计、制造和使用的诸多环节都加以仔细规划，力图实现资源利用效益的最优化。只要我们对于全球木材资源状况有一个全面、清晰的认识和把握，处理好采伐与培植之间的关系，那么就不但能保护好木材资源和全球环境，并且能不断提升人类的生活品质。

对于不可再生资源，诸如各种金属和非金属矿物质，我们更应该在全盘规划、合理开发、科学和节约利用的基础上，不断开展自然探索和科学研究，不断研发新材料和新品种，来替代诸多的不可再生资源。在设计、制造和消费过程中，我们更应该严格把控质量关和废旧物品回收环节，保证资源利用的最优化。比如，煤炭作为不可再生资源，其存量是有限的，而且在开采和使用过程中还会造成地表环境的极大破坏和大气环境的严重污染。因此伴随着煤炭资源的开发利用，人类从未停止过对替代性能源的研发，并先后发展出了风能、太阳能、地热能等清洁的替代性能源。

在这一过程中，设计显然发挥着极其关键的作用。国家应当承担起整体设计和规划的重要责任，首先对于本国的自然资源状况和开发利用状况有一个清晰的认识，在此基础上，对于资源利用和开发还应当有一个科学、合理的全盘规划，着眼国家战略的长远规划，协调各方利益关系，促进资源利用和开发效益的最优化。另一方面，作为一名优秀的、富于责任感的设计师，就更应该充分考虑设计产品生命周期的每一环节，不但要创造出完美的用户体验，而且要充分考虑设计产品生命周期的环境影响和效应，考虑到设计产品制造和使用过程中的资源消耗状况，真正承担起一名设计师应当承担的社会责任。

二、环境污染与人类设计实践

随着人类经济活动的加剧，我们赖以生存的自然环境遭受了一系列不可逆转的巨大污染，这其中包括水体污染、土壤污染、大气污染、核污染等。这一系列的污染给人类生活造成了巨大影响。

美国著名环境社会学家查尔斯·哈珀就指出，20 世纪 90 年代中期，美国有50％的地表水被来自地下储物箱的危险废料、污水及洼地垃圾排水，或来自农作物中存积的亚硝酸盐、杀虫剂、除草剂的渗漏综合物污染；1987 年的研究表明，美国各工业部门已向大气排放 24 亿磅有毒物质,包括各种致癌物(如苯和甲醛)和神经性有毒物质;世界发生的核灾难已有多起:1957 年原苏联的基什特姆,1957 年的英国利物浦,1975 年亚拉巴马州的达科塔,1979 年宾夕法尼亚的三英里岛,1986 年苏联基辅市的切尔诺贝利等等。①

作为世界上最大的发展中国家,中国近年来的环境问题也日趋凸显,环境污染事件也频频爆发。中国的耕地土壤污染严重,主要是化学污染和重金属污染,有数据表明,长江中下游平原的土壤污染近年来已经达到了相当严重的地步,近期发生的湖南镉大米事件就是耕地土壤污染的结果;近年来中国北方地区频频爆发的雾霾天气也表明大气污染已经达到相当严重的地步;中国近年来地表水和地下水污染事件也频频爆发;近海原油泄漏事故也时有发生;白色污染的治理历经较长时间却效果甚微;垃圾分类制度亟待完善;最近频繁发生的毒跑道、毒校服事件……这一系列的问题正等待着我们去努力加以解决。

毫无疑问,当前环境污染的严峻形势与人类设计实践有着非常密切的关系。拿白色污染来说,由于经济利益的驱动和环保意识的淡漠,不可降解塑料当前正被大量运用于工业生产和日常生活领域。以不可降解塑料作为材料的设计物品在其生命周期结束后往往被随意丢弃,造成了困扰全球的白色污染问题。这些塑料在其缓慢的分解过程中释放出有毒有害气体和大量有害物质,进入到空气、水体和土壤中,造成了环境的严重污染问题。

在其他设计领域同样如此。城市地下排水系统的设计,由于缺乏前瞻性,大部分城市生活污水未经任何处理就被直接排入河道,造成了地表水的极大污染;大量工业设施和机器产品的设计,由于忽略了环境问题,其排放的废水、废气和废料对环境造成了极大污染;大量工业产品的设计和包装,由于采用不环保材料,不但在产品使用过程中,而且在产品完成生命周期被废弃之后,都给自然环境造成了极大的污染。

---

① [美]查尔斯·哈珀:《环境与社会:环境问题的人文视野》,肖晨阳、晋军、郭建如、李艳红、宋秀卿译,马戎、李建新、楚军红校,天津人民出版社 1998 年 12 月第 1 版。

　　面对这些问题，如果我们的设计师拥有强烈的社会责任感，充分考虑设计产品生产、消费和废弃的每一个环节的环境影响问题，而不是一心追逐高额利润而置社会责任感于不顾，那么我们的环境污染状况肯定会大为改观。在这一过程中，每一位消费者同样责无旁贷。为了创造一个美好的自然环境，每一位消费者同样应该培养绿色环保的生活习惯，在消费品的选择方面秉持绿色健康的消费观念。只有这样，全球环境污染问题才有望获得解决，人类也才会拥有绿色发展和可持续发展的空间，才希望创造出美好的未来。

　　可喜的是，近年来，人类越来越清醒地意识到地球环境污染所面对的严峻挑战。在环境设计、城市规划和遗产保护方面纷纷提出了诸多极富价值的理论。比如近些年，就有美国学者提出了著名的遗产廊道（Heritage Corridor）概念，系统阐释了遗产廊道的保护与管理理论。这一理论认为，遗产廊道首先是一种线性的遗产区域，它把文化意义提到了首要位置，它可以是河流峡谷、运河、道路以及铁路线等等，也可以是把单个遗产点串联起来的、具有一定历史和文化意义的线性廊道。① 相应地，对遗产的保护也应该着眼于全局而非局部。它首先要把遗产中的历史、民俗、宗教、生活方式等等文化信息的系统保护提升到核心位置，其次又深刻地认识到这些文化赖以生存的地域、自然、生态等要素的重要性，在保护过程中，更倡导一种全局意识，强调一种点、线、面的有机关联和全局保护意识和策略，因此更能取得良好的保护效果。麦克哈格在《设计结合自然》中，多次对景观设计中的分离主义进行批判，提倡对整体论的追求，即对设计结合自然的生态学的推崇。认为生态学提供了有机体和环境结合，将科学、人文、艺术连成一体的可能。② 国内著名环境设计学者俞孔坚教授在《生存的艺术》一书中认为，能源、资源与环境危机带来的可持续性发展的挑战、文化身份的挑战、重建精神信仰的挑战是当代景观设计师必须应对的三大挑战。因

① Diamant R. National Heritage Corridors: Redefining the Conservation agenda of the 90s. *George Wright Forum*, 1991, 8(2): p. 13 - 16.
② ［英］麦克哈格 Y L：《设计结合自然》，天津大学出版社 2006 年 4 月第 1 版。

此,景观设计师的任务,就是要通过对土地以及一切人类户外空间进行科学理性的分析,对以"景观"为界面的物质空间加以规划和设计,最终将自然与生物过程、历史与文化过程、社会与精神过程加以协调,以从容应对这三大挑战。①为此,俞孔坚教授专门绘制了下面的图示(图 6)来对景观设计师的这一任务进行解读:

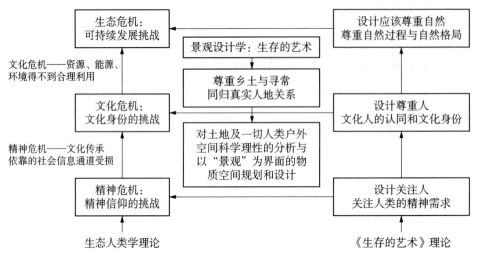

图6 俞孔坚:景观设计师如何应对挑战

　　图示中,面对当下人类生存的三大危机:生态危机、文化危机和精神危机,俞孔坚教授分别提出了自己的应对策略:面对生态危机,景观设计师应尊重自然,尊重自然过程与自然格局;面对文化危机,景观设计师应尊重人,尊重人的认同与文化身份,在具体的设计实践中,尊重乡土与寻常,要求设计回归真实的人地关系,要求对土地及一切人类户外空间进行一种科学、理性地分析,从而进行一种以"景观"为界面的物质空间规划和设计;面对精神危机,景观设计师应充分地关注人类的精神需求。

　　可见,在当代的景观设计实践中,设计师越来越注重在设计实践中融入生态美学的理念,以一种全局观和宏阔视野,来对人类生存环境进行一种创造性地改

----

① 俞孔坚:《生存的艺术》,中国建筑工业出版社 2006 年版。

造。可以预期,在全人类的共同努力之下,人类生存环境将来一定能够获得关键性的改善。

著名景观设计师麦克哈格在其名作《设计结合自然》(*Design with Nature*)一书中指出,基督教文化中一个致命的错误观念,即认为人类能够根据自身的需要征服自然和改造自然。这一观念给人类赖以生存的自然环境带来了毁灭性的灾难。在当下,人类越来越深刻地认识到,地球是一个完整的生态系统,尽管它本身有着较强的自我修复能力,但人类的某些短视行为和毁灭性实践给地球生态环境造成的破坏却是永远无法逆转的。正是认识到了这一点,麦克哈格指出,景观设计应该充分尊重大自然和生态环境自身的规律,结合人类需求,对环境价值进行一种系统评估,在此基础上进行一种合理的规划,既实现人类利益和需求目标,又能达到科学合理的环境保护效果。

三、经济增长与人类设计实践

在经济学研究中,经济增长(Economic Growth)通常是指一个国家在一定时期内国民总产出(GDP)的增长,一般以 GDP 的年增长率来进行衡量。为了方便在各国之间进行比较,经济增长又往往以人均 GDP 的增长率来进行衡量。如英国著名经济学家阿瑟·刘易斯为经济增长给出的定义就是:"总人口人均产出的增长"[1]。而美国著名经济学家西蒙·库兹涅茨则是从生产与需求之间关系的角度,来对经济增长概念进行定义:经济增长是给居民提供种类日益增多的经济产品能力的长期上升,它建立在先进技术及所需的制度和思想意识的相应调整基础之上。[2] 通过以上对经济增长概念的回顾可知,尽管各流派的经济学家对经济增长给出了不同的定义,但所有经济学家都赞同:经济增长意味着整个社会物质丰富程度的提升和人类选择自由空间的拓展,但显然这并不意味着

---

[1] ［圣］阿瑟·刘易斯:《经济增长理论》,商务印书馆 1983 年 6 月第 1 版。
[2] ［美］西蒙·库兹涅茨:《各国的经济增长》,商务印书馆 1999 年 11 月第 2 版。

整个社会福利水平的提高和幸福感的普遍增强。

正如刘易斯所指出的,经济增长能给人类社会带来好处,但它也是有代价的。刘易斯所指出的人类为经济增长所付出的代价主要有以下几方面:对物质的过分追求、过分的个人主义、人口过分流动和收入过分悬殊等。① 在对刘易斯的阅读中我们发现,他对于经济增长给整个社会造成的冲击方面分析得相当透彻。经济增长从根本上改变了人类的生活方式,前工业时代缓慢的生活节奏、极富人情的人际关系、精美的手工艺制品、浓郁的宗教氛围等等,统统让位于对时间和效率的精确计算、对物质财富的疯狂追逐、传统价值观和道德的崩溃等,传统的人情社会为讲求契约精神的法制社会所取代。不但如此,刘易斯还看到了经济增长导致的人类欲望的疯狂膨胀。

在经济学领域,经济学家们对人类经济形态的划分,其背后的依据,正是推动经济发展(或增长)的动力。这些经济形态如狩猎采集经济、自然经济、工业经济、服务经济、体验经济等等。而有的经济学家干脆采取更为粗线条的划分方法,如把人类迄今为止的经济形态划分前工业经济、工业经济、后工业经济等,其实无论哪种划分方法,其依据都是推动经济增长的背后动力。如工业经济是以工业产品生产为经济增长主要引擎的经济形态,服务经济则是以服务业为经济增长主要动力的经济形态,而体验经济则是以消费者体验品质的提升作为经济增长主要动力的经济形态。所有这些类型,除了人类社会在近现代工业革命到来之前的狩猎采集经济和自然经济外,都可归入商品经济或消费经济的范畴,都是以商品和服务产品的消费为经济增长引擎的经济形态。显然,商品和服务产品的消费,其动力又毫不例外地来自人类自由意志所生发出来的源源不断的欲望本身。正如一位国内学者指出的:"购买欲才是财富中的财富,是环球市场最终的救星。"②而在这一过程中,设计师的设计实践又发挥了越来越重要和关键

① [圣]阿瑟·刘易斯:《经济增长理论》,商务印书馆 1983 年 6 月第 1 版,第 528 页。
② 赵毅衡:《异化符号消费:当代文化的符号泛滥危机》,《中国人民大学复印报刊资料·文化研究》,2013 年第 02 期。

的作用。

平面设计（当代泛称为视觉传达设计）正是伴随着现代广告业的兴起而逐步走向辉煌的一个现代设计实践领域。三次工业革命为西方发达资本主义国家的经济增长做出了巨大贡献。随之而来的是整个社会物质产品的极大丰富，生产商之间的竞争日趋白热化。广告成为他们赢得顾客、占领市场最重要的利器。正是在这样的时代背景之下，平面设计师行业应运而生。他们的创造性工作，使得生产商从产品形象、包装、商标、品牌，到企业识别系统再到企业文化等，都得到了精心设计和系统塑造。平面设计师诉诸报纸、广播、电视网络等新兴媒体，向消费者传播铺天盖地的广告信息，以极富视觉冲击力的广告，激发起消费者强烈的消费欲望。正如 Blauvelt Andrew 所说的："平面设计懂得如何策略性地使用、调整视觉信息，除了调动广告、公告牌、书籍、手册、网页等媒介为日益增长的全球化消费添砖加瓦，可以做的还有很多。或许，称它为一种社会实践更为恰当。"①

在这样的时代背景之下，平面设计成为沟通和连接产品设计师、生产商和广大消费者之间的媒介。产品设计师的设计创造实践、生产商的生产活动，也都瞄准一个目标，那就是如何吸引消费者、如何激发消费者的购买和消费欲望。于是所谓的人本设计、体验设计等设计创造实践，尽管设计师努力从工业经济时代的仅仅满足产品功能的设计实践，向以消费者为中心，以消费体验为根本目标的设计实践转变，但其背后的强大动力，仍然来自对利润和经济增长的疯狂追逐。但比起过去时代，这显然是人类设计实践领域的巨大进步。对于这一阶段的人类设计创造实践，美国著名设计思想家维克多·帕帕耐克早在 20 世纪 60 年代美国经济飞速增长之时，在《为真实世界设计》一书中就做出过振聋发聩的批判。他认为，设计师、生产商和广告商之间的合谋，所创造出

---

① Blauvelt Andrew, "Towards Critical Autonomy, or Can Graphic Design Save Itself", in *Looking Closer Five: Critical Writings on Graphic Design*, Michael Bierut, William Drenttel and Steven Hellereds, New York: Allworth Press, 2006, pp. 8 - 11.

的是一种虚假的需求欲望,其目的正是攫取超额利润。但这一过程本身却浪费了无以计数的宝贵资源、污染了人类赖以生存的自然环境。正是从这一角度出发,有西方学者套用马克思"异化劳动"的概念,把这种过度、甚至是病态的消费称之为"异化消费",认为"比起异化消费,异化劳动似乎尚可接受"而"异化消费"所造成的物质浪费,最后会导致人类的灭绝。[①]尽管"人类灭绝"的预测似乎有些极端,但人类社会当前的不可持续发展模式所引发的日趋深刻的危机却是鲜活的现实。帕帕耐克正以思想家的超前眼光,敏锐深刻地揭示出了消费经济时代为盲目追求经济增长和物质享受,而置所有其他人类生存问题于不顾的不可持续的发展模式。

到了今天,人类社会为这样的发展模式所付出的沉重代价日趋显露出来:资源枯竭、环境污染、文化多样性消失、民族传统文化和价值体系的土崩瓦解等等。我们尽管享受着我们的先辈们无以伦比的物质生活,而且我们也拥有比我们的先辈们更多的行动自由与选择,但我们的精神世界却也日渐空虚,我们生存的价值感和意义感日趋被消解,我们的幸福感也日渐单薄。这场人类当前面临的大危机,在一位国内学者看来,是一种符号的空洞化造成的危机,并且认为"一旦人们看穿符号的神秘是空洞的,整个世界的经济会停摆,灾难就像地球停转一般:大量靠设计符号生产符号谋生的人(工人和技术人员)会失业,大批以制造符号为毕生事业的人(广告、公关、旅游、信息从业人员)会走投无路。"[②]尽管这样的预测有些悲观,但绝不是危言耸听,在这场人类面临的深刻危机面前,我们的设计师显然难辞其咎。正如帕帕耐克所指出的,造成这一切的原因,正是设计师身上社会责任感的普遍丧失。

---

① Greg Kennedy, *An ontology of Trash*: *The Disposable and Its Problematic Nature*, Albaby: New York University Press, 2007, p. 103.

② 赵毅衡:《异化符号消费:当代文化的符号泛滥危机》,《中国人民大学复印报刊资料·文化研究》,2013 年第 02 期。

第二节 人类设计实践的终极目标：诗意栖居

一、后现代状况与人类未来抉择

国内著名学者刘小枫在《卢梭的苏格拉底主义》一书"内容概要"中这样写道："如今，无论西学、中学均面临如下抉择：要么追随现代之后学彻底破碎古典学问，要么修复古典学园、重新整顿精神教养。"[①]

这句颇有些煽情色彩的话传递出的是一种极为普遍的怀旧情结，流露出的是一位古典学者对其视作"瘟疫"般大肆蔓延的形形色色的后现代主义对"古典学问"所进行的"彻底破碎"时表现出来的深深忧虑。正是这种深深忧虑，促使作者发起了颇具悲情色彩的"修复古典学园、重整精神教养"的倡议。

其实，我们完全用不着如此感伤和如此悲情，我们不妨换一种心态，以另一种全新的视角来审视无所不在的后现代主义。如果我们以辩证法的全新视角来审视当下世界流行的所谓后现代状况，那么人类当前所面临的所谓"抉择"问题，就不再是非此即彼的是非对立和二元论对立问题，而是能否顺应历史潮流和时代发展趋势的问题，它是矛盾对立双方一个历史辩证法的展开过程。如果采取这样的视角，那么我们在面对光怪陆离、无所不在的后现代主义时，就能保持一种更为开放平和的心态，以一种更为积极也更为从容的态度，来应对时局的变迁，并做出更加符合时代潮流、更有益于人类未来可持续发展的伟大业绩。

在哲学领域，后现代状况概念是由法国著名哲学家让-富朗索瓦·利奥塔尔提出来的。在利奥塔尔的思想中，后现代状况既是指一种发达资本主义社会当下的政治、经济和文化状况，更是指一种知识状况和话语状况，这种状况不再允

① 刘小枫：《卢梭的苏格拉底主义》，华夏出版社 2005 年 1 月第一版。

许我们运用现代主义的宏大叙事和统一、标准的理性逻辑来对世界进行描述和解释。就如同在自然科学领域所发生的变化那般：爱因斯坦的相对论取代了牛顿经典力学，"正在到来的社会基本上不属于牛顿的人类学（如结构主义或系统理论），它更属于语言粒子的语用学"①，粒子及其元素构成了一个个大大小小、不规则分布的云团，粒子及其元素的异质性和不可通约性，取代了过去时代结构和系统的同质性、稳定性和整体确定性。

追溯西方社会和文化的发展历程，后现代状况所代表的后现代性并非"横空出世"或"空穴来风"，而是与现代性之间有着密不可分的渊源关系。

在西方文明史上，现代性显然是西方近代启蒙运动最为辉煌的成果。如果以马克思主义的观点来审视，那么现代性就是现代资本主义生产关系所催生出的一颗璀璨夺目的果实。马克思在其著名的《共产党宣言》中这样写道："一切固定的冻结实了的关系，以及与之相适应的古老的令人尊崇的偏见和见解，都被扫除了，一切新形成的关系等不到固定下来就陈旧了。一切固定的东西都烟消云散了，一切神圣的东西都被亵渎了。人们终于不得不直面……他们生活的真实状况和他们的相互关系。②"

在马克思眼中，现代性以摧枯拉朽之势，在彻底瓦解和摧毁了西方封建主义制度和生产方式的同时，也给予了西方延续了几千年的封建时代文化、价值观、宗教信仰、社会秩序和知识生产带来了致命的冲击。正因为如此，马克思才发出如此沉重的感慨：一切固定的东西都烟消云散了。从此，人类生活充满了无穷无尽的不确定性，人类行为选择在拥有了绝对自由的同时，也不得不为这种绝对自由承担起绝对的责任。正是在这样的语境之下，尼采发出了上帝已死这一惊世骇俗的论断。陀思妥耶夫斯基在其小说《白痴》中，借助其主人公之口，发出——如果上帝死了，那么是否一切都是可能的——这一发人深省的追问。

---

① ［法］让-弗朗索瓦·利奥塔尔：《后现代状态》，车槿山译，南京大学出版社 2011 年 9 月第 1 版。
② ［美］马歇尔·伯曼：《一切坚固的东西都烟消云散了：现代性体验》，徐大建、张辑译，商务印书馆 2013 年 9 月第 1 版。

可见，后现代性在现代性对于封建秩序摧枯拉朽的颠覆实践开端便埋下了种子。正是这种"一切固定的东西都烟消云散了"的深刻体验，激励着现代性对于秩序、效率、理性、科学、技术等的狂热追求。但是伴随着对于现代性的盲目乐观情绪的日趋冷静和现代性文明病症的日趋爆发，对于现代性秩序和文明的怀疑也开始此消彼长。

怀疑导致了虚无。在西方思想史上，怀疑主义和虚无主义始终如同幽灵一般阴魂不散。不可否认，在西方后现代主义这股强劲潮流中，否定一切的虚无主义始终不曾缺席，它不断挑战着人类生存的价值世界和意义世界，对此我们确实应该加以警惕。然而，如果就此因噎废食，全盘否定后现代主义，那么这种态度显然也是失之偏颇的。即便像利奥塔尔那样的后现代大师，对于人类当下的后现代状况，仍然抱持着一种乐观的态度。他说："后现代知识并不仅仅是政权工具，它可以提高我们对差异的敏感性，增强我们对不可通约性的承受能力。"①不确定性也同时意味着可能性和希望。在一个充满了不确定性的时代，也正孕育着人类未来生存和可持续发展的诸多可能性。事实上，尽管当前人类生存和可持续发展面临着无穷无尽的深刻危机，但一些令人振奋的发展趋势也同样是不容抹杀的。

德国哲学家科斯洛夫斯基指出，尽管市场经济模式以三个基本特征——私有制、利润最大化和仅由市场与价格体系决定的经济活动的协调——为主导特征，但在人类社会不同历史发展时期的市场经济模式中，都融入了社会与文化准则，只不过它们融入的程度不同而已。但科斯洛夫斯基认为，在经济发展的最新趋势中，"文化的意义问题受到重视"，文化的意义问题关注"经济意义领域、客体领域和我们的社会生活总体中政治、文化、宗教、美学等领域有怎样的关系。经济在一个社会文化事业和目的的总体中，究竟占什么样的地位？"②我们都非常熟悉，在由资本主义开疆辟土所建立起来的市场经济中，资本的逐利本性和资本

① ［法］让-弗朗索瓦·利奥塔尔：《后现代状态》，车槿山译，南京大学出版社 2011 年 9 月第 1 版。
② ［德］科斯洛夫斯基：《后现代文化：技术发展的社会文化后果》，毛怡红译，中央编译出版社 2011 年 10 月第 1 版，第 103 - 122 页。

主义生产关系对劳动者的异化,以及由资本主义生产关系和现代科学技术共同培育出的工具理性,长期以来遭受到了包括马克思、胡塞尔、海德格尔等西方重量级思想家们的深刻批判,但科斯洛夫斯基的可贵之处在于他从整个世界的社会、经济和文化的发展新趋势中看到了人类未来发展的前途和希望。从这一角度来看,他所倡导的"文化经济"这一概念尤其具有重要价值。

无独有偶,来自经济学领域的另一发现也有力印证了科斯洛夫斯基观点的重要价值。美国学者约瑟夫·派恩二世(B. Joseph Pine Ⅱ)和基姆·C.科恩(Kim C. Korn)就认为,星巴克那样的企业"就是今天我们迫切需要的一种企业:创新体验的企业。为什么?因为我们现在处于体验式经济的环境中。在这种环境下,有纪念意义的事件鼓励人们采用与生俱来的个性方式。这样的体验已经成为经济的主要产品,让 20 世纪下半叶里风行一时的服务型经济相形见绌。服务型经济当时取代了工业经济,而工业经济此前替代了农业经济的地位。"①派恩二世和科恩的重要贡献,在于提出了体验经济这一重要概念。尽管从某种程度上说,派恩二世和科恩的体验经济概念还更多停留于经济增长模式层面的探讨,但如果我们把它与科斯洛夫斯基的"文化经济"概念做一番比较,那么二者之间的相互印证关系就会更加明晰。

在体验经济概念中,体验成为拉动经济增长的强大引擎。无论是产品和服务的设计、生产还是消费环节,都以消费者的完美体验为核心和衡量的最后标准。尽管在体验经济的考量中,商家的利润仍然是其中的核心要素,但与过去时代(即派恩二世和科恩所提到的农业经济、工业经济和服务型经济时代)的经济类型相比,毫无疑问是一个史无前例的巨大进步。尤其可喜的,是在体验经济的推动之下,消费者和整个社会的文化需求和文化体验以及作为其核心要素的价值体验和意义体验,正逐步成为商家努力追寻的目标。这便是科斯洛夫斯基所谓"文化经济"概念的核心内涵。

---

① [美]约瑟夫·派恩二世:(B. Joseph Pine Ⅱ)和基姆·C.科恩(Kim C. Korn),《湿经济》,王维丹译,机械工业出版社 2013 年 5 月第 1 版,第 2 页。

作为这个星球上最复杂、最高贵的动物，人类的体验显然正如当下的后现代状况那般，也充满了高度的不确定性，并且其本身也变幻莫测和反复无常。但这恰恰是最本真意义上的人类，人类经济实践对于最变幻莫测和反复无常的体验的高度尊重本身，就是把人本身当作目的的最重要表现之一。尽管在这一过程中，我们仍然迫切需要一种完善和强有力的文化批评实践，揭示和批判那些妄图使人异化的力量，并发动起广大民众予以自觉抵制。正如有国内学者指出的，我们需要用"美学的批判来思考和剖析消费社会"[1]，只有这样，体验经济才不会重新沦落为人类异化的另一种力量。人类未来和可持续发展才是值得期待的，前途也才是光明的。

二、设计实践与人类生存和可持续发展

法国著名哲学家奥利维耶·阿苏利在《审美资本主义：品位的工业化》一书的引言中有过这样一段话："事实上，自从审美品位因其是享乐的关键而被反复用作诱导消费的催化剂，审美资本主义的博弈就超出了纯粹享乐的领域。审美，绝不再仅仅是若干艺术爱好者投机倒把的活动，也不只是触动消费者的那种说服力，品位的问题涉及整个工业文明的前途和命运。"[2]

如果我们了解了整个资本主义经济体系的增长模式，以及由工业经济、服务经济、消费经济到当下的体验经济的嬗变历程，那么我们就能深刻理解，阿苏利的这段话绝非危言耸听。资本的逐利本性，决定了它需要不断调整自身策略，通过迎合消费者的需求、品位或体验，从而实现其自身的变现目的。而其中的审美品位，在资本主义的消费经济和消费文化语境中，也只不过是资本家操弄到得心

---

[1] 王杰：《品位意味着未来吗》，《审美资本主义：品位的工业化》"推荐序"华东师范大学出版社，2013年9月第1版。

[2] ［法］奥利维耶·阿苏利：《审美资本主义：品位的工业化》，黄琰译，华东师范大学出版社2013年9月第1版。

应手的一件利器而已。正是从这一角度出发,阿苏利看到了人类在审美资本主义面前重新面临的异化危险,同时意识到了对审美资本主义进行批判的重要性和紧迫性。在这部作品中,阿苏利就深刻剖析了人类"审美自主权"的丧失所产生的灾难性后果。

显然,如果我们套用古希腊哲学家的精彩比喻,把当下的整个消费社会比喻为一场奥林匹克运动会的话,那么文化批评家充当的就是哲学家的角色,即静观者和牛虻的角色。毕达哥拉斯是这样说的:在奥林匹克运动会上,有四处兜售商品的小贩,有努力竞技的运动员,也有静观赛场的观众。哲学家就是一位静观者。毕达哥拉斯按照古希腊哲学给出了解释,哲学家思辨的对象是纷纷扰扰、变动不居的世界之不变本原,是杂多现象之单纯本质,是流动事物背后之永恒原因。古希腊哲学家习惯以不变之原则统摄变化之世界,纷繁复杂而又流动不居的万事万物都被归结为静止、永恒的存在。显然,古希腊哲学家那样,冷静地看清这纷纷扰扰的消费社会之"不变本质",这还只是文化批评家角色的一个方面。另一方面,文化批评家还能不仅仅满足于静观层面。文化批评家观察的深刻性,就决定了他能比普通人更清醒地认识到了这一熙熙攘攘的繁荣背后所隐藏的深刻危机,职业伦理和责任意识还不断敦促着他去发声、去行动,去扮演像苏格拉底那样的牛虻角色,不断地去"叮咬"社会这一庞然大物。甚至更进一步,"胸怀天下"的文化批评家,还充当着胡塞尔意义上的"人类父母官"的角色,以全人类的命运为己任,先天下之忧而忧,后天下之乐而乐。

工业社会之后,伴随着社会分工,设计师在整个人类社会经济活动中扮演着越来越重要的角色。从某种角度上说,设计师充当的正是我们时代的文化创造者角色。因此,毫不夸张地说,设计师的觉悟和素养就决定了整个人类社会的未来和发展方向。也因此,设计师具备文化批评家的素养,对自身的设计创造实践展开自觉反思和批判,不仅是必要的,而且应该成为当务之急。

只要稍微回顾一下设计师职业的发展历程,对这一观点的理解就会显得顺理成章了。历史上,维克多·帕帕耐克是少数几个曾经对设计师职业提出过严厉批判和质疑的设计师和设计批评家。

作为一位设计师和杰出的思想家,在其影响深远的著作《为真实世界设计》一书的"初版序"中,维克多·帕帕奈克以彻底颠覆性的观点写道:"有些职业的确比工业设计更加有害无益,但是这样的职业不多。也许只有一种职业比工业设计更虚伪,那就是广告设计,它劝说那些根本就不需要其商品的人去购买,花掉他们还没得到的钱;同时,广告的存在也是为了给那些原本不在意其商品的人留下印象,因而,广告可能是现存最虚伪的行业了。工业设计紧随其后,与广告天花乱坠的叫卖同流合污。历史上,从来没有坐在那儿认真地设计什么电动毛刷、镶着人造钻石的鞋尖、专供沐浴用的貂裘地毯之类的什物,然后再精心策划把这些玩意儿卖到千家万户。以前(在'美好的过去'),如果一个人喜欢杀人,他必须成为一个将军、开矿的,或者研究核物理。今天,以大批量生产为基础的工业设计已经开始从事谋杀工作了。"①帕帕耐克把在资本主义经济增长和高度繁荣中立下了汗马功劳的工业设计说成是"有害无益"的职业,认为工业设计师所从事的是"谋杀工作"。帕帕耐克发表这一系列言论的时候,美国经济正经历着如日中天的高速增长和高度繁荣阶段,因此他顺理成章地被同行和业界骂作"另类"和"疯子"。如此激烈的言辞和如此尖刻的批判,居然出自一位本身就是工业设计师的人之口,这似乎有些匪夷所思。然而,如果我们真正理解了消费经济给人类带来的深刻危机、真正理解了设计师的伦理和责任意识,同时也真正理解了人类未来和可持续发展需要什么样的工业设计,那么帕帕耐克的激烈态度也就是可理解的了。

长期以来,资本主义的经济增长模式遭受到了越来越广泛的批判,包括西方发达国家在内的广大西方世界,也开始清醒地认识到了这种经济增长模式的不可持续性,也都开始了在设计、生产、制造和消费的诸多环节进行干预,开始朝着绿色和可持续发展的方向发展。正是在这样的语境之下,维克多帕帕耐克的思

---

① ［美］维克多·帕帕奈克:《为真实的世界设计》,周博译,中信出版社 2013 年 1 月第 1 版,第 38 页。

想才开始为越来越多的人所接受。

在世界新一轮的经济竞争中,消费者的完美体验越来越成为经济增长的强大引擎,这便是派恩二世和科恩所谓的体验经济。正如前文分析所指出的,与以往时代的其他经济模式相比,它确实是人类发展历史上一次史无前例的巨大进步。在体验经济实践中,世界不同民族文化、艺术和审美的多样性、丰富性和独特性在经济利益的驱动之下,获得了前所未有尊重。尽管体验在很大程度上仍然是资本获利本能和冲动驱使之下,资本家利润考量实践中的一个策略和一件"利器",但与以往任何时代相比,它对消费者所属民族文化中的艺术、审美,还包括生活方式、习俗、宗教信仰的尊重的确是以往任何一种经济形态所相形见绌的。这其中正蕴含着人类未来和可持续发展的希望。

然而,任何事情都是辩证的。我们同样应该清醒地意识到这其中蕴藏着的深刻危机。体验经济对于消费者飘忽不定、变动不居的欲望的刺激和无条件满足,其本身同样是荒谬的,它同样要求消费者也具备设计师那样的责任意识和批判意识,对自身的消费行为进行自觉反思和批判。

这样的时代,显然更要求设计批评家能以文化批评家特有的敏锐直觉和强烈的责任意识,同时扮演好静观者、牛虻和人类父母官的角色。以一种深切的人文情怀,对当下体验经济实践中诸多拙劣、短视的行为予以批判,引导设计师和消费者乃至整个经济发展实践,朝着绿色、健康和可持续的方向发展。

三、人类设计实践的终极目标:诗意栖居

"诗意的栖居",出自德国浪漫派诗人荷尔德林《在柔媚的湛蓝中》一诗。

海德格尔引用荷尔德林的诗,其目的正是要用它来阐发自己对人类存在的深刻理解。在海德格尔的思想中,本真意义上的人类存在,就应该是在天、地、人、神四个维度上的和谐共生的一种理想状态。诗意正可以从这样一种人类理想的栖居状态中源源不断的涌出。

现象学的态度启示我们，人类科学技术的飞速发展、物质和商品的极大丰富以及社会的进步，其目的并非彻底征服大自然、更牢靠地"规训"和"操控"整个社会，而是服务于人类自身的生存和可持续发展，给人类带来真正意义上的福祉，并且创造出人类与大自然之间的和谐共生关系。人类生存除了物质维度上的满足之外，还应该追求精神维度上的超越。从这一角度看，人对天（茫茫无际的宇宙正代表了广阔浩瀚的未知世界）、地（广阔、厚重的大地是人类的安身之所、劳作之所、收获之源）、神（代表了人类的精神与信仰领域）都应当保有一颗虔诚和敬畏之心。这样的人类才不会因胆大妄为而招致灭顶之灾：既能够脚踏实地，在汗水和劳绩中收获丰饶与喜悦，又不至于因游荡无度、亵渎神灵而滑入虚无主义的深渊；这样的人类也才能不因微不足道的肉身存在和本是"色空"的物质世界所拖累而陷入人格的庸常与卑微，而是在柴米油盐和生计闲暇之余也能仰望星空。因此，这样的栖居也才是人类最理想的栖居状态，它应当成为人类生存的诗意之源、意义之源和价值之源。

作为人类最重要的实践领域之一，设计创造实践为人类创造了一个无处不在并且我们终日生存其中、其重要性仅次于大自然的第二自然。因此，人类能否实现理想的栖居状态——诗意栖居，设计可以说起到了至关重要的作用。

正如海德格尔所言，我们的栖居往往为房屋短缺所困扰，设计师不但为我们建造了坚固舒适、功能无懈可击并且符合美学原则的房屋，而且他们所创造的形形色色的物品，已经如空气那般，弥散于人类生存环境的每一个角落。它们以其完善的功能、优美的外观、极佳的用户体验和丰富的意蕴，融入了每一民族、每一个体日常生活的所有领域。因此，从这一角度来看，广大设计师的辛勤劳作，以及他们卓越的创造性设计实践，就为人类的诗意栖居做出了不可估量的贡献。正如前文所言，设计师往往还充当了日常生活启蒙者的重要角色，凭借其创造性实践，在人类的日常生活世界创造出能处处触发我们诗意、震颤和惊异体验的人造物环境。因此，我们才应当把诗意栖居作为人类设计实践的终极目标，在人类设计创造实践领域探讨诗意栖居，也就尤其具有重要的现实意义和价值。

世界每一民族，由于生存的气候条件、地域环境、资源禀赋和历史文化的差异，在漫长的发展历程中所孕育出的设计文化自然也多姿多彩和千差万别。每一民族的设计文化在其历史上之所以取得了辉煌的成就，其中一个重要的原因，就在于它对其身处其中的民族历史、文化、生活方式、宗教信仰以及风俗习惯的充分尊重。生活于这一文化语境中的每一个体，从小耳濡目染，对自身民族的文化不但耳熟能详而且有着深厚的感情，当他们面对自身熟悉的设计文化时，从这一设计文化中获取的幸福感、意义感和价值感都将是丰盈鲜活的。正是在这一意义上，这一民族文化中的设计创造实践，让这一民族文化中的每一个体实现了一种"诗意的栖居"状态。

当下的人类设计实践领域之所以需要批判，就是因为其中包含着许多不但功能拙劣、毫无美感，而且甚至是"反文化""反人类"的设计作品。不但如此，我们尤其应当警惕的，是在消费经济（甚至也包括体验经济）增长模式裹挟之下的为"虚假世界"①的设计。特别是在信息通信和现代传媒技术获得突飞猛进发展的当下，铺天盖地的广告、天花乱坠的营销为消费者和整个世界创造出了一个又一个美轮美奂的消费陷阱，其目的就是掏光你口袋里的钱。这样的设计文化所营造的就是一个虚无缥缈的虚幻世界。事情还远远不止于此，铺天盖地的拙劣设计与广告商和经销商的合谋，制造的审美幻象在不断刺激着广大消费者的神经，激发起了无穷无尽的非理性消费欲望。当一种经济模式，其增长要靠建立在消费者欲望刺激的基础之上而非真正的需求（无论是物质需求还是文化需求或是两者的水乳交融）基础之上，那么谁又能说这不是人类这一物种真正意义上的堕落？这不是人类真正意义上的异化？人类如果真正坠入这一深渊而不能自拔，谁又能说这不是离诗意栖居的终极目标越来越远了呢？正因为如此，我们才需要强有力的设计批评实践，而且它应该成为广义文化批评的重要组成部分。

----

① 维克多·帕帕耐克在《为真实世界设计》一书中的"真实世界"即真实的需求世界，而非由设计师和广告商合谋所共同创造的那个"虚假世界"。那是一个靠对消费者源源不断的欲望刺激而创造的一个虚幻世界。

我们的批评家需要怀揣一种全人类的伟大使命感和责任意识，真正把全人类的未来命运和可持续发展作为自己开展文化批评的最终目标和着眼点。

请设想，当全世界各个民族文化中的每一位设计师，都有着文化批评家的使命感和担当精神，都首先深深扎根于本民族悠久深厚的设计文化传统中，真正深刻地理解本民族民众的思想、情感、生活方式、民俗、宗教信仰，精心设计出本民族民众喜闻乐见而又乐此不疲的设计物品，使得本民族的民众能够深深沉浸于自身的设计文化中。在某种程度上，这算不算一种诗意的栖居？答案显然是肯定的。与此同时，这样一位设计师又能够放眼世界，保持一种开放、包容的心态，广泛接受世界不同民族的设计文化，从中广泛汲取优秀因子，融入自身的设计创造实践中。这样的设计创造实践，显然是符合时代潮流的设计创造实践，它不断能够创造出一个诗意栖居的美好环境，而且能促进不同民族文化之间的交流。这也正是一种全人类关怀的重要体现。这样的设计创造实践在考虑消费者真正需求和完满体验的同时，从不妄图单纯依靠刺激消费者消费欲望的手段来实现资本的变现目的，而是真正从消费者的实际需求出发，真正把人放在目的本位上来，是对人本身一种最高限度的关怀。也因此，这样的设计也是充分考虑到环境效应的绿色设计。这样的设计师在从事创造性设计实践的同时，也不自觉地充当了教育家的角色。他们通过自身的设计创造实践，对本民族文化中的广大消费者进行了卓有成效的教育。

第三节　向生活世界的回归：人类设计实践的未来发展方向

一、设计与人类生活世界

生活世界是胡塞尔现象学中的一个重要概念。胡塞尔把人类对待世界的态度区分为自然态度和科学态度①。他认为，自然态度催生出了自然科学，它把包括人在内的整个世界存在当作客观的异己之物来对待。这种态度进一步催生出了实证主义知识观，认为一切知识，其存在的唯一合法性标准即在于可实证性或可检验性，一切与这一标准不相符合的东西就不能称之为知识，将被从知识王国中无情地驱逐出去。在近代，西方自然科学的决定性胜利推动了工业革命的蓬勃发展，它不但模塑了人类对待世界（包括人类自身）的自然态度，更使得实证主义世界观和工具理性价值观大行其道。在这种世界观和价值观的推动之下，人类生存中更为根本的领域，如情感、价值、道德及宗教信仰等，因此被不断蚕食，其合法性受到质疑并且被从生活领域不经意地抹去了。与自然态度相比，现象学态度则是一种反思性的态度，它致力于通过反思把我们带回到那个"原始明见性"的、未受实证主义观念所污染的世界，如其所是地呈现事物在世界中的本真存在。在这种反思态度中，人类的情感、价值、道德以及宗教信仰等，都因此有了自身存在合法性地位②，正是在这个意义上，胡塞尔提出了"生活世界"这一现象学概念③。

显然，以胡塞尔现象学哲学的观点来进行审视，生活世界就是一个渗透着人类自觉反思精神的世界，是把人类生存本身当作目的的世界。在这样的反思性视野中，人类存在的诗意部分才能被充分彰显出来，并获得一种坚实的存在根基。在这种存在状态中，天、地、人、神之间达到了一种和谐共生的状态。尽管随着现代启蒙运动的发展，其所培育出的实证主义世界观，在人类生存领域展开了声势浩大的祛魅运动，人类生存遭遇到了前所未有的异化，但人类对于幸福的渴望并未就此被磨灭。尤其是伴随着全球化进程和现代工业的发展，整个世界正遭遇着民族传统文化的衰败、传统价值观的消解、文化多样性的消失以及自然环

---

① ［奥］胡塞尔：《现象学的观念》，倪康梁译，上海译文出版社1986年6月第1版。
② ［德］胡塞尔：《欧洲科学的危机和先验现象学》，张庆熊译，上海译文出版社1988年10月第1版。
③ ［德］胡塞尔：《生活世界的现象学》，克劳斯.黑尔德编，倪康梁、张廷国译，上海译文出版社2002年6月第1版。

境的恶化等深层次问题，在这样的背景之下，人类越来越认识到自身民族传统、文化、价值观、民俗和宗教信仰等，在本民族民众的生存和发展过程中的重要性。也就是说，越是面临全球化的冲击，世界各民族对于自身民族文化的认同感就越是强烈。正如前文分析所指出的，这同样是辩证法展开的一个过程。

我们在文中引入胡塞尔现象学的生活世界概念，并非倡导世界各民族回复到前工业时代技术极度落户、生产力水平极低、物质产品极度匮乏并且世界各民族之间彼此隔绝的状态，那是典型的历史还原主义。尽管人类生存在经历了启蒙主义和工业时代祛魅运动的异化之后，对于真正意义上的复魅运动是否可能这一问题上仍存在着重大分歧。但有一点是可以肯定的，那就是在经历了人类生存的可怕劫难之后，人类越来越清醒地认识到，人类科技、社会和文化的进步，其最终的衡量标准，只能是人类生存的真正福祉。而对于这种福祉孜孜不倦的追寻，显然应该成为世界各民族的共同目标。

但现在的问题是，究竟什么才是世界各民族生存和发展的真正福祉？在这一过程中，人类的设计创造实践又扮演了一个什么样的角色？

首先，在这些问题上，我们显然应该抱持一种乐观的态度，因为从当下后工业时代的人类设计创造实践中，我们看到了全新的希望。在人类当下的设计实践中，设计师越来越注重对特定用户文化语境的考量，在设计实践中对特定文化语境中的审美、情感、道德、宗教信仰乃至风俗习惯给予充分的尊重，在设计文化中追求人性尊严和人类生存的价值感和意义感。从而使得自身的设计创造实践真正把用户带回到人类本真的生活世界。

在后工业时代，作为对现代主义设计一味追求功能、效率、理性和秩序的一种反动，后现代设计越来越关注设计物品的语境性特征，越来越关注地域文化中设计物品使用者独特的审美、情感、道德伦理、生活方式以及风俗习惯等人性化诉求。这无疑是一种巨大进步。罗德岛设计学院自由艺术系主任丹尼尔·卡维基（Daniel Cavicchi）在谈罗德岛设计学院的培养目标时就指出："设计师为特别的人群、地域、和状况制造物品，他们研究其品质和意义以便他们的设计成为最具关怀性的物品。"①

在具体的设计创造实践中,优秀设计师也越来越注重沉浸到本民族特定文化情境中,对自身民族文化中的风俗习惯、审美风尚、道德、生活方式和宗教信仰等文化要素展开深入研究,在每一物品的设计和创造实践都融入自身民族文化的优秀传统。面对如此优秀的设计艺术作品,该文化中的每一个体因此也都能够在这种设计物品的使用和消费过程中获得丰盈鲜活的情感和价值体验。人类生存的价值感和意义感正是在这种深层次的体验中得以被确证和升华。也正是从这个意义上我们说,地方的和传统的设计文化显然已经异常活跃地参与到了后工业时代每一主体文化身份的建构过程中,同时也参与到了每一民族集体文化身份的建构和模塑过程中。这种建构实践、这种深层次的情感和价值体验,对于缓解工业时代人类生存价值感和意义感的缺失而带来的身份异化、危机和焦虑状态,显然将起到无可替代的重要作用。

对于体验经济时代的优秀设计师来说,要想创造出更具民族文化风格、更能给特定文化语境中的民众和消费者带来完美体验的设计物品,一个更为直接的灵感源就是设计师自身文化中地域性的和传统的设计文化。更具体地考察,地方性的和传统的设计文化中,最典型的显然又是传统手工技艺。如果按照马塞尔·莫斯的观点来看,这种传统手工技艺显然是一种典型的具身性知识。正如前文所指出的,"具身"不仅是一种身体"具身",还是一种文化"具身"。也就是说,这种"具身"表现在两个方面:其一,这种技能并非现代化工业生产条件下机械化、精确化、批量化和标准化的操控模式,而是一种与人类身体技术高度融合的身体习惯和技能操作实践。其结果是,在产品设计和创造过程中,设计师的个性、审美和创造力得到了极为鲜明、充分地体现。其二,这种技能的具身性还表现在特定文化语境中的审美习尚、道德伦理、宗教信仰和风俗习惯等文化要素在产品设计和创造过程中的大量融入。其结果就使得该民族和地域文化中的个体

---

① Edited by Rosanne Somerson and Mara L. Hermano, *The Art of Critical Making*: Rhode Island School of Design on Creative Practice, Wiley, 2013, p. 56.

更容易从对这些设计物品的使用和消费过程中获得丰盈鲜活的审美体验和情感体验，并且更能够从中追寻到人类存在的价值感和意义感，从而最终实现文化身份的认同、模塑和建构，真正寻找到归属感和认同感，真正回复到人类生存更为本真的生活世界。

显然，这种复归和追寻与人类当下高度发展的科学技术和生产工艺非但不相矛盾，优秀设计师反而可以更加充分和自由地利用这些强有力的元素，服务于我们当下的设计实践和体验经济实践。毫无疑问，这对新时代的设计师提出了极高的要求。

显而易见，如果特定文化语境中的每一个体从小都能耳濡目染、沉浸于本民族优秀设计师设计创造的设计文化中，那么这种有着完美体验的消费实践就能让这一语境中的每一个体回归本真意义上的生活世界，同时也能让每一个体在日常消费实践和完美的消费体验中寻找到本民族文化深沉的认同感和归属感。在全球化时代，优秀设计师在广泛汲取本民族优秀设计文化的同时，也应该抱持一种开放和包容的心态，尊重进而欣赏"他者"的设计文化。因此，其创造出的设计物品就不但有着本民族优秀设计文化的基因，而且还广泛汲取了其他民族的优秀设计文化要素。显而易见，这种包容性极强设计创造实践本身，能强有力地促进和推动世界不同民族设计文化之间的深层次理解和交流。

从世界范围来看，民族文化身份作为公民身份的一个重要维度，它是公民在参与到特定社会的经济、政治和文化实践的过程中逐步培育和建构的结果，"它不是一蹴而就的，必须在生活世界中得到维护和培养"[①]。以布迪厄社会学观点来看，在特定的地域和传统设计文化中，传统手工技艺显然是一种高度的具身性知识。在长期的设计、生产、使用和消费实践中，这种具身性知识正是在特定场域中，文化资本及各个文化资本要素之间长期斗争、协商和培育的结果，这种斗争、协商和培育最终造就了该文化中每一个体独特的习性。这正是一个辩证运

---

① ［英］尼克·史蒂文森编：《文化公民身份》，陈志杰译，潘华凌校，吉林教育出版集团有限公司 2007 年 12 月第 1 版，第 65 页。

动的过程。这一过程携带着丰盈的地方性知识,蕴含着特定地域和民族传统文化中的审美习尚、道德伦理、风俗习惯、宗教信仰等极为丰富的文化要素。所有这一切,所构造和模塑出的,正是一个丰盈、鲜活的生活世界。与此同时,从新现象学创始人赫尔曼·施密茨的观点来看,设计师和消费者习性在特定场域中,诉诸文化资本的斗争、协商和培育的过程本身,也是该文化语境中每一个体身体经济学结构和动力学特征的形成和模塑过程。设计物品正是以诉诸人类身体情感氛围的方式,对主体身体的结构和动力学特征进行干预和模塑。正是在这一干预和模塑过程中,特定文化中的审美习尚、道德伦理、风俗习惯、宗教信仰等文化要素,在主体和设计物品之间不停地相互渗透和相互影响。个体人格、群体文化(包括设计文化)正是在这种相互渗透和相互影响中得以被不断培育和建构出来。显然,这正是民族审美图式这一审美人类学概念的真正内涵。沉浸于这一设计文化中的每一个体,也就自然自然而然地都能从这种文化中寻找到有着坚实根基的人类存在的价值感和意义感。这也正是人类生存中最本真的生活世界。

从这一层面上看,设计向生活世界的回归向我们展示了一幅充满希望的人类未来发展的美好画卷。

二、人类设计实践与审美物种: 审美人类学的考察

人类学的研究表明,世界各民族,无论其技术和生产力水平高下、无论其规模大小、无论其地域分布如何,也无论其社会组织和家庭结构模式如何,在其日常生活实践中,都毫无例外地要游戏和娱乐、要装扮他们的身体、装饰他们的房屋、改良他们的环境、美化他们的日常生活用具,尽管这些装扮、美化和改良实践看起来多么的大相径庭,在风格上多么的多姿多彩、千差万别,但这一事实本身说明了一个问题,那就是人类是一个审美物种。审美在人类生存和发展实践中占据着举足轻重的位置。

在西方美学史上，康德把人类审美看成是一种无功利的实践活动。尽管康德的实用人类学在哲学的层面上关注人类的自由和尊严，并且把审美实践看作最能体现人类自由意志和崇高尊严的重要实践领域之一。但联系整个西方美学的发展脉络可知，康德美学显然是建立在西方美学的静观和沉思传统的基础之上。这一美学传统以西方古典时期逐步发展和繁荣起来的视听觉艺术为范本，强调人类在审美实践中通过"静观"，实现对于人类生命有限存在层面的超越，进入到自由的精神世界。毫无疑问，这是人类审美哲思领域的伟大成就，这样的审美实践，也确实能够把人类从凡俗、庸常的有限存在领域中解放出来，进入到崇高、自由的精神世界。这显然也是人类尊严最集中、最鲜明的体现。

但显然这只是问题的一个方面。人类作为审美物种，作为万物之灵长，作为拥有精神自由和超越追求的存在，在思考审美问题的过程中，显然就不能被自身民族文化的偏见所束缚。事实上，西方人类学发展的百年历程中，在由西方众多重量级人类学家所创造的大量经典民族志作品中，却也随处充斥着"西方中心主义"的文化偏见。在西方社会的文化精英和知识群体中，人类学家显然是最具"全球化视野"、对异文化最具包容和开放心态的群体，他们审视异文化的视野尚且如此，那么更遑论普罗大众，他们的偏狭、固陋显然也就是情理之中的了。正因为如此，当我们人类已经迈入通信技术高度发达、全球交往高度密切、经济和文化的相互依赖越发深广的当下，整个世界仍然充满了相互之间的隔膜、误解、歧视甚至仇杀，整个世界仍然处于剧烈的动荡之中，仍然面临着极高的战争威胁和风险。

在到目前为止仍然由西方人类学家占据绝对优势的人类学研究群体中，诸如非西方世界没有历史、非西方人没有艺术、非西方人不懂得审美、非西方社会缺乏像西方社会那样高度发展的艺术技巧……等等偏激、浅陋的论调仍然充斥着整个人类学的知识生产部门。

人类学研究需要我们摒弃任何形式的文化偏见，以一种开放、包容的心态拥抱异文化，并且需要我们以一种科学文化现象学所倡导的语境性思维模式，沉浸到世界每一民族的文化语境中,"一方面,是绝对的世界公民,一个有着被夸大的适应能力和伙伴情感的人物,实践性地把自己渗透进入任何情境中,以至于有能力像土著那样去看、像土著那样去思考也像土著那样去说话,并且在某些时候甚至像他们那样去感觉,像他们那样去信仰。另一方面,那里有一个完全意义上的研究者,一个如此严格地客观的人物,自始至终不动感情、精确、守纪,如此全身心地投入冰冷的真理世界,就像拉普拉斯那般自我沉浸。高级罗曼斯和高级科学,以一个诗人的热情抓住直接性和以一个解剖学家的热情抓住抽象形式,这毫无疑问是难以驾驭的。"①这尽管是"难以驾驭"的,但对于任何一位真正拥有探究精神并且立志献身人类文化研究事业的人类学家来说却也是极富魅力的,他们从这一极富挑战性的研究实践中,必将收获累累硕果。格尔茨的研究实践就极好地说明了这一点。

如果以人类学的开放视野来审视人类审美实践,那么显然,西方美学传统中的静观美学和沉思美学就仅仅是西方古典文化语境中的一种美学观。如果我们硬要把它当作放之四海而皆准的道理,生硬地套用在非西方社会的艺术和审美实践中,那么以人类学的语境性思维来进行审视,其荒谬性就是显而易见了。艺术人类学的研究表明,在广大的非西方世界,所谓的艺术实践,往往同时也是宗教或巫术实践,西方古典美学中的所谓无功利性的自由和超越,在这里显然失去了其解释效力。而到了派恩二世和科恩所谓的体验经济时代(或科斯洛夫斯基所谓的文化经济时代),几乎人类所有的艺术创造成就或美学成就(无论是高雅的还是大众的)都被杂糅进了人类日常生活的实践领域。人类的日常生活,从身体形象到饮食起居,从各种公共和私人空间到各种日用产品的设计,再到服务和营销,都充斥着设计师的身影,都有着审美要素的全面渗透。可以说,这是一个审美无处不在的世界。在这样的语境之下,西方古典美学所倡导的审美无功利性显然也不再具有解释效力。

---

① Clifford Geertz, *Works and Lives*: *The Anthropologist as Author*, Standford University Press, 1988, p. 79.

也正是在这一角度上，我们认为这是一个设计无处不在的世界，也是一个审美无处不在的世界。正如西方古典美学研究所表明的，审美的领域是最能显示人类自由和尊严的领域之一，这也表明了人类是一个审美的物种。但除此之外，人类也是一个充满了偏狭、贪婪和自私的物种，是诸多欲望的不良综合体。显然，所有这些人性和欲望的无条件满足，最终只会使人类滑入堕落和毁灭的深渊。正是在这个层面上，面对这样一个消费狂欢的体验经济时代，我们从来都不应该无批判地欢呼雀跃，而应该保持一颗清醒的头脑，以辩证的视角来审视体验经济时代光怪陆离的社会、文化和审美现象。

作为一位优秀设计师，更应该保持一种独立的判断和较强的批判意识，同时承担起自身的社会责任，以卓越的设计创造实践，服务于人类的未来和可持续发展，真正为人类的福祉做出自身的积极贡献。

三、日常生活审美与人类生活世界

从某种程度上说，胡塞尔的现象学提出"生活世界"这一概念，其目的正是要在实证主义世界观和工具理性价值观泛滥的工业时代，掀起一股全新的"复魅"运动，从而把人类从工具理性的宰制之下解放出来。这也体现了胡塞尔所倡导的哲学家是"人类父母官"的一种全人类情怀。

在西方近现代思想史上，拥有胡塞尔这种全人类情怀的思想家可以说比比皆是，他们如席勒、康德、黑格尔、卡尔·马克思、马克斯·舍勒、马克思·韦伯等等，他们有一个共同特点，那就是都直面工业社会对人类生存所造成的异化和全面、深刻的危机问题，围绕着人类的解放与复归，提出了各自的深刻洞见或解决方案。比如席勒提出的以美育代宗教、康德的为信仰和审美留下地盘、黑格尔的历史辩证法、马克思的人的异化、马克斯·舍勒的价值感受的先天秩序类型、马克思·韦伯的"祛魅"与"复魅"命题等等。

显然，作为哲学概念，生活世界与日常生活概念的内涵和外延并不重合，它们拥有各自不同的所指。对于每一生命个体来说,日常生活离我们最为切近,我们完全按照常识,理所当然地处理现实生活中的所有事情。面对这一日常生活世界,很少有人会对它进行一种自觉的反思。正如安东尼·吉登斯所言:"我们所处的日常生活,其中的绝大部分我们都不能给出任何解释。"[①]但正是从这种不能解释,也很少反思的日常生活中,哲学家和社会学家们却看出了人类生存和社会学研究的诸多深刻内涵。

胡塞尔的现象学正是从这种"无思"的、自然态度的日常生活中,看到了人类生存的深刻危机。除了胡塞尔外,西方哲学和社会学领域的诸多思想家,也掀起了声势浩大的日常生活批判和启蒙运动。

日常生活批判起源于本雅明的《拱廊街计划》。他在波德莱尔十四行诗《给一位交臂而过的妇女》的评论中写道:"使身体痉挛地抽动的东西并不是它意识到了身体每一根神经的被冲击中,而更是一种对惊颤的意识,随着这种惊颤,一种急切的欲望便直接征服了一个孤独的人。"[②]显然,对于波德莱尔来说,在这种震颤的身体和情感体验状态中,日常生活的灰暗和沉闷压抑一扫而空,随之而来的,是诗意源源不断地从这种震颤状态中喷涌而出。而对于现象学哲学来说,日常生活之所以需要批判,主要原因还不在于它的沉闷压抑,而是它那种"无思"的自然态度。在这种自然态度中,人类的生存非但毫无"诗意"可言,还得"忍气吞声",任由"工具理性"和"官僚体制"的疯狂宰制。人类生存本身不再是目的,而沦为资本疯狂攫取利润的手段。因此,人类迫切需要以现象学的反思态度来冲破这一切桎梏,实现人类的真正解放与复归。

在现象学社会学家阿弗雷德·许茨的思想中,人类日常生活世界由"前辈""同时代人""同伴"和"后继者"构成,他的社会学要透过"现象学态度"而非"自然

---

① [英]安东尼·吉登斯:《现代性与自我认同晚期现代中心自我与社会》,夏璐译,中国人民大学出版社,2016 年 4 月第 1 版。

② [德]瓦尔特·本雅明:《发达资本主义时代的抒情诗人》,王才勇译,江苏人民出版社 2005 年 2 月第 1 版,第 43 页。

态度"，去探寻这个我们每日生活其中的社会世界的"意义结构"。也是出于对社会世界意义探寻的需要，列斐伏尔才说："我们需要一种对日常生活的哲学盘点与分析，需要揭示其模糊性——其卑微与丰富，贫乏与繁复——通过这些非正统的手段，释放其创造性的能量，这是其整体的一部分。"①到了德国社会学家格奥尔格·西美尔那里，日常生活日复一日的机械轮回所造就的是一种"大都会的厌倦态度"，这个世界在"厌倦者看来是一种均一、单调、灰暗的色彩"，"这种心理状态是对彻底的货币经济的一种准确的主观反应，因为金钱代替了各种各样的所有事物，并且以'多少钱'的区别表达了它们之间的所有质的区别"②。正是由此出发，西美尔发展了他对于货币进而是对资本主义制度和日常生活的批判理论。日常生活的意义世界也正在这种批判理论中被建构起来。德国著名民俗学家赫尔曼·鲍辛格更是以"日常生活的启蒙者"自居，他所创立的经验文化学，正是要着眼于"去发现那些永远处于'变化中的恒久'（Dauer in Wechsel，语出歌德）的内容，在对'灰色的'、常规性的不引人注意的事物的关注中，去发现人们如何在传承下来的秩序中建构个人生活；在对习俗的历史变迁的梳理中去发现仪式如何规定着人的行为的文化图式，并让当事人的行为处于完全的不自觉之中；去揭示文化性的因素以何种方式找到新的体现形式，让当事人看到在自己漫不经心、习以为常的惯常行为和思想背后，有怎样的文化历史渊源的驱动。一句话，去启蒙着循环往复却又多姿多彩的日常生活"③。

通过以上的一番简略回顾，近现代以来，西方哲学家、社会学家们对日常生活的启蒙或批判，其目的正是要引领人类摆脱工具理性的宰制，实现人性的解放与复归，真正回复到生活世界，回复到人类生存最为本真的层面上来。那么在这一过程中，日常生活审美扮演了一个什么样的角色呢？

---

① HenriLefebvre, *Everyday Life in the Modern World*, tr. Sacha Rabinovich, New York, 1971.
② ［德］齐美尔：《大都会与精神生活》，朱生坚译，《西方都市文化读本》，薛毅主编，广西师范大学出版社2008年12月第1版，第95页。
③ ［德］赫尔曼·鲍辛格：《日常生活的启蒙者》，吴秀杰译，广西师范大学出版社2014年5月第1版。

近代浪漫主义先驱席勒提出的以美育代宗教的著名命题,正是深刻认识到了审美在人类生存中的重要意义和价值。在宗教日渐式微的社会历史大背景之下,人类如何才能从肉身的生物性存在层面和社会制度的压制中,求得精神的超越和自由,真正实现感性与理性之间的张力平衡。这正是席勒这一命题想要解决的问题。从某种层面上看,席勒仍然立足于西方古典哲学美学的立场,他所倡导的艺术和审美,仍然是西方古典时代远离普通民众日常生活的精英艺术和静观实践。

如果以人类学的思想来进行审视,那么人类历史上的任何思想命题,显然都不可能离开其赖以生存的社会、历史和文化条件和独特的文化语境。西方社会在经历了三次工业革命之后,整个社会历史文化语境都发生了翻天覆地的变化。随着信息技术的飞速发展,全球化深刻改变了整个世界的政治、经济和文化格局。任何一个民族,想要游离于这一世界政治、经济和文化体系之外已成为不可能。随着体验经济时代的到来,艺术和审美伴随着设计师的设计创造实践,在强大的资本和商业力量的推动之下,融入了世界每一民族、每一个体的日常生活实践中。成为每一个体日常生活不可或缺的重要组成部分。在这样的语境之下,西方古典美学的命题显然失去了其解释效力。审美不再是游离于日常生活之外的某种仅供静观和沉思的对象,也不再是无功利的某种形式要素,其本身就融入了日常实践的每一个环节,它一方面是令人赏心悦目的形式感、强大的功能、细致入微的完美体验,另一方面又与消费市场中每一个体的感官愉悦、消费欲望和冲动、广告商的文本策略、资本的变现冲动等等水乳交融为一个整体。

面对这一全新语境,一些人痛心疾首,认为这是人类文明的堕落,人类踏上了一列高速行驶的列车,它将载着人类驶向万劫不复的深渊(波兹曼语);另一些人欢呼雀跃,认为这是人类史无前例的巨大进步(科斯洛夫斯基就提出著名的文化经济概念)。那么,我们究竟应该如何来看待人类社会和经济发展的这一全新趋势呢?

无可否认,消费经济以人类的消费行为作为经济增长的主要引擎,因此消费经济想要持续发展，就只有源源不断地刺激人类的消费欲望。到了当下所谓的体验经济时代，体验又成为人类经济增长的强大引擎。正如前文所言，体验作为人类的一种情绪和情感经验，其自身的飘忽不定和变幻莫测，已经让体验经济时代的所谓优秀设计师吃尽了苦头，而经济的持续增长却要建立在人类飘忽不定的体验之上，这本身确实荒谬至极！然而，看待任何事物我们都应该采取一种辩证的眼光。无可否认，体验经济高度尊重人类在消费实践中的体验，这的确是人类文明史无前例的巨大进步，但如果体验仅仅沦为设计师、广告商和资本家狼狈为奸实践中一个文本策略、一个可以玩弄于股掌之中的利器，如果设计师毫无社会责任感可言，那么所谓的体验设计非但不能把人类从当前的深刻危机中解救出来，反而会加速人类自身的毁灭进程。人类无节制的欲望和消费，最终消耗掉的是这个星球最为宝贵的自然资源并且污染了人类赖以生存的自然环境。

因此，人类如果要想实现向生活世界的真正回归，那么对自身的日常生活实践（自然包括消费实践）展开深层次的反思就尤为必要。尤其是作为文化创造者的设计师，更应该自觉地承担起社会责任，对自身的创造设计实践展开深层次的反思，不断探索人类未来的可持续发展道路。

第六章

当代设计身份问题的人类学研究： 通向一门作为广义文化批评的设计人类学

第一节 给设计以灵魂： 人类设计实践中的意义和价值问题

一、何为设计之灵魂

《给设计以灵魂》是日本当代设计师喜多俊之一部探讨现代设计与传统工艺之间关系问题的论著。喜多俊之认为，现代设计不能一味强调技术，而应该在采纳当代技术的同时也融入传统设计的灵魂。而这种灵魂在喜多俊之看来，正是深蕴于传统设计实践中极富韵味的生活方式信息及多姿多彩的文化信息。喜多俊之因此在本书中列举了诸多现代设计的经典案例，深入剖析了其中所体现的极富韵味的传统生活方式及所蕴藏的深厚的传统文化信息。不但如此，在其设计实践领域，喜多俊之还身体力行，以自身的设计创造实践践行这一设计思想，创造出了现代设计史上众多令人耳目一新的经典设计作品。

在当下的体验经济时代，喜多俊之的思想和身体力行的创造实践恰恰能给我们以深刻启发：人类设计实践的灵魂，正在于其所创造的多姿多彩的生活方式以及这些生活方式背后所蕴藏着的几乎是无限丰富的文化信息。每一民族的设计实践，之所以呈现出千差万别、风格迥异的多彩面貌，其根源正在于每一民族多姿多彩的生活方式和几乎是无限丰富的文化信息。正是它们，孕育了每一民族多姿多彩而又风格迥异的设计创造风格、传统以及精神和价值诉求。在这些要素当中，最核心的显然正是每一民族设计实践中自觉或不自觉且永不停歇地孜孜以求的意义和价值问题。

马林诺夫斯基曾指出："在每一种文化中，价值观念都稍有不同；人们渴望着不同的目标，为不同的冲动所驱使，追求着不同形式的幸福。我们发现，在每一种文化中，都有不同的体制让人可以追求他一生的利益，都有不同的习俗以达成其志向，都有不同的法典与道德规范以奖惩其美德与过失。研究这些体制、习俗、法典或者研究土著人的行为与心理，却没有去感受这些人对其幸福实质之鲜活意识的主观意愿——按照我的观点，就会错过有望从对人的研究中获得的最大报偿。"①马林诺夫斯基的思想启示我们：对于人类设计实践的探讨，要想获得"最大报偿"，同样应该"去感受这些人对其幸福实质之鲜活意识的主观意愿"。而显然，这些"主观意愿"最集中、最典型的体现，正是每一民族在设计创造实践中自觉或不自觉地并且是不懈追寻的意义和价值。因为几千年来的设计史表明，人类的设计创造实践，不但应该无微不至地给"肉体"以关怀，更应该源源不断地给"灵魂"以滋养。正是这两方面的水乳交融，才最终创造了灿烂辉煌的人类文明。而其中最为核心的、能起到指引文明方向作用的，显然正是每一文化都孜孜以求却又各不相同的意义和价值领域。从这一角度看，意义和价值问题，正是每一设计文化、设计创造实践的核心和灵魂。

英国著名文化研究学者斯图尔特·霍尔就说："正是社会的行动者们使用他

---

① ［英］布罗尼斯拉夫·马林诺夫斯基：《西太平洋上的航海者》，张云江译，中国社会科学出版社 2009 年 12 月第 1 版，第 21 页。

们文化的、语言的各种概念系统以及其他表征系统去建构意义,使世界富有意义并向他人传递有关这世界的丰富意义。"①从广义来看,人类设计创造实践,其本身也可以被看作是一表征系统。人类社会正需要凭借这一表征系统,去建构和传递丰富复杂的意义世界。比如,中国传统住宅设计讲求风水,而风水概念,正是建立在对自然环境与人事安排的综合考察基础之上,并且在其长期实践中,逐步融入了《周易》的阴阳、八卦思想以及吉凶祸福等民间信仰观念而逐步发展起来的一整套择居模式与遵循原则。《四库全书总目·〈宅经〉提要》就说:"其法分二十四路考寻休咎,以八卦之位向,乾、坎、艮、震及辰为阳,巽、离、坤、兑及戌为阴。阳以亥为首、巳为尾、阴以巳为首,亥为尾,而主于阴阳相得,颇有义理,文辞亦皆雅驯。"②《宅经》作为中国古代一部宅形文化的经典,正是中国古代建筑风水文化最鲜明、最集中也是最凝练的体现。这段文字,是清代《四库全书》总编撰官纪昀等人为《宅经》所写的一段概括性介绍,也是对《宅经》内容的高度总结。通览《宅经》我们知道,书中不遗余力所阐发的风水观念以及风水观念中所折射出的文化意义和价值问题,正是中国古代建筑设计的核心和灵魂。著名景观设计师、设计学者俞孔坚在《理想景观探源:风水的文化意义》一书中就指出,风水正是中国传统文化中对于理想景观模式的不懈追求,其中所折射出的,正是中华传统深层次的文化基因。③

由此可见,在设计实践的人类学研究中,我们对于意义和价值问题的探讨,正应该被提升到核心位置上来。但是,对于人类设计实践中意义和价值问题的探讨,显然不能仅仅停留于"形而上"的意识或哲学层面,而应该从一个个鲜活的设计案例中加以甄别、捕捉和辨析。作为人类设计实践之灵魂的意义和价值问题,正是在这一个个鲜活的设计案例中才得以"显现"出来。

---

① [英]斯图尔特·霍尔:《表征:文化表征与意指实践》,徐亮、陆兴华译,商务印书馆 2013 年 7 月第 1 版,第 36 页。
② 王玉德、王锐编著:《宅经》,中华书局 2011 年 8 月北京第 1 版,第 3 页。
③ 俞孔坚:《理想景观探源:风水的文化意义》,商务印书馆 1998 年 12 月第 1 版。

二、人类设计实践中意义和价值的"显现"

木雕是中国传统工艺中的一颗璀璨明珠，无论是在梁、柱、斗拱、门楣、户牖等建筑构件的装饰设计中，还是在屏风、家具、日常用品或工艺品装饰设计中，都有着极其广泛的运用。其雕刻手法则有圆雕、透雕、浮雕、浅浮雕等，其题材则但凡文字、人物、鸟兽、花木、虫鱼等，尽可囊括其中。而中国传统木雕无论在技法、题材、风格等方面的南北或东西地域差异如何巨大，也无论是属于实用性还是装饰性，往往又都形象生动而寓意丰富。

透过这些令人目不暇接、技艺精湛、题材各异而又美轮美奂，并且东西、南北地域风格迥异的中国传统木雕工艺，其背后所传递的深厚意蕴则有着高度的一致性：那就是儒家伦理、价值观念的长期熏染、儒释道三教融合的价值观以及源自民间的诸多信仰和价值取向（如多子多福、福寿绵长、富贵喜庆、吉祥平安等等）。

比如在浙江义乌东阳的中国木雕博物馆中，就专门设置了一个气势恢宏的"家训馆"，其中收藏有全国各地刻有家训的木雕板，大部分为明清时期的作品，大多来源于家族祠堂和住屋厅堂，其内容多为孝、悌、忠、信、节、礼、义、廉、耻等。集中反映了儒家伦理观念、价值观念的长期熏陶渐染（图7）。正如"家训馆"引言——"小家训　大规矩"所言："人必有家，家必有训。家训，又称家诫、家范、庭训，指家族内祖、父辈对子孙后代的垂诫、训示。家训通常都以'整齐门内，提斯子孙'为目的，其实质是伦理教育和人格塑造，反映立身处事和持家治业的哲理和智慧。"[①]这些家训要么刻在厅堂屏风之上，要么作为厅堂匾额、对联，位置醒目，气氛则端庄肃穆，给家庭成员的日常生活以训诫并规范其言行，从而发挥伦理教育和模塑人格的重要作用。

---

① 中国木雕博物馆·家训馆，引言。

图7　中国木雕博物馆家训馆之一则家训(作者自摄)

如果说,中国木雕博物馆家训馆中所收藏的诸多木刻家训以文字的形式直接表达了儒家的伦理和道德训诫及价值观念的话,那么众多的中国传统木雕题材则以象征的方式含蓄地表达了中国传统文化中的诸多意蕴和价值取向。法国学者保罗·里克尔认为象征系列有三个取向——宇宙的、梦的和诗的,三个取向的象征之间又是相通的,"它们使我们同化到我们无力从理智上去掌握其相似的那种被象征的东西中去的本来意义的运动"。① 里尔克进一步认为,通过象征,宇宙的、宗教的、神话的、诗的等模糊的、我们"无力从理智上去掌握"的意义,最终才得以被显现到我们的意向性中来。比如图8中浙江义乌卢宅的这个狮子梁垫木雕构件。木雕中的双狮身形矫健,威猛之中又透露出慈爱和可掬之憨态,两只小狮子则显得极为活泼可爱,仿佛在与大狮子嬉戏玩耍。而两只大狮子中间的绣球则采用透雕镂空的雕刻手法,显得通体玲珑。狮子周围环绕祥云。狮子是中国传统建筑装饰中最常见的动物形象之一,蕴含着极为丰富的象征意义。狮子为百兽之王,勇不可当,能够威震四方,因此成为权势的象征。因其威猛,再配上环绕的祥云,所以还有镇宅和吉祥辟邪、事事如意的丰富寓意。图9的烂柯山图案梁垫构件则取材于中国古代的一个神话故事,图案中站立于两位仙人之

---

① 〔法〕保罗·里克尔:《恶的象征》,上海世纪出版集团 2005 年 4 月第 1 版,第 14 页。

间，正在聚精会神观奕的樵夫以及两位仙人神态逼真，人物头顶上的松柏和旁边仙鹤都雕刻得气韵生动。整个图案表达的是民间流行的福寿绵长而又逍遥世外的求仙问道的道家思想。

图8　浙江义乌卢宅的狮子梁垫（作者自摄）

图9　浙江义乌卢宅烂柯山图案梁垫（作者自摄）

前文的论述也指出，里尔克是一位深受现象学哲学思想影响的当代学者。在中国传统木雕工艺中，这些为百姓喜闻乐见的题材和形象以及其背后深蕴的意义和价值观念，早已成为一种民族审美图式，深深嵌入了中华民族文化的意向性结构中。它为人们的日常生活、审美鉴赏、伦理道德、价值取向等，甚至也为人际关系、社会构架、政治制度等的确立渲染上了一种基本的、也是独特风格和面貌。人们透过这日常生活中种种蓬蓬勃勃的象征意象,诸多蕴含丰富的意义便都涌入主体的意向性中了。生活于这一文化语境中的每一个体,终日涵泳于自身所熟悉的诸多意向性中,种种美好的念想和幸福感便油然而生。因此,正如前文所引的马林诺夫斯基的话,我们正应该充分地"去感受这些人对其幸福实质之鲜活意识的主观意愿",只有这样,才谈得上真正理解了一个民族的设计文化。

图 10　中国木雕博物馆·世界馆的基督教神龛木雕(作者自摄)

事实上,木雕工艺并非中国所独有,世界上几乎所有民族都有着风格迥异、多姿多彩的木雕艺术。中国木雕博物馆就收藏了世界各民族不同文化中的木雕艺术作品。图 10 的这个基督教神龛,除了繁简不一的木雕纹样外,诸多人物形象的雕刻更是栩栩如生。而这些人物形象都源自圣经故事。这些人物形象再配上作为背景的彩色玻璃镶嵌画,一个庄严肃穆的基督教神龛便呈现在我们面前,让你无时无刻不感受到基督教的神秘、庄严。一位笃信基督而又从小浸染于基督教文化中的个体,在面对这一神龛时,又怎能不经历一番灵魂的深刻洗礼?基督教精神所宣扬的生命意义和价值观念,正是其一生努力践行而又孜孜以求的幸福感。正是在这种对幸福感的追寻中,他才找到了真正的身份认同和自身文化的归属感。

图 11 是 2013 年 6 月上海博物馆举办的一次非洲木雕展上展出的一件非洲木雕作品。雕像的脑袋、五官和下肢较为具象,而上肢和躯干部分则被抽象为一

段原木,原木上被插满了钉子和刀片之类的东西。眼睛由玻璃制作而成。腰部和下身被胡乱裹上了一些织物。如果你不熟悉非洲的本土宗教和巫术文化,那么这尊雕像作品就会令你摸不着头脑。原来,这尊雕像在当地的巫术文化中是一种带钉子的巫术偶像,具有强大的法力,因此令人敬畏。在巫术仪式中,巫师会不断地给它钉上新的钉子或插上刀片,据说这样就能源源不断地激发出其强大的法力,从而达到治疗病患、搜索罪犯、缔结盟约并且给整个村庄带来安宁与和平的

图 11　上海博物馆的非洲木雕展(作者自摄)

巫术目的。显然,只有从小耳濡目染,沉浸于这一文化中并且拥有这一文化中的宗教和巫术信仰的一位"观赏"者,才能从对这一雕像的"观看"和"鉴赏"行为中,生发出上面所列举出的种种丰富的巫术文化意蕴,并且进而把这些巫术文化意蕴和价值感付诸日常生产与生活实践中。法国著名现象学哲学家梅洛-庞蒂以自己诗性的现象学语言描述了这种巫术文化意蕴在具体巫术事件中的显现。他说:"神话把本质留在显现中。神话现象不是一种表象,而是一种真正的出现。雨神出现在祈祷后落下的每一滴雨水中,正如灵魂出现在身体的每一部分中。"①离开了鲜活的日常生产与生活实践,也就是说没有了这种"灵魂的出现",巫术文化意蕴显然也将皮之不存毛将焉附。

英国著名人类学家维克多·特纳把巫术仪式中象征符号的特点归结为三个

①［法］莫里斯·梅洛-庞蒂:《知觉现象学》,姜志辉译,商务印书馆 2001 年 2 月第 1 版,第 368 页。

方面：首先是浓缩(condensation)，一个简单的形式表示许多事物和行动；其次，一个支配性象征符号是迥然不同的各个所指（significata）的统一体(unification)，这些迥然不同的各个所指，因其共具的类似品质或事实上或理念中的联系而相互连接。第三是意义的两极性。对于两极性，特纳认为一极指向理念，一极指向感觉。[①] 浓缩其实是弗洛伊德精神分析学的重要概念，弗洛伊德在《梦的解析》中，对梦的浓缩功能进行了细致描述，它是指梦能够把多个相似的意象凝缩于某一特定的形象中，从而表明做梦者多重、矛盾复杂并且有时是相互冲突的诸多意念纷繁复杂地交织在一起。特纳在此借用这一概念，实际上指出了象征的多义性、矛盾性和复杂性，但也恰恰是这种多义性、矛盾性和复杂性，把理念和感觉两极水乳交融地连接起来了。

世界各民族的木雕艺术，正是通过艺术家对于本民族耳熟能详的动植物意象、神话传说、宗教故事和民间文化的深入理解，并且凭借在长期职业实践过程中所发展出的精湛技艺，以本民族特有的表现风格来进行表现。这种表现也如同特纳对巫术仪式的描述那般，一极连接着感觉，另一极连接着理念。正是在这些理念中，本民族的人们寻找到了自己的安身立命之所，寻找到了生命的意义感和价值感，也因此最终追寻到了真正意义上的幸福。而这种意义感和价值感，又从来都不是抽象的理念，而是蕴含在每一民族美轮美奂的"审美形式感"中，以"艺术"的方式，生动直观地呈现出来。我们也正是在这个意义上来谈论设计灵魂之"显现"。

三、日常生活的启蒙者与人类设计实践中的意义和价值问题

《日常生活的启蒙者》一书，是对德国著名民俗学家、"经验文化学"的创始人——赫尔曼·鲍辛格的一部访谈录。正如德国学者伯恩德·尤尔根·瓦内肯

[①] ［英］维克多·特纳：《象征之林：恩登布人仪式散论》，商务印书馆2006年11月第1版，第27－28页。

对鲍辛格的评价那样："他的箭袋中备下了不同的箭,以便更好地射中每个日常行为和日常现象中的多重意义维度。"①瓦内肯的这一评价可谓一语中的。作为"经验文化学"的创始人和重要推动者,鲍辛格致力于通过日常生活中人们习以为常、微不足道的平凡琐事的描述,揭示其背后所蕴含的文化逻辑和深刻意义。正是在这个意义上,鲍辛格被称为"日常生活的启蒙者",以此来肯定他对德国民俗文化的研究成就及贡献。

显然,鲍辛并非欧洲文化中"日常生活启蒙"运动的先驱者。欧洲的日常生活启蒙运动,在学术研究领域可以追溯到本雅明的拱廊街计划。而到了哲学的现象学运动中,这种日常生活的启蒙运动则被推进到了现象学哲学的层面。

联系西方的现代思潮和整个的时代背景,日常生活之所以需要启蒙,其实还不仅仅因为其单调平庸与沉闷乏味,以及这种单调平庸和沉闷乏味对于鲜活、多姿多彩的生活世界的遮蔽。更重要也是更深层次的原因,按照胡塞尔现象学的观点来看,正在于自然态度所造就的实证主义世界观对人类生活世界和意义世界的"挤压"甚至"剥夺"。在胡塞尔的现象学中,这种实证主义世界观给欧洲人的生活世界带来了深重危机。

在胡塞尔的现象学思想中,人类对待世界的态度被区分为自然态度和科学态度②。胡塞尔认为,自然态度催生出了自然科学。它把包括人在内的整个世界当作客观的异己之物来对待。这种态度进一步催生了实证主义世界观。这一世界观认为,一切知识存在的唯一合法标准在于可实证性或可检验性,而一切与这一标准不相符合的东西将从人类知识王国中被无情地清理出去。毫无疑问,自然科学曾经强有力地推动了人类对整个世界的认知和生产力的巨大发展,但是其决定性胜利却不仅模塑了人类对待世界(包括人类自身)的自然态度,更使得实证主义世界观大行其道,并从根本上改变了人类社会的价值观。人类生存中更为根本的领域,如情感、价值、道德、风俗习惯及宗教信仰等等,由于不符合

---

① ［德］赫尔曼·鲍辛格:《日常生活的启蒙者》,广西师范大学出版社2014年5月第1版,第28页。
② ［德］胡塞尔:《现象学的观念》,倪康梁译,上海译文出版社1986年6月第1版。

实证主义的知识标准而被不断蚕食，被从人类知识王国中驱逐出去。与自然态度相比，现象学态度则是一种反思性的态度，它致力于通过反思把人类带回到那个"原始明见性"的、未受自然科学实证观念污染的世界，如其所是地呈现万事万物在世界中的本源性存在，在这种反思态度中，人类的情感、价值、道德以及宗教信仰等，都有其自身存在合法地位①，正是在这个意义上，胡塞尔提出了"生活世界"②这一概念。

本文在此使用的日常生活概念，也正是胡塞尔现象学意义上的生活世界。这一日常生活世界由于受到了自然主义态度和实证主义世界观的遮蔽和侵蚀，因此迫切需要启蒙。

从这一层面出发，本文将进一步指出，不仅仅是广大的人文研究学者，而且这个时代全世界的所有艺术家和设计师，都应该承担起人类日常生活启蒙者这一重任。

在本雅明的《拱廊街计划》中，那些悠闲逛街者，从对行色匆匆的人群、拱廊街琳琅满目的商品和车水马龙的巴黎街景的匆匆一瞥中，追寻到了诗意、震颤和惊异体验。这种体验是如此鲜活、如此生动又如此令人心驰神往，因此值得像波德莱尔之流的诗人、艺术家们等"悠闲逛街者"的流连忘返，并且乐此不疲地加以追寻和捕捉。从这一角度来看，广大诗人、艺术家和设计师创造的艺术作品，也应该把人们从被实证主义世界观和工具理性价值观的遮蔽下解放出来，给人类的日常生活世界带来种种应接不暇的诗意、震颤和惊异体验，从而引领人类去思考和关注那些对于我们人类生存来说更为根本的情感、道德、宗教、风俗等生活世界领域。③ 正是在这个意义上，我们提出，这个时代的诗人、艺术家和设计师，

① ［德］胡塞尔：欧洲科学的危机和先验现象学，张庆熊译，上海译文出版社 1988 年 10 月第 1 版。
② ［德］胡塞尔：生活世界的现象学，克劳斯．黑尔德编，倪康梁、张廷国译，上海译文出版社 2002 年 6 月第 1 版。
③ 比如博物馆展示空间设计，正应该为参观者创造一个能时时刻刻产生诗意、震颤和惊异体验的梦幻空间。参看李清华：《博物馆空间诗学：他者视野中的博物馆展示空间设计》，《民族艺术》2016 年第 5 期。

都应该自觉承担起日常生活启蒙者的重要角色。

行文至此，人类设计实践的灵魂，正在于其所创造的多姿多彩的生活方式以及这些生活方式背后所蕴藏的几乎是无限丰富的文化信息。在这些生活方式和文化信息中，最核心的要素显然正是每一民族在各自长期的设计实践中自觉或不自觉地、并且是永不停歇地孜孜以求的精神意义和价值领域。在世界每一民族的设计文化中，这些引领民族生活方式并且饱含丰富精神意蕴和价值的设计艺术作品，正能够照亮和指引人类通向生活世界的康庄大道。

第二节　从物尽其美到各美其美再到美美与共：设计实践中的审美图式与民族认同

一、工匠精神与物尽其美

在中国古代漫长的历史进程中，工匠在儒家文化传统中的地位并不高，按照儒家的话来说，其所从事的往往只是"小人之事"，不能与"治国平天下"和"坐而论道"的"大人之事"同日而语。

但在中国古代典籍《考工记》一书中，作者却破天荒地把工匠与"王公""士大夫""商旅""农夫"和"妇功"放在平等的位置，认为他们是"国之六职"，只是社会分工不同而已。《考工记》的作者甚至进而把工匠的地位提升到了与圣人平齐的位置，认为"百工之事，皆圣人之作也"。① 显然，这是充分认识到了工匠在人类社会发展过程中所发挥的关键性作用。

事实上，回顾几千年的人类文明史，工匠在改善人类生存状况和推动人类文明进步方面所做出的重要贡献，早已成为有目共睹的事实。不但如此，在人类发

---

① 《考工记》，闻人军译注，上海古籍出版社 2008 年 4 月第 1 版。

展面临着诸多困境的今天,在世界各民族的传统工匠文化和工匠精神中,正蕴含着人类绿色发展、可持续发展的深刻智慧和真理。而对于这些智慧和真理,我们正应该加以广泛汲取,从而服务于人类社会未来的健康和可持续发展事业。正因为如此,我们今天才倡导要大力弘扬工匠文化和工匠精神。

由于世界各民族文化的千差万别,因此工匠文化和工匠精神的内容和具体表现也往往呈现出异彩纷呈的面貌。而对于中华民族来说,工匠精神可以大致概括为一种人与自然和谐相处、尊重自然规律的精神,一种对于技术、工艺精益求精的精神,一种以人为本的精神。《考工记》就说:"天有时,地有气,材有美,工有巧,合此四者,然后可以为良。"①中国古代工匠在制作各种生产和生活物品时,其材料往往直接取自大自然,因此取材实践遵循"天时"和"地气"(即获取材料的最佳时间和节令,以及材料生长的最佳环境)在原则就显得尤为重要,在此基础上还要讲求"材美"(即材料的质地、大小、曲直等特征)和"工巧",这本身就是对自然规律的充分尊重,这是设计物品质量的重要保证。有了这些充分条件,还要有工匠高超的技艺和创造性的劳动以及对工艺和技术的精益求精精神(即"工巧"),只有这样,一件设计优良、功能良好的物品才能最终被创造出来。这样的设计物品不但有着良好的功能,而且往往令人赏心悦目,在使用过程中也能获得良好的用户体验。

以中国古代住宅设计为例。中国古代的住宅设计十分讲究"风水"观念。所谓"风水",事实上正是对自然环境的综合考量、《周易》哲学中阴阳思想的深刻影响与儒家人伦秩序的追求三方面的水乳交融。如果进一步追根溯源,周易哲学中的阴阳思想,正发轫于中华民族上古时期对于宇宙自然现象和规律长期的仰观俯察,是对蕴含其中的自然规律以及稍后发展起来的儒家人伦秩序的一种哲学总结。

正因为如此,中国古代相宅奇书——《宅经》一开篇就说:"夫宅者,乃是阴阳

---

① 《考工记》,闻人军译注,上海古籍出版社 2008 年 4 月第 1 版。

之枢纽，人伦之轨模。"①正是从《周易》的阴阳思想出发，《宅经》的相宅之术因此要求人们展开对于住宅环境要素的综合考察与权衡，对房屋的坐向、采光、通风，以及房屋周围山脉走向、水系、植被状况、风向和道路系统等诸多自然要素进行综合考察，强调因地制宜，在充分尊重自然规律的基础上才获得人居环境、居住空间和居住体验的最优化。另外，《宅经》又深受儒家伦理观念的浸润与滋养。因此它要求住宅设计不但要讲究人居环境、居住空间和居住体验的最优化，而且还要建构出一种能充分体现尊卑有序、长幼和夫妇有别的儒家伦理规范和道德秩序，追求一种井然有序并且谐融洽的家庭氛围。

图 12　上海博物馆的书斋家具陈设（作者自摄）

透过中国古代住宅设计的实例，概括来看，中国古代的工匠精神追求材尽其用，物尽其美。材尽其用不但要求充分尊重自然规律，而且还倡导节用精神，充分实现材料之价值，追求材料效用的最大化；物尽其美不但要求实现物品的形式之美、功能之美，而且还要追求物品使用过程中所创造的儒家人伦之美。

图 12 为上海博物馆收藏的一组黄花梨木书房家具。两张四出头官帽椅、一

---

① 王玉德、王锐编著：《宅经》，中华书局 2011 年 8 月第 1 版，第 9 页。

张书桌兼画案、画案上摆放的文房四宝,后面靠墙陈设的书架书柜以及墙上悬挂的一张古琴和一幅山水挂轴,整个陈设营造出一种文人雅致、恬淡的生活情趣。家具用料考究,工艺精良,装饰简洁、质朴,充分彰显出黄花梨木材质本身的色泽和纹理之美。另外,如此精良的设计,其本身所营造出的又是一种文人清幽、淡雅的氛围和诗礼传家、耕读传家的儒家伦理之美。可以想见,设计如此用心、如此精良的一组书斋家具陈设,只要维护得宜并且深得其中三昧,就完全可以代代相传,真正助益于儒家读书人诗礼传家、耕读传家精神理想的最终实现。

当我们走进博物馆,驻足流连于一件件用料考究、设计精良、造型简洁优美并且直到今天仍然能发挥其强大功能、足以给消费者带来完美体验的"老物件"时,再想想我们今天的消费经济时代那些用完即扔,并且无论从材质、工艺、功能还是在环境影响方面都不尽如人意的设计物品,我们将作何感想? 作为一名当代设计师,面对古代这些经典之作、面对材尽其用、物尽其美的中国传统设计理念时,又将情何以堪? 在当下,在消费经济依靠不断刺激人的消费欲望来拉动经济增长的所谓体验经济时代,设计师的设计物品并不需要兼具"天时""地气""材美"和"工巧"等要素的完美结合,而只需诉诸天花乱坠的广告效应和强大的营销策略,就可以为商家创造出源源不断的丰厚利润。而设计物品的设计制造和消费过程以及产品生命周期结束后所带来的环境问题、巨大的资源浪费则完全不在设计师和商家的考虑范围之内。即便是在今天所谓的体验经济背景之下,用户体验在某种程度上也只是沦为了设计师和商家狼狈为奸从而追逐超额利润之商业行为背后的一块幌子和遮羞布。

可见,在科技高度发达、商品极为丰富的当下,重新阐发和研究中国传统设计文化中的工匠文化和工匠精神,仍然具有极其重要的现实意义和价值。

二、从各美其美到美美与共:人类设计实践中的审美图式

全球不同的自然环境、地域条件和资源禀赋,造就了人类各不相同的生活方

式，同时也造就了世界各民族异彩纷呈的民族文化。作为文化重要组成部分的人类设计实践，自然也呈现出多姿多彩的面貌，这显然也正是人类文化多样性的重要表征之一。

文化的多样性，造就了人类设计实践多姿多彩和丰富多样的美学风格。而这些丰富多样的美学风格之间的差异，其背后所透视和折射出的，正是世界各民族审美图式之间的差异。世界各民族的每一个体，从小生长于自身文化的独特语境中，其自身文化独特的生活方式、价值观、宗教信仰、审美实践，都耳濡目染地浸透到了每一个体的日常行为实践与日常经验中。显然，正是这些要素之间的相互影响和长期浸染，共同建构起了世界不同民族独特的审美图式。而这些审美图式，也就决定了这一文化中每一个体的审美偏好和审美习尚。而每一民族文化中的个体，正是带着这种不自觉的审美偏好和审美习尚，与种种纷繁复杂的设计实践、设计产品相"遭遇"。因而，当他们面对不同民族或不同文化系统中风格迥异的设计实践和设计物品时，其所生成的体验，其在"内容"和"品质"方面必然也将迥然不同。显然，这些迥然不同的体验，也就决定着每一个体最终所做出的审美判断。

在现代人的日常生活中，随着体验经济时代的来临和全球化进程的不断推进，每一个体每时每刻都在遭遇着来自不同文化、有着不同风格的设计实践和设计物品。对于这些设计实践和设计物品的体验和判断，其"内容"和"品质"显然正与每一个体自身的文化素养、审美品位及审美偏向密不可分。在通常情况下，每一个体由于从小浸润于本民族自身的文化环境中，本民族独特的生活方式、价值观、宗教信仰和美学风格，润物无声地对每一个体产生着潜移默化的影响。因此，在日常生活中，个体往往更容易接受来自本民族文化、具有本民族自身文化和审美特质的设计实践和设计物品，而对于来自其他文化的设计实践和设计物品则往往较难接受。这就形成了世界不同民族及其个体在设计实践和设计体验过程中各美其美的格局。

但是我们看到，随着体验经济时代的到来和全球化进程的加剧，"他者"文化正以前所未有的速度和规模进入世界每一民族和每一个体的日常生活世界。随着对"他者"文化理解的深入，这种各美其美的格局正在被逐步打破，我们在面对来自他者文化的设计实践和设计产品时，也越来越怀抱一种开放的态度。可以这样说，创造一个能相互欣赏的、美美与共的世界，显然正是全人类共同的理想。但另一方面我们也看到，随着世界经济竞争的不断加剧，一个国家和民族的文化软实力显得越来越重要。一个国家和民族越是开放，同时越能够保持、彰显和大力传播自身文化，就越是能够在当下和未来经济竞争中占据有利地位。因此，为了提升国家和民族文化的软实力，扩大中华民族文化在世界文化中的影响力，在当下的设计实践中，一方面，设计师尤其应该努力挖掘中华民族文化中的优秀元素，把它们努力融入自身的设计创造实践中，与此同时又抱持一种全人类的开放视野，从世界各民族的优秀设计实践中广泛汲取营养，并把它们融入当代的产品或服务设计实践领域，从而最终创造出更多既具有民族审美特质又符合时代潮流的设计物品，让更多的人接受中国设计师的设计作品。只有这样，才能让中华民族的优秀文化走出国门，逐步提升中华民族文化在国际舞台上的影响力。

可见，倡导美美与共，并非要求设计师完全抹去本民族文化的鲜明烙印，而恰恰相反，要做到这一点，我们首先要求设计师在自身的设计创造实践中，拥有一种强大的民族文化自信，在自身的设计创造实践中建构起一种牢固的民族文化认同感。这种民族文化自信建立在设计师对自身民族设计文化的深刻、全面理解和精湛技艺的长期磨炼和纯熟把握基础之上，只有这样，设计师才能在自身的设计创造实践中，以强大文化自信潜移默化地感染设计产品的消费者，并以自身卓越的设计产品对消费者产生润物无声的广泛影响。只有当我们的社会拥有了数量众多这样的优秀设计师，中华民族才能在未来的国际经济竞争中立于不败之地。

本课题审美图式的研究，正是要厘清相关问题，探讨如何在设计创造的实践领域，推进中华民族文化认同的建构事业。

三、审美图式与民族认同

正如前文所指出的，审美图式是一个民族在长期的艺术和审美实践中，在特定文化语境长期浸染和模塑作用之下形成的，并且在审美偏好、审美习尚和审美风格方面表现出的较为稳定的心理构架。这种心理构架是一个不断生成、建构和不断发展演变的漫长过程。在这一过程中，不仅仅是种种纷繁复杂的艺术和审美实践（自然也包括设计创造实践），而且特定文化语境中诸多文化要素，如价值观、生活方式、民俗、宗教信仰等等，也都对特定审美图式的建构发挥着重要而深刻的影响作用。

从这一角度来看，在当下的体验经济和全球化背景之下，在文化软实力在全球经济竞争中发挥越来越重要作用的时代大背景之下，显然每一位设计师都应承担起模塑民族审美图式的重任。

如前所述，当我们流连于博物馆中一件件中华民族传统经典设计作品之时，其考究的材质、强大的功能、极富美感的造型以及良好的用户体验，都往往令我们心驰神往、赞叹不已。这一件件经典设计物品中，其美轮美奂、生动鲜活的造型、纹样、人物、花鸟形象等，往往让我们赏心悦目，不但如此，其背后深蕴的中华民族传统文化中的伦理与价值观，更是令我们有如沐春风之感。而作为一名炎黄子孙、一名当代设计师，当我们面对这些经典设计物品时，我们是否会神思驰荡、浮想联翩？是否会自觉思考一下自身肩负的文化责任？是否会进而自觉地沉浸到中华民族优秀的传统设计文化中，去追寻自身设计创造实践的文化之根呢？

也许有读者会说，这样的要求太严厉，甚至有些道学色彩。但作为一位文化创造者，这种自觉的文化反思意识正应该成为每一位设计师的深层次追求。作为一名设计师，正应该努力长期沉浸到自身民族优秀的传统文化和民间文化中，深入、全面地理解自身的民族文化，并在自身的日常设计创造实践中自觉地融入传统的民族文化元素,在美美与共的全球化时代,努力使自身的设计创造实践兼具时代感与民族文化身份的认同感与品位感。以自身的设计创造实践,去不断提升民众的审美和文化品位,不断唤醒民众深层次的民族文化自觉和文化认同意识,并且同时也给消费者带来完美的用户体验。

显然,在这一过程中,设计创造实践正能够发挥润物无声地不断模塑本民族民众审美图式的强大功能,它将推动我们逐步形成牢固的中华民族文化认同感。只有这样,中华民族自身的设计创造实践,进而是中华民族的文化软实力、国际竞争力才能得以不断提升,在新一轮的经济竞争中抢占先机,并最终实现中华民族的伟大复兴计划。

第三节　格尔茨的启示：科学文化现象学与作为广义文化批评的设计人类学

一、科学文化现象学与文化批评

在西方人类学史上,克里福德·格尔茨毫无疑问是一位举足轻重的人物。他在长期"卓越的民族志实践基础上,凭借其精深的理论素养,对人类学知识生产中的诸多重大问题展开了深刻而卓有成效的反思,最终在人类学的文化研究领域创立了一门有着坚实的方法论基础和充分的事实依据的科学的文化现象学"。[①]

回顾人类学发展的百年历程,这一学科由最初的旅行家、传教士和探险者们浮光掠影、猎奇性质的描述,到由人类学家群体建立在长期亲历性田野调查基础之上的、客观的科学民族志研究,再到浸透着人类学家主观情感与体验的后现代

---

① 李清华:《格尔茨与科学文化现象学》,《中央民族大学学报》,2012 年第 5 期。

的所谓实验民族志，它自始至终都伴随着文化反思与文化批评的身影，只是这种反思和批评越到当代变得越加自觉而已。可以说，在西方人类学的历史上，"他者"文化成了西方人反观自身文明的一面镜子。从某种程度上我们甚至可以说，西方人类学正是由于秉承了这种自觉的批评意识和批判精神，才自始至终使人类学保持着一种敏锐的学科意识，也才使它成为当代少数几个长期保持极富活力状态的学科之一。

而当我们走进格尔茨卓越的研究实践，这种自觉的文化批评意识和批判精神，在其创立的科学文化现象学中体现得尤为充分。

在西方人类学史上，格尔茨的民族志实践极大推动了人类学对于自身学科实践的反思，最终使得人类学由一门追求知识和寻求规律的科学，变成一门探寻意义和寻求理解的科学。使人类学的知识生产，从实证主义僵死的客观知识标准的束缚之下解放出来，最终使人类学成为真正意义上的"研究人的科学"和"研究文化的科学"。也正是在这个意义上，格尔茨的研究实践才被归入阐释人类学学派。

格尔茨的科学文化现象学倡导人类学的民族志研究真正回归到日常的生活世界中来，他说："随着时间的流逝，我对人们如何看待事物以及如何理解他们的生活世界越来越产生了浓厚的兴趣。"[1]正是在这种对"他者"日常生活的"深描"中，我们获得了对"他者"文化的深刻理解，我们对自身文化的批评，正是建立在这种"深描"所获得的理解基础之上。

由于这种诉诸"深描"所获得的对于异文化的理解，其本身并非以追求"客观知识"和"客观规律"为最终目标，也不是以"主位-客位"(emic-etic)的严格区分为方法论基础，更不奢望人类学家像土著那样去思考，像土著那样去信仰，因此它就不会错过对他者日常生活世界种种喜怒哀乐情感的体验，它专注于对那些倾注了他们满腔热情的民间节日和庆典，以及那些庄严肃穆的各种仪式的深度

---

[1] Clifford Geertz, *"I don't do systems"*: *an interview with clliford geertz*. Arun Micheelsen Koninklijke Brill NV, Leiden, Method in the Study of Religon, 2002, (14): pp. 2 - 20.

描述。对它们的描述之所以是"深描",也正是因为这种深度描述是在被描述的每一事件发生、发展的鲜活文化语境内部展开的。

显然,这种"深描"所带来的,正是对于他者文化的深入理解,这同时也是情境性的理解,一种鲜活的理解。这种理解既不同于浮光掠影式的猎奇,更不同于在"科学"名义下展开的、旨在追寻客观知识和规律的所谓科学民族志实践。由此,这种"深描"所带来的对于自身文化的反思与批判,其敏锐性和深刻性显然更是其他类型的"理解"所无可比拟的。

从某种角度来看,这种"深描"正充当了前文所提到的"日常生活启蒙者"的重要角色:它要把表面上看起来单调乏味、沉闷琐屑的日常生活事件,通过人类学家的"深描"实践,揭示出其深蕴的文化意义和文化逻辑,赋予它们足以使人产生诗意、震颤和惊异体验的独特品质,从而达到对于自身文化的批判和反思目的。

从实践层面来看,如果人类生存的终极目标是向生活世界的回归,那么显然,任何一种文化的日常生活都需要启蒙,任何一种人类文明都需要反思和批判。启蒙的目的是使得人类认识到自身文化中那些真正能给他们带来福祉"诗意"存在,从而对其精心呵护,避免因现代性的涤荡而逐步消亡,反思和批判的目的则是在立足现实的基础上放眼未来,真正认清"实然"和"应然"之间的差距,明确努力和前行的方向。科学文化现象学的"深描"民族志方法,由于倡导人类学家长期沉浸于地方意义世界的文化情境中,因此既能充分彰显其文化情境中的诗意性存在,又能如其所是地呈现其文化情境中的"实然"状况。不但如此,科学文化现象学的"深描"民族志方法更由于其深切的人文主义关怀、宏阔的世界眼光和敏锐的批判意识,因此更能追寻到人类文明中"应然"和"实然"之间的差距,从而为人类的可持续发展指明正确的方向。从这一角度看,格尔茨科学文化现象学的卓越实践中,正蕴藏着文化批评的丰富资源,它亟待我们在当下的设计人类学研究实践中加以广泛挖掘。

二、科学文化现象学与设计人类学研究

设计人类学是人类学与设计学之间的一个交叉学科领域。事实上，人类学和设计学之间的结缘有着诸多的历史和现实契机。

人类学以文化研究见长，设计和消费实践作为人类最重要的实践行为和文化现象之一，理应被纳入人类学的文化研究领域。而事实上，从人类学学科诞生之日起，他者文化中的人类设计和创造实践，就已经进入了人类学家的研究视野。这种研究实践伴随着人类学学科的走向成熟而变得越发自觉。比如泰勒在《原始文化》一书中，就曾对石器时代的人类居住模式进行过广泛深入的考察；20世纪初的马林诺夫斯基也曾在《西太平洋的航海者》一书中，对特罗布里恩德人的造船技术做过深入细致的研究和描述；美国著名学者阿摩斯·阿普卜特，更是凭借自己对众多非西方民族居住模式的研究，创立了一门"环境行为学"[①]，对诸多非西方民族的居住模式展开了深入细致的人类学研究；著名社会学家布迪厄曾对北非摩洛哥人的居住模式进行过深入细致的研究。伴随着人类学研究重点由他者文化向人类学家自身所属文化的转移，大型和复杂社会中的人类设计创造实践和消费实践越来越成为人类学家们关注的焦点。不但如此，随着始于20世纪上半页的跨国公司设计产品与服务市场的全球扩张历程，"设计民族志"（Design Ethnography）成为设计师和人类学家手中掌握的一件利器，为设计产品和服务市场的开拓与全球扩张不断攻城略地。如果从学科归属的层面来看，那么服务于设计产品市场和全球扩张目的的设计民族志，显然应当归属于运用人类学的范畴。

通过上文的梳理可知，无论是在理论人类学还是运用人类学领域，设计人类学作为人类学的分支学科，同时作为设计学和人类学之间的交叉学科领域，近些

---

① ［美］阿摩斯·阿普卜特：《文化特性与建筑设计》，常青、张昕、张鹏译，中国建筑工业出版社 2004 年 5 月第 1 版。

年来获得了蓬蓬勃勃的发展。

在英国伦敦学院大学（UCL）的官网上①，"文化·材料 & 设计"专业（culture·materials & design）用一个图表（见图1）列出了该专业的研究范围。在这张图表中，"文化语境"（CULTURAL CONTEXTS）处于图表的核心位置，而这一文化语境又由家居文化（Homes）、景观文化（Landscapes）、工作场所文化（Workplaces）、遗产与博物馆文化（Heritage & museums）、身体文化（Bodies）、公共空间文化（Public spaces）等部分构成。显然，人类设计创造实践和消费实践，正是在这些鲜活的"文化语境"中展开的，设计人类学的研究，正是要探讨人类的设计创造和消费实践，与这些"语境"之间错综复杂的相互作用和相互影响机制。

正如前文所指出的，这种研究正可以采用科学文化现象学的"深描"方法。这种深描民族志方法致力于其文化意蕴和文化逻辑的解释与阐发，而非追寻"客观的知识和规律"。这就要求设计人类学研究者沉浸到其日常的生活世界，以一种现象学的态度，对该文化语境中的每一设计实践和设计行为展开亲历性的感受与体验，在这种现象学的关照视野中，文化语境中每一个体鲜活的情感体验、价值观、宗教信仰、审美偏好等，都能得到如其所是地揭示、呈现和描述。以这样的态度进行关照，人类的设计创造实践和消费实践中诸多的诗意、震颤和惊异体验，往往能源源不断地被彰显和呈现出来。人类设计实践中"实然"和"应然"之间的差距，在设计人类学民族志深描意向性"目光"的审视之下，往往显得清晰可辨。设计人类学的文化批评正是在这些地方，才得以释放出其巨大能量，并蓬蓬勃勃地开展起来。

三、设计人类学与文化批评

著名文化批评家理查德·沃林说："文化批评家的角色则在于精确地揭示

---

① 参看链接 http://www.ucl.ac.uk/culture-materials-design/anthropology-materials-design.html。

'现实性'和'合理性'之间的差异，暴露事物的实然存在和应然存在之间两相对立的隔阂。"①沃林的这句话，可谓深得文化批评之三昧。"现实性"和"合理性"、"实然存在"和"应然存在"之间若没有差距，那就没有批评存在之必要；若是对差距视而不见，那便是批评家的严重失职；而倘若发现不了这种差距，便应当对批评家的能力和资格提出质疑。而能以犀利、敏锐的目光发现这种差距，并站在人文关怀的立场上，秉持一种全人类的视野，对这种差距进行理性分析，从而探寻人类社会、环境和未来的可持续发展道路。这便是当代的文化批评家应该义无反顾地承担起来的责任。

由此可见，真正意义上的文化批评，对批评家的素养和人格有着极高的要求：它不但要求文化批评家有着全人类的良知、充塞天地之间的"浩然之气"以及强烈的责任意识，而且对于什么是人类文化之"合理性"和"应然存在"有着极高的、敏锐的判断力。除此之外，在高度全球化的今天，文化批评家还需要拥有一种对于全人类文化的宏阔视野、博大胸怀和开放、包容的心态。只有这样，文化批评家在面对人类纷繁复杂的文化现象时，才能做出公允、开放、包容而极又富品位的敏锐洞察与判断，这样的文化批评也才能真正助益于人类社会、文化的健康、和谐和可持续发展。

具体到设计人类学研究领域。一位设计人类学家所从事的正是一种广义的文化批评实践。它要求设计人类学家在自身的创造性研究实践中秉持一种客观、公允的态度，以极富品位而敏锐的判断和洞察力，揭示和暴露出人类设计创造实践和消费实践中"现实性"和"合理性""实然存在"和"应然存在"之间的隔阂与差距。这种判断和批评显然不是草率做出的，而是建立在深思熟虑的民族志深描基础之上，建立在强烈的责任意识和担当精神、宏阔的文化视野、深切的人文关怀以及极高的审美品位基础之上。美国著名设计师、设计学者维克多·帕帕耐克在美国经济如日中天、快速增长的 20 世纪六七十年代，就针对美国设计

---

① ［美］理查·德沃林：《文化批评的观念：法兰克福学派、存在主义和后结构主义》，张国清译，商务出版社 2000 年 12 月第 1 版，第 3 页。

发出了深刻、尖锐的批评声音,其中所体现的,正是一位优秀文化批评家的全面素养。帕帕耐克的批判尽管在当时曾被短视的业界同行骂成"疯子",并饱受打击,但在半个世纪之后的今天,当人类经济、社会和文化发展越来越饱受资源枯竭、环境污染、文化多样性消失、传统价值观和生活方式式微的困扰之时,其思想的卓越性和深刻性才越来越显示出强大魅力。

由于设计人类学家长期沉浸于特定文化中的设计创造实践和产品及服务的消费实践等鲜活的文化语境中,因此,他们对于伴随着这些实践的人类情感、价值观、审美习尚、生活方式以及宗教信仰等文化要素有着更为深切的洞察与体验,因此在这种洞察和体验基础之上创造出的设计民族志,就能对这一特定文化语境中纷繁复杂的文化意义和文化逻辑有更为深刻的理解与描述。正因为如此,这种理解和描述显然是最富人文关怀的理解和描述。有了这种深刻的理解和描述,再凭借人类学家广阔的文化视野,就完全有可能创造出敏锐、深刻和极富洞察力的设计批评。这种设计批评本身正是一种广义的文化批评。我们也正是在这个意义上说,设计人类学应该成为广义文化批评的重要组成部分。

显而易见,这种高品质的文化批评,对于设计师的设计创造实践和设计产品与服务产品的消费实践,将产生重要而深远的影响。我们甚至可以这样说,当今人类设计实践中的种种乱象、人类经济、文化和社会发展面临的诸多深层次危机,其中的一个重要原因,正在于这种高品质设计批评和文化批评的长期缺位。

今天,随着人类生存面临的环境危机和资源危机形势的日趋严峻,帕帕耐克当年所倡导的"绿色设计""可持续设计"的观念早已深入人心,成了当下占据主导地位的设计理念。但在体验经济时代,面对当下光怪陆离的人类设计创造实践和消费实践时,设计人类学家显然正应该承担起设计批评家和文化批评家的双重责任,指引人类设计创造实践和消费实践朝着健康、绿色和可持续发展的方向前进。在当今人类日趋严峻的生存危机面前,每一位设计师和消费者显然也都责无旁贷。

余论一

设计人类学：学科基础与研究范式①

　　设计人类学是设计学与人类学之间的一门交叉学科，是近年来兴起的一个全新的跨学科研究与实践领域。作为学科形态和学科实践领域，尽管设计人类学的历史极为短暂，但是无论在实践层面还是理论层面，从其诞生之初②就表现出蓬勃的发展势头。

　　在学科实践层面，设计师与人类学家之间的合作从学科创立伊始便拉开了序幕。20 世纪初，伴随着跨国公司设计产品与服务市场的全球扩张历程，"设计民族志"(Design Ethnography)成为设计师和人类学家手中掌握的一件利器，为设计产品和服务市场的开拓与全球扩张不断攻城略地。在当下进行得如火如荼的人机交互设计和用户体验设计领域，设计师与人类学家之间的合作更是表现得异常

---

① 本文曾发表于 2018 年 6 月的《中央民族大学学报》。

② 有国外学者把 20 世纪 30 年代美国著名的霍桑研究(Hawthorne Study)中，在管理学者、设计师和人类学家之间开展密切合作的事实作为人类学家和设计师合作的起点，同时也作为设计人类学学科发展的开端。当然，在这一问题上允许有不同的观点，但无论如何，设计师与人类学家之间的合作却是当代人类创造性实践的一个重要领域。参看 *Design Anthropology：Theory and Practice*，edited by Wendy Gunn，Ton Otto and Racgel Charlotte Smith，Bloomsbury，2013，p. 5.

活跃。在学科形态层面,设计人类学同样表现出极为活跃的姿态。这主要表现在以下几个方面:首先是众多的大学和研究机构为提升人才培养质量、拓展研究领域,纷纷设立设计人类学课程和研究方向;①其次是一些人类学研究机构开始举办有关设计人类学的国际研讨会。② 第三是开始出现了一些以设计人类学为研究对象的博士论文;③第四是开始出现一系列有关设计人类学的研究专著。④

这些状况表明,设计人类学作为一门独立的、日渐成熟的实践领域和学科形态,正逐步进入人们的视野。不但如此,作为一个重要的知识生产部门和实践领域,设计人类学在当今世界全新的社会、政治、经济、文化和科技背景之下,正发挥着越来越重要的作用。如果以一种更为宏阔的视野来进行审视,那么设计人类学的这种蓬勃发展势头,一方面正是顺应了当前世界发展的全球化趋势,另一方面也是体验经济时代⑤人本设计和体验设计潮流推动的重要结果。因此,设计人类学学科的建构和实践的深入,必将对当下和未来的研究与创造性实践的发展产生重要而深刻的影响。

---

① 据笔者粗略了解,到目前为止,开设设计人类学课程或开展设计人类学研究的大学或科研机构主要有斯威本科技大学(Swinburne University of Technology)、阿伯丁大学(University of Aberdeen)、北得克萨斯大学(University of North Texas)、南丹麦大学(university of Southern Denmark)、奥尔胡斯大学(Aarhus University)、哈佛大学设计研究生院(Harvard Graduate School of Design)、伦敦大学学院(University College London)、邓迪大学(University of Dundee)等等。

② 2010 年 8 月,在爱尔兰国立梅努斯大学(National University of Ireland Maynooth)举行的欧洲社会人类学家双年会上,就进行了题为"设计人类学:编织不同时间轴、规模和运动"(Design Anthropology: Intertwining Different Timelines, Scales and Movements)的小组讨论。

③ 笔者了解到的直接以"设计人类学"为题的博士论文主要有:Joachim Halse, Design Anthropology: Borderland Experiments with Participation, Performance and Situated Intervention, IT University of Copenhagen, March 2008; Mette Gislev Kjærsgaard, Between the Actual and Potential: The Challenge of Design Anthropology, University of Aarhus, 2011.

④ 这方面的专著如:Alison J. Clarke, *Design Anthropology: Object Culture in the 21st Century*, Springer Wien New York, 2011; *Design and Anthropology*, Edited by Wendy Gunn and Jared Donovan, ASHGATE, 2012; *Design Anthropology: Theory and Practice*, Edited by Wendy Gunn, Ton Otto and Rachel Charlotte Smith, Bloomsbury, 2013; Yana Milev, *D. A.: A Transdisciplinary Handbook of Design Anthropology*, Peter Lang GmbH, 2013.

⑤ 基姆 C. 科恩和 B. 约瑟夫·派恩二世在《湿经济:从现实到虚拟再到融合》一书中就指出,"体验已经成为经济的主要产品,让 20 世纪下半叶里风行一时的服务型经济相形见绌。服务型经济当时取代了工业经济,而工业经济此前替代了农业经济的地位。"王维丹译,机械工业出版社,2013 年 5 月第 1 版,第 2 页。

然而，与学科实践和学科形态的这一蓬勃发展势头不相称的，是设计人类学的学科建构仍处于较为滞后的水平。尽管近年来西方国家（尤其是斯堪迪纳维亚国家）一些杰出学者出于教学和科研的需要，对设计人类学的学科构建开展了大量卓有成效的工作，但对于学科研究的基础和研究的范式等根本问题的探讨仍停留在一个较为粗浅的层次。鉴于此，本文将在对现有成果进行梳理的基础上，对这一问题做一次较为深入的探讨。

一、设计人类学学科的出现、发展及现状

作为设计学与人类学之间的一门交叉学科，设计人类学发端于设计师与人类学家之间在实践层面的合作。这种合作正如前文所言，开始于 20 世纪 30 年代美国著名的"霍桑研究"（Hawthorne Study）计划。在该项计划中，设计师、人类学家和管理学者之间开始了密切合作，共同致力于西电公司工人生产效率提升等实际问题的解决。紧跟着这一成功实践的，是 20 世纪 40 至 50 年代，管理研究学者和设计师再次与人类学家进行合作，共同致力于工业组织中的商业管理研究，"这类研究聚焦于工人的行为和心理方面，或飞行员对于机械的操控，以防止意外事件，并且研发出各种工业产品和设备"[①]。此后，在欧美国家，越来越多的社会科学家参与了工业设计和商业管理实践中，在工业设计和商业管理中扮演着其他学科无法替代的重要角色。时间到了 20 世纪 80 年代，施乐公司帕洛阿尔托研究中心的技术组与社会科学家合作，通过在工作场所中对围绕计算机的人类行为展开民族志研究，从而参与了软件设计的过程中。随着计算机技术的发展，在之后的人机交互领域以及当下进行得如火如荼的体验设计中，社会科学家（包括人类学家）正发挥着越来越重要的作用。

以上简要回顾表明，作为一门交叉学科，设计人类学的出现，正是设计师与

---

① *Design Anthropology：Theory and Practice*，edited by Wendy Gunn，Ton Otto and Racgel Charlotte Smith，Bloomsbury，2013，p. 5.

人类学家之间开展的诸多创造性合作共同推动的结果。毫无疑问,这正是设计人类学作为独立的学科形态和重要的知识生产部门,其生存和发展不可动摇的根基之所在。但显而易见,任何一门学科的存在与发展,光有实践层面显然是远远不够的,它还必须同时进行卓有成效而坚实有力的理论建构。

众所周知,设计是人类最重要的实践领域之一,其目标在于凭借可靠的技术手段,对现实进行有效干预,有计划、有目的地实现预期目标或解决特定问题,从而服务于人类生产与生活实践。人类学作为重要的知识生产部门,尽管也诉诸民族志实践,但其最终目标却并非着眼于特定社会或文化群体中诸多社会和现实问题的解决,而是通过民族志描述,实现人类学家对于特定社会和文化的理解与阐释。从这一层面上看,借用相关学者的话说,设计就是一门"干预"的科学,而人类学则是一门"静观"的科学。①

然而事实上,从设计人类学学科的当下状况来看,设计学与人类学之间在实践层面上的合作,并非总是一种"平等"(或者说"对等")的合作关系。从某种程度上说,作为设计师与人类学家之间合作重要成果之一的"设计民族志",正是跨国公司设计产品和服务的全球扩张过程中那个曾经一度攻城略地、叱咤风云并立下了赫赫战功的元勋。人类学家在长期职业实践中历练和发展出的精湛的民族志技艺,被充分运用到了跨国公司设计产品和服务市场的全球扩张过程中。尽管社会人类学家在这一过程中立下了赫赫战功,但这种类型的实践在"正统的""严肃的"和"以知识生产为己任"的社会人类学家看来,反而恰恰成了人类学研究的"末路"而非"阳关大道"。造成这种看法的原因固然是多方面的,这其中显然有传统人类学研究学者观念固化与狭隘的因素。但另一方面的事实同样显

---

① 有国外学者把这两门学科之间的区别描述为人类学学科的参与观察与设计学学科对现实的直接干预之间的区别,并进而认为,设计人类学学科的建构和发展,要想取得关键性的突破,其核心问题便在于弥合这两门学科之间的区别所造成的鸿沟。作者通过研究,所找到的弥合鸿沟的方法,便是设计民族志的人类学和设计学实践。参看 Joachim Halse, *Design Anthropology: Borderland Experiments with Participation, Performance and Situated Intervention*, Manuscript for PhD dissertation, Submitted to the IT University of Copenhagen, March 2008.

而易见：设计师与人类学家之间这种在实践层面上展开的合作，尽管是设计人类学学科建构与发展的一个重要方面，但并非学科发展全部或主流。尤其是在后工业时代，在人类面临日益严峻的环境问题和可持续发展危机、在体验经济成为世界经济发展主流的时代大背景之下，设计师与人类学家之间更深层次的合作毫无疑问就应该被提上议事日程。正如有国外学者指出的："设计人类学致力于构建起过去、现在和未来之间的部分关联。……设计人类学对人类学和设计都能提供一种关键性的贡献。"①这种贡献的一个重要方面，正体现在设计人类学的广义文化批评功能上。这在后面还将展开具体论述。要做到这一点，设计人类学就必须突破人类学过去固化和狭隘的学科观念，从设计学和人类学深厚的学科传统和丰富的学科实践中广泛汲取养料，并把它们运用于自身学科实践的创造性发展和学科理论的科学建构过程中。显然，这将是一项浩大的系统工程，需要众多学科领域学者的参与和共同努力。

二、设计人类学的学科基础

作为设计学与人类学之间的交叉学科领域，设计人类学的学科基础深深扎根于这两门学科之中。

回顾人类学发展的百年历程，对特定情境中人类设计行为和造物文化的研究，从人类学学科创立伊始就已经由人类学家们系统展开了。人类学之父——泰勒在《原始文化》一书中，就以进化论的视角，系统考察了人类文明发展几个阶段——从蒙昧社会到野蛮社会再到文明社会——的技术体系和物质文化。②泰勒凭借手中掌握的丰富的资料，在《古代社会》一书中，对人类原始文化发展的几个阶段，从工具制造、食物获取、纺织、制陶再到房屋建造的整个技术体系、设计实践

---

① *Design and Anthropology*，Edited by Wendy Gunn and Jared Donovan，Ashgate，2012，p. 13.
② ［英］爱德华·伯纳特·泰勒：《原始文化：神话、哲学、宗教、语言、艺术和习俗之发展研究》，连树声译，上海文艺出版社1992年第1版。

和物质文化,进行了全面系统地考察,最终描绘出了人类原始文明的进化历程和整体风貌。①马林诺夫斯基更是在《西太平洋的航海者》一书中,对特罗布里恩德人的独木舟设计和建造技艺进行了深度描述,系统阐述了其在地方文化系统中的重要位置。②这样的例子在人类学大量的经典民族志作品中可以说数不胜数。

从学科发展史的角度来看,人类学的出现与近代殖民进程中西方人对非西方社会及其文化的关注和深度探究实践密不可分。这种探究实践逐步形成了西方人对于非西方社会和文化进行系统研究与描述的强大的民族志传统。与此同时,对非西方社会和文化的系统研究与描述,也促发了西方人对于自身文化的批判与反思,并逐步在人类学研究实践中形成了强大的文化批评与反思传统。这种批评和反思又进而推动了人类学家把探究的焦点转移到了西方人自身社会和文化上来,创立了诸如都市人类学、商业人类学、工业人类学等诸多的人类学分支学科领域,对都市中众多的亚文化群体、商业企业组织、民间团体甚至各种科学研究机构展开深度的田野调查与民族志研究。

人类学研究的这一转向,显然也为人类学家与设计师之间的合作开辟了道路。随着设计师职业化趋势的发展,也伴随着工业企业设计产品和服务市场的全球扩张,企业的管理者和设计师们越来越深刻地认识到,与社会人类学家之间开展广泛深入的合作,具有重要的意义和价值。在设计实践领域,越来越多的企业管理者和设计师开始尝试与人类学家之间的合作,把人类学家精湛的田野调查和民族志技艺运用于设计产品和服务市场的全球开发与扩张进程中,并取得了令人瞩目的成绩。③

---

① [美]路易斯·亨利·摩尔根:《古代社会》,杨东莼、马雍、马巨译,中央编译出版社2007年7月第1版。
② [英]布罗尼斯拉夫·马林诺夫斯基:《西太平洋的航海者》,张云江译,中国社会科学出版社2009年12月第1版。
③ 这种运用人类学的理论和方法展开的运用设计研究,也符合人类学重要分支学科——运用人类学的学科旨趣。欧美人类学自创立之初就有强大的为公司、企业、政府和非政府组织服务的传统。欧美众多企业和公司也往往聘请人类学家,参与到企业和公司产品及服务市场开发和拓展实践中,比如微软公司就聘请了人类学家,参与到公司的人机交互设计过程中;当前美国的加利福尼亚就有一家叫作Paceth的小型市场和设计研究公司,聘请人类学家开展田野调查,为公司和商业组织提供市场、用户以及售后服务等领域的咨询服务。这样的例子在世界著名的跨国公司还有很多。

可见,设计学与人类学之间的结缘并非偶然现象,而是有着深广的历史和现实基础。这可具体概括为以下三个方面：首先,从人类学方面看,从学科创立之初,人类学家们就抱持一种文化整体观(holism),把人类的设计行为和造物实践纳入了人类文化系统,作为学科考察的重要对象,进行了全面深入的研究、阐释与描述。其次,从设计学方面看,设计师和设计学研究者们也深刻地认识到,作为人类重要的实践活动,设计与造物行为总是深深地植根于每一社会具体的历史与现实语境中,与人类其他政治、经济、技术、文化、艺术以及日常生活的种种实践活动密不可分地交织在一起,因此在职业和研究实践中,他们往往感觉到引入民族志方法和抱持人类学文化整体观的重要意义和价值。第三,运用人类学是伴随着人类学学科创立之初就发展起来的一门人类学分支学科,而设计创造实践领域恰恰为运用人类学家们提供了可以大显身手的广阔空间,这也成为两个学科之间结盟的重要基础。

正是有了以上三方面的契机,设计人类学从其创立伊始便以蓬勃发展的势头,在诸多的设计实践和设计研究领域取得了令人瞩目的成就,正成长为一门极富活力的新兴学科。然而,我们也应该清醒地认识到,尽管设计人类学作为人类学与设计学之间的交叉学科,其相互之间的融合以及学科建构有着诸多历史和现实的有利契机,但要真正实现学科的深度融合并取得学科建构和发展的关键性突破,却仍需克服诸多的内在困难。这其中的困难之一(正在于前文所提到的),就是要努力弥合人类学参与观察的学科实践与设计学对现实直接干预的学科实践之间的那条鸿沟。

人类学显然也是一门典型的实践科学,但这种实践是一种建立在人类学家长期亲历性田野调查基础之上的参与观察实践。实践的根本目标,在于通过对研究对象长期亲历性的观察与体验,持一种文化整体观,把众多的文化现象纳入其自身所在文化系统中,对其进行系统地理解、阐释和描述。人类学家由于长期亲历性地沉浸于异文化世界中,因此对于该文化中的诸多文化现象,也就能获得比其他人(甚至比土著民族自己)更为全面、深刻的理解。但是,这种参与观察实践的目的,仅仅在于理解、阐释和描述,而非对身处其中的诸多社会、文化和现实问题进行直接干预。在人类学史上,这种人类学家对于身处其中并从事参与观察实践的社会、文化和现实问题的无能为力,广泛充斥于人类学家的民族志描述和反思性作品中,最终积淀为人类学家职业伦理的重要组成部分。[①] 而熟悉人类学史的人也都知道,尽管从人类学学科从创立之初就有了旨在对现实进行直接干预的实用人类学分支学科的存在,但它却始终与那个以"科学"自居、以知识生产和文化反思为己任的人类学"主流"方向格格不入。与人类学田野调查亲历性的参与观察实践不同,设计实践的目标在于凭借可靠的技术手段,对现实进行卓有成效地干预,从而解决科学技术、生产生活实践中种种"实实在在"的现实问题。从这一层面看,在人类学家的参与观察与设计师对现实的有效干预这两种实践之间,确实存在着一条不容忽视的鸿沟。在这一点上,前文提到的那位研究者是正确的。但如果我们以更广阔的学科视野来进行审视就会发现,弥合这一鸿沟的方法却绝非仅仅只有设计民族志一种。

换个角度来对这一问题进行审视就能发现,无论是人类学家通过长期亲历性田野调查开展的参与观察实践还是设计师凭借可靠的技术手段对现实进行有效干预的、以问题解决为导向的实践,都是诉诸体验的一种人类实践。正是依靠这种体验,人类学家最终建构起了对于异文化的深层次理解、阐释与描述,其表现形式通常为有着卓越的科学认知价值的民族志;而依靠设计体验,设计师和消费者则最终实现了设计产品自身的卓越功能,其表现形式为有着卓越性能并能满足消费者诸多需求的设计产品。进一步分析可知,无论是人类学家的参与观察实践还是设计师和消费者的创造性实践,又都毫无例外地是一个体验过程、一个意义创造和交流的过程。人类学家通过这种创造性实践和体验,创造出了他

---

① 如克利福德·格尔茨在《作品与生活:作为作者的人类学家》《可见光:哲学话题的人类学反思》等作品中,就对人类学的职业伦理进行了深刻反思。参看 Clifford Geertz, *Works and Lives: The Anthropologist as Author*, Stanford: Stanford University Press, 1988; Clifford Geertz. *Available Light: Anthropological Reflections on Philosophical Topics*, Princeton University Press, 2000.

自己对于异文化的深刻理解,并诉诸民族志,用自身文化特有的语言形式表现出来,从而最终实现了不同文化系统中意义的深层次交流(这本身也是一种高层次的创造实践和创造技艺)。设计师的设计构想和设计实践同样要诉诸其自身在长期职业经验中熟练掌握的各种丰富技能,进而再凭借可靠的技术手段并依托种种材料媒介,才能最终转化为实实在在的设计产品。这一设计产品在进入使用和流通环节之后,又需要诉诸消费者的体验,通过对消费者身体经济学结构和动力学特征的有效调节和干预,才能最终实现了其卓越的功能。[1]

对人类学家来说,这种体验正是人类学知识生产的重要手段,人类学的深刻反思精神和强大的文化批评传统,正是建立在人类学家长期参与观察的实践与体验基础之上。而对于设计实践来说,无论是设计师运用行之有效而丰富多彩的设计语言,并且凭借可靠的技术手段和特定的物质或非物质材料媒介才最终得以完成的设计产品的创造实践,还是消费者诉诸体验的消费实践,其本身也同样是一个意义创造与交流的、复杂的体验过程。这一复杂过程的背后,不但有着一门身体动力学在起作用,更有着一门强大且影响力无处不在的文化动力学在发挥着作用。[2] 对于这门身体动力学和文化动力学在设计和消费过程中发生机制的深入研究,正是设计人类学的重要课题。不但如此,这也正是弥合人类学和设计学之间那条鸿沟的最重要方法和路径之一。循着这条路径,在人类学深刻的文化反思精神和强大的文化批评传统与设计体验和设计批评之间,正显露出一片设计人类学研究可以纵横驰骋的广阔天地。[3]

由此可见,通过对体验以及经由体验所发生的意义创造和交流过程展开深入研究,正可以架设起人类学的参与观察和设计学对现实的直接干预之间的那

---

[1] 李清华:《设计与身体经济学:一个知觉现象学的描述》,《美与时代》,2013 年第 10 期。
[2] 李清华:《设计与体验:设计现象学研究》,中国社会科学出版社 2016 年 12 月第 1 版。
[3] 罗德岛设计学院基础研究部的诺姆·帕瑞斯在谈到设计批评时就曾描绘了一幅图示,在一幢五层建筑物的第四层外面,架设有大量的无线电接收装置,这些无线电接收装置接收的正是来自文化的信息。在诺姆·帕瑞斯对这幅图示的阐释中,这正表明了人类学的文化批评传统对于设计批评的建构具有举足轻重的意义和价值。参看 *The Art of Critical Making*, *Rhode Island School of Design on Creative Practice*, Edited by Rosanne Sommerson and Mara L. Hermano, Wiley, 2013, p. 218.

条鸿沟,从而为设计人类学的研究开辟出一片广阔天地。

三、设计人类学的研究范式

范式一词源自古希腊语,原意指"模范"或"范型"。柏拉图把它运用于自身哲学思想的建构。在柏拉图那里,范式的内涵与"形式"大致相同,是指那些特殊对象得以被创造出来的模型或范型。柏拉图认为,人们审视范式的目的正是为了获得真正意义上的知识。比如在《理想国》中,柏拉图就认为所谓的理想国正是建立在天国的一种理想的国家范式或范型;①而在《蒂迈欧篇》,他又认为形式即是范式,是具有神性的工匠得以凭借它而建立起整个感觉世界的那个范型。②20世纪60年代,美国著名科学哲学家托马斯·库恩的《科学革命的结构》一书对范式进行了深入探讨。在库恩的思想中,范式是指由诸多概念、假设和方法构造而成的框架,在这一框架之内,科学共同体的成员们从事着他们各自的研究工作,当这一范式由于新的科学发现而需要变化或转型时,就会引发所谓的范式革命。

我们在此使用范式这一概念,正是着眼于设计人类学学科赖以被建构起来的一整套由诸多概念、假设和研究方法所构造而成的那个学科框架和学科形态。显然,范式的形成也正是设计人类学学科成熟的重要标志之一。但要弄清设计人类学的研究范式,我们首先就必须对学科研究对象有一个较为清晰的把握。

对于设计人类学的研究对象,英国伦敦大学学院(UCL)的"文化·材料 & 设计"专业(culture·materials & design)③所列出的学科研究范围,正可以给我们提供极富价值的借鉴和启发(图1:我们研究什么)。在图1中,处于核心位置的"文化语境"(Cultural Contexts)由家居文化(Homes)、景观文化

① [古希腊]柏拉图:《理想国》,商务出版社1986年8月第1版。
② 参看《柏拉图全集·第三卷》,人民出版社2002年1月第1版,第265—345页。
③ 参看链接 http://www.ucl.ac.uk/culture-materials-design/anthropology-materials-design.html。

(Landscapes)、工作场所文化(Workplaces)、遗产与博物馆文化(Heritage & museums)、身体文化(Bodies)、公共空间文化(Public spaces)等部分构成。围绕"文化语境"层的则是"材料"层，它们是人类设计行为得以展开的材料媒介，包括营造材料(Construction materials)、可穿戴材料(Wearable materials)、塑料 & 塑形材料(Plastic & mutable materials)、信息材料(Informa-tion materials)、包装 & 黏合材料(Packaging & bonding materials)等。处于最外围的，是人类以材料为媒介并依托可靠的技术手段所展开的一系列设计实践和行为。它们包括交通设计(Design for communication)、环境与可持续设计(Design for environmantal sustainabiligy)、健康与福利设计(Design for health wellbeing)、商业与发明设计(Design for commerce and innovation)、作为文化批评的设计(Design as cultural commentary)、社会与政治参与设计(Design for social and political participation)等等。

图1指出，在人类设计实践和设计行为中，文化语境总是处于最核心的层面，正是它们决定了围绕着文化语境的材料层以及更外围的一系列人类设计实践与设计行为的整体风貌和基本状况。换句话说，处于核心层面的人类文化语境，总是源源不断地向外辐射着其自身强大的影响力量，这种辐射作用的结果，才使得人类一切设计实践和设计行为，其风格和整体风貌归根结底总要受到位于核心层面的文化语境层广泛而深刻的影响与制约。显然，设计人类学的研究，正应该围绕这三个不同的层面展开。但是归根结底，设计人类学研究的最终旨归，还是要指向对于核心文化语境层的系统理解、呈现、描述和阐发。这也正是设计人类学作为一门独立的学科形态应该承担起来的最重要的知识生产任务。

另外，这一图表还表明，设计人类学研究还应该成为广义文化批评的重要组成部分。从设计人类学目前的研究状况来看，从人类学既深且广的文化反思精神和文化批评传统中广泛汲取丰富养料，并创造性地运用于设计批评实践中，毫无疑问正是设计人类学中一个有着巨大潜力并且极富活力的研究领域。这样的文化批评，由于拥有全人类文化的广阔视野，因此必将对人类当下和未来的设计实践产生重要而深刻的影响,并且将指导人类设计创造实践走向健康发展和可持续发展的轨道。

这样,通过对范式概念内涵的考察以及学科研究对象、研究范围的系统梳理,我们对于设计人类学学科研究的问题域和学科范式也就有了一个较为清晰的轮廓。具体来说,主要包括以下几个方面:

首先是学科历史的系统梳理。

作为重要的知识生产部门,对于任何一门学科的建构和发展来说,学科历史的系统梳理都是必不可少的基础性工作。这对于形成学科自觉,完善学科形态,形成学科特有概念体系、研究方法和理论形态都至关重要。具体来说,这又包括以下两个方面的工作:

一是从源头上对设计人类学思想进行系统梳理。如前所述,人类学在长期艰苦卓绝而又成就斐然的研究实践中,积累了异常丰富的对于人类设计实践和物质文化研究的经验与思想。这是设计人类学的强大"武库"与"源泉"。因此从源头上对这一"武库"和"源泉"进行系统梳理,对于设计人类学的学科建构来说,就具有深远的意义和价值。这种类型的系统梳理工作,能够呈现出人类学家在这些问题上各自不同的理论旨趣和方法论路径,并尽可能全面地呈现出这一由人类学开启的设计实践和物质文化研究的诸多面相与丰富景观。设计人类学学科的概念体系、研究方法和理论形态,正有望从这一丰富"武库"和"资源"中汲取到充分的灵感和养料,从而推动自身的蓬勃发展。

二是对设计学研究领域的设计人类学思想进行系统梳理。设计学洋洋大观的研究实践也表明,许多杰出的设计学研究者,尽管并未给自身的研究冠以设计人类学的名号,但在其研究实践中,已经非常自觉地引入了人类学文化研究的视角和方法。在这类研究实践中,经由强大的商业文化影响、推动和发展起来的设计民族志毫无疑问占据着非常重要的位置。这部分研究已经在实践层面上把人类学的民族志实践与设计实践充分结合起来,利用设计研究与人类文化之间的深层次关联,把人类学的田野调查和民族志手段与设计实践中设计产品和服务市场的商业运作模式巧妙结合起来，创造出了有着自身鲜明特色而又卓有成效的设计民族志。它对于设计产品和服务市场的全球扩张并进而在消费经济领域获取商业利益的最大化，起到了至关重要的作用。设计人类学想要实现自身的健康发展和学科形态的不断完善，对这些研究和实践领域的思想和经验进行系统梳理和总结就显得尤为重要。

其次是把人类学强大的文化反思精神和批评传统与设计批评理论和实践进行深度融合，开创设计人类学研究新领域。人类学从其创立之初就有着强烈的文化反思意识和强大的文化批评传统。同时，设计批评在设计师的产品设计实践、消费实践和设计学研究领域同样占据着举足轻重而又无可替代的重要位置。从这一层面看，设计批评完全可以从人类学强大的文化反思精神和批评传统这一"武库"与"资源"中，寻找到自身学科实践的灵感与方向，把人类学的文化反思与批评理论、思想和方法，广泛地运用于设计批评的理论建构与批评实践中。设计人类学研究者，正可以在对人类学这一强大传统进行细致梳理的基础上，对设计批评与人类学文化反思精神与批评传统之间的深层次关联进行深入探讨，从而最终开创出设计人类学研究一个重要而全新的方向和领域。可以预见，这种研究也将极大推动设计批评理论与设计实践的发展。

再次是对技术文化与身体文化展开深度研究。图 1 指出，"文化语境"是设计人类学研究的根本旨归，它又具体包括家居文化、景观文化、工作场所文化、遗产与博物馆文化、身体文化、公共空间文化等等。但我们也应认识到，在所有这些共同构筑起的核心"文化语境"要素中，还有一个至关重要"隐性要素"其实并没有在图 1 中被标示出来，这一至关重要的"隐性要素"即技术文化。设计实践表明，技术文化事实上"融贯"和"隐藏"于所有这些层面的核心"文化语境"要素之中。而归根结底，所有这些层面的文化要素，在设计实践中也都是诉诸体验的一种意义创造和交流行为。也只有诉诸体验，它们才最终得以在人类的日常生活实践中，以"文化"的形态被显现出来。从这一层面上看，广义上的技术文化和身体文化，就处于所有这些文化的灵魂与核心位置，因而也应当成为设计人类学研究的核心领域之一。

实践表明,设计总要诉诸人类体验,而设计产品的功能实现又都毫无例外地要诉诸特定类型的、可靠的技术手段,并且设计师的设计行为也都是以人类需求的满足为出发点和根本归宿。从这一层面看,设计中的体验就是一种极其活跃而又无所不在的意义创造和交流过程。不但如此,在人类设计史上,人类设计行为总是在特定文化语境中发生,因此任何类型的设计,从最原始的砍砸器到最先进的可穿戴移动终端,其背后都有着一门身体动力学和文化动力学在无时无刻地发挥着其重要作用和影响力量。因此,对于身体动力学和文化动力学作用机制的深刻揭示、阐发与描述,也正是设计人类学的一项重要使命。设计人类学研究正可以充分发挥人类学文化研究的巨大优势,来展开对于技术文化和身体文化与人类设计实践之间深层次关联的深入探讨,不断开拓设计人类学研究的新领域。

作为独立的学科形态,也作为知识生产的重要部门,任何学科存在的合法性,正在于它能对人类生存中诸多现实问题做出自身积极、有效的回应,并进而致力于改善人类生存状况。正如有国外学者指出的那样,评判设计人类学家是否成功的一个全新标准,正在于他能作为人类理想未来的共同创造者而开展的合作与做出的回应,从而使他们自己成为能改造现实之知识的和有意义之实践的推动者。[①] 可以预见,设计人类学发展建构起来的广义文化批评理论与实践,正可以凭借其反思的超凡的广度和深度,促发我们对人类当下设计实践展开深层次的批判与反思,从而为人类摆脱当下危机并实现可持续发展寻找到一条可能路径。因此,在体验经济时代、在一个设计无处不在并以前所未有的速度和广度深刻影响和改变着人类生存环境的时代,设计人类学的发展正有着无限广阔的空间。

这样,通过对设计人类学学科基础、研究对象和研究问题域的描述与勾勒,

---

① *Design Anthropology*: *Theory and Practice*, edited by Wendy Gunn, Ton Otto and Racgel Charlotte Smith, Bloomsbury, 2013, p. 13.

我们对于设计人类学的学科范式，便有了一个大致清晰的轮廓。但同时我们也应当清醒地认识到，这距离学科体系的建构和完善以及学科理论、方法的成熟仍然有相当的距离。作为一门新兴学科，设计人类学的发展和成熟仍然需要各个领域研究者相互之间的通力合作并付出长期不懈的艰苦努力。并且由于我们身处一个瞬息万变的时代，人类社会的政治、经济、技术和文化状况无时无刻不在发生着深刻变化，从这一角度看，设计人类学学科范式的建构将永远在路上，每一位研究者也应当时刻准备好重新出发。

余论二

博物馆空间诗学： 他者视野中的博物馆
展示空间设计[①]

博物馆展示空间是一个有别于日常生活空间的特殊的公共空间，其特殊之处正在于它需要引领参观者跳出漫不经心、沉闷乏味甚至是百无聊赖的日常生活空间，进入一个能处处产生诗意、震颤和惊异体验的公共空间领域。在这一转换过程中，作为设计实践之一的博物馆展示空间设计，显然就扮演着一个极其重要的角色。而人类学的民族志实践表明，诗意、震颤和惊异体验，正是以他者的眼光来对异文化进行关照的结果，这种诗意、震颤和惊异体验，始终伴随着民族志实践的整个历程。对这一历程的系统回顾则表明，从最早的奇珍室到当代的人类学博物馆再到新博物馆学理念指导下的生态博物馆，人类学他者视野所映射出的，正是一门充满活力的博物馆空间诗学。而对这门博物馆空间诗学的成功勾勒，正可以给博物馆展示空间设计提供重要的灵感和启发。

---

① 本文曾发表于《民族艺术》2016 年第 4 期。

一

人类学发展的百年历程表明，作为学科重要成果和主要知识生产方式，一部民族志的历史就是一部西方人以他者的视野对非西方社会和文化进行凝视和关照的历史。

严格意义上的民族志产生于西方人类学家对非西方社会长期亲历性的田野考察以及在此基础上所进行的科学观察和记录，它是现代意义上的人类学学科诞生的重要标志。但显然，在"科学民族志"诞生之前，人类社会不同文化之间的相互接触和"相互凝视"却早已有了悠久的历史。从学科史的角度来看，最早的民族志发端于西方传教士、旅行家和探险者对于非西方社会浮光掠影的、猎奇性质的文字描述。显然，这些文字描述正是西方人对他者社会和文化进行凝视的结果，尽管它们也建立在描述者游历经验的基础之上，但由于缺乏长期亲历性的、科学的田野考察，其中充斥的正是西方人对于非西方社会和文化充满诗意、震颤和惊异体验的种种想象性成分。但也正是这些想象性成分，却最终激发起了西方人对非西方世界的探索热情。

到了 19 世纪，随着实证主义哲学思潮的影响，以实证科学为标准的现代意义上的西方学科体系逐步确立起来。人类学学科的诞生正是这一思潮影响的重要结果。但显然，实证主义的影响却未能也永远不可能使得人类学学科的建构彻底挣脱诗意、震颤和惊异体验。正如格尔茨所指出的，人类学学科定位的悖论也正在这里：一方面是诗意、震颤和惊异体验，另一方面却是科学的冷静与客观，人类学家"一方面是绝对的世界公民，一个有着被夸大的适应能力和伙伴情感的人物，实践性地把自己渗透进入任何情境中，以至于有能力像土著那样去看、像土著那样去思考也像土著那样去说话，并且在某些时候甚至像他们那样去感觉，像他们那样去信仰。另一方面那里有一个完全意义上的研究者，一个如此严格客观的人物，自始至终不动感情、精确、守纪，如此全身心地投入冰冷的真理世界，就像拉普拉斯那般自我沉浸。高级罗曼斯和高级科学,以一个诗人的热情抓住直接性和以一个解剖学家的热情抓住抽象形式,这毫无疑问是难以驾驭的。"①在人类学的民族志实践中,这就造成了永远纠缠不清的悖论。显然,对于民族志话语来说,"价值与事实、字面意义与比喻意义、真与美、现实与想象、主观与客观、清晰可见的直觉与循规蹈矩的归纳,它们之间这些传统的分野都不能说明问题。"②

透过这样的描述,以科学自居的人类学民族志实践,无论是其"科学规范"的田野考察、"客观冷静"的描述实践还是属于"理性探究"实践的民族志阅读过程,却自始至终都伴随着诗意、震颤和惊异体验。显然,民族志描述、探究、认知的科学价值和窥探、猎奇、体验的诗意价值,也都唯有在这一过程中才得以最终实现。从这一角度来看,民族志实践既是一种科学实践又是一种艺术实践,但殊途同归,科学实践和艺术实践的最终目标,都指向了话语实践的意义创造和交流目的。正如布莱迪所言:"像艺术一样,科学的叙事话语产生于文化传统的互动,产生于作者通过语言编码进行描述的方式,产生于读者接受的过程。意义的清晰本身在这个语境中就产生了新的意义。没有绝对的意义。意义是可操控的文化编码,与熟识和历史有关,与文化有关,与神秘的客观性有关。"③如此来看,那么无论是科学价值还是艺术价值,也都是人类学家运用民族志话语实践,来对异文化进行编码和操控的结果,它本身是一个意义创造和交流的过程。

在西方社会学语境中,对诗意、震颤和惊异体验的学术探讨源于列斐伏尔和西美尔等学者所开创的日常生活批评理论,但震颤(也译为惊颤)这一概念的却最早出现于本雅明的《拱廊街计划》。它源于本雅明对波德莱尔十四行诗《给一位交臂而过的妇女》的评论。

在这篇评论中,本雅明写道:"使身体痉挛地抽动的东西并不是它意识到了

---

① Clifford Geertz, *Works and Lives : The Anthropologist as Author* , Standford University Press, 1988, p. 79.

② [美]伊万·布莱迪《人类学诗学》,徐鲁亚等译,中国人民大学出版社 2010 年 1 月第 1 版,第 4 页。

③ Ibid, p. 19.

身体每一根神经的被冲击中，而更是一种对惊颤的意识，随着这种惊颤，一种急切的欲望便直接征服了一个孤独的人。"①显然，对于波德莱尔来说，震颤是休闲逛街者孜孜以求却又瞬息万变、倏忽即逝和难以捕捉的某种身体和情感体验状态。在本雅明的诗性哲学中，这种源于法国大革命时代"密谋者"的身体与情感体验，既存在于大诗人波德莱尔对于巴黎街头那熙熙攘攘人群的匆匆一瞥中，又存在于巴黎拱廊街休闲逛街者对于橱窗中那琳琅满目、光鲜亮丽商品的惊羡和贪恋目光中。但显然，这种诗意、震颤和惊异体验所引发的效果却是相同的：在这种诗意、震颤中和惊异体验中，在这种对于"他者"的关照中，日常生活的单调、灰暗以及沉闷压抑和百无聊赖被一扫而空了。正如英国学者本·海默尔所指出的："《拱廊项目》中的巴黎充斥着各种身体、意象、表征、刺激物、运动，它被经验为对于传统和人的感官等等的连续不断的攻击。"②海默尔这里的描述显然很好地揭示出了这种诗意、震颤和惊异体验的本质：它绝非仅仅是单纯的感官刺激，它还能对我们的"传统"造成相当程度的"攻击"。

在现象学哲学家看来，日常生活之所以需要批判，并不仅仅是因为它的单调、灰暗以及沉闷压抑和百无聊赖，更重要的还因为它是一种"自然态度"。在现象学哲学看来，这种自然态度不但对于人类生存的意义和价值问题漠不关心，而且还以自然科学的态度来简单粗暴地对待和处理人类生存的意义和价值问题。正是从这一角度出发，胡塞尔认为欧洲科学陷入了真正的危机之中，这种危机同时也是人类生存的致命危机。③ 在胡塞尔现象学的深刻影响下，阿弗雷德·许茨（Alfred Schutz）的现象学社会学才集中于"对日常生活世界、对这个每天运转不息的世界的意义结构的关注"④。在许茨思想中，这种日常生活世界由"前辈"

---

① ［德］瓦尔特·本雅明：《发达资本主义时代的抒情诗人》，王才勇译，江苏人民出版社 2005 年 2 月第 1 版，第 43 页。

② ［英］本·海默尔：《日常生活与文化理论导论》，周宪、许均主编，王志宏译，商务印书馆 2008 年 1 月第 1 版第 103 页。

③ ［德］胡塞尔：《欧洲科学危机和超验现象学》，张庆熊译，上海译文出版社 1988 年 10 月第 1 版。

④ ［美］阿弗雷德·许茨，《社会实在问题》，霍柱桓、索昕译，华夏出版社 2001 年 1 月北京第 1 版，第 1 页。

"同时代人""同伴"和"后继者"构成,他要透过"现象学态度"而非"自然态度",去探寻这个我们每日生活其中的社会世界的"意义结构"。由这一点出发,列斐伏尔说:"我们需要一种对日常生活的哲学盘点与分析,需要揭示其模糊性——其卑微与丰富,贫乏与繁复——通过这些非正统的手段,释放其创造性的能量,这是其整体的一部分。"①而在齐美尔那里,在其日常生活批判理论中,这种日复一日的机械轮回,这种单调乏味的日常生活所造就的正是"大都会的厌倦态度",这个世界在"厌倦者看来是一种均一、单调、灰暗的色彩","这种心理状态是对彻底的货币经济的一种准确的主观反应,因为金钱代替了各种各样的所有事物,并且以'多少钱'的区别表达了它们之间的所有质的区别"②。由此出发,西美尔发展了他对于货币进而是对资本主义制度和日常生活的批判理论,而其日常生活的意义世界也正在这种批判理论中被建构起来。

以上这番巡视表明,无论是人类学民族志对于"他者"的凝视目光,还是社会学、现象学对于单调、灰暗以及沉闷压抑和百无聊赖的日常生活的批判,其背后的动机都是对于诗意、震颤和惊异体验的揭示、探寻和追求,也是对于人类生存意义和价值孜孜不倦的揭示、探寻和追求。至此,我们不禁要还要追问:这种诗意、震颤和惊异体验究竟是如何的产生的? 其背后的动力机制又是怎样的呢?对这些问题的深入探讨,正是这门博物馆空间诗学的根基之所在,它能给我们的博物馆展示空间设计提供极富价值的启发。

二

如果我们以更广阔的视野来进行审视,那么无论是人类学对于"他者"的凝视、现象学对于"自然态度"的批判还是社会学对于日常生活的批判,显然都属于

① HenriLefebvre, *Everyday Life in the Modern World*, tr. Sacha Rabinovich, New York, 1971.
② [德]齐美尔:《大都会与精神生活》,朱生坚译,《西方都市文化读本》,薛毅主编,广西师范大学出版社2008年12月第1版,第95页。

广义的、对于西方社会现代性的批判。

如果从广义上来理解，那么发端于西方社会的现代性就不但是一种社会思潮、一种哲学观点和一种制度安排，它还伴随着三次工业革命的迅猛推进而逐步渗透进入了人类日常生活的一切领域。在社会思潮方面，它的典型表现便是理性主义，是对于理性、秩序、科学和效率的崇尚和追求；在哲学领域，大行其道的实证主义显然是其典型代表；在日常生活领域，随着工业化、批量化和流水线生产方式的稳步推进，时间、金钱、效率都变成了对人类行为进行规训和统治的暴君；而在制度层面则表现为技术官僚的绝对统治。

对于西方社会现代性的批判，在马克思那里便已经拉开了大幕。在马克思看来，机械化工业大生产和流水线劳动代替传统手工劳动的过程，也是工人自身的异化过程。他说："劳动为富人生产了奇迹般的东西，但是为工人生产了赤贫。劳动生产了宫殿，但是给工人生产了棚舍。劳动生产了美，但是使工人变成畸形。劳动用机器代替了手工劳动，但是使一部分工人回到野蛮的劳动，并使另一部分人变成机器。劳动生产了智慧，但是给工人生产了愚钝和痴呆。"[①]西方近现代社会的发展历史告诉我们，这种异化并非局限于机械化大生产和流水线上，而是广泛渗透进入了日常生活的一切领域。正如本·海默尔所言："工业化的非比寻常的扩张把工业技术和管理技术带入了家庭，并且在效率和舒适的幌子下，在管理家庭生活和使家庭生活理性化方面起了作用。"[②]这种标准化、程式化和秩序化的暴君，在马克斯·韦伯那里成了日常生活现代性的"铁笼子"，它正是清教徒如机器般的和官僚制度般的禁欲主义。韦伯说："当禁欲主义走出修道院的斗室，融入人们的世俗生活并开始统治世俗的伦理道德时，它就会对近代经济秩序的形成产生一定的影响。……禁欲主义出现之后，就走上了重塑整个世界的

---

① ［德］马克思：《1844 年经济学哲学手稿》，中共中央马克思、恩格斯、列宁、斯大林著作编译局译，人民出版社 2000 年 5 月第 1 版，第 54 页。

② ［英］本·海默尔：《日常生活与文化理论导论》，周宪、许均主编，王志宏译，商务印书馆 2008 年 1 月第 1 版，第 17 页。

扩张道路,并树立了自己的理想。自此以后,人类的生存就被物质产品以一种从未有过的力量控制住了,而且这种力量还会不断增强。"①这只日常生活的"铁笼子",正是由现代化工业大生产和流水线生产出来的物质产品、官僚体制和技术化、理性化、制度化的日常生活编织而成。现代性一方面是严格的禁欲主义,它要把秩序、理性和效率不折不扣地推行到日常生活的一切领域;另一方面又是由日渐丰富、美轮美奂的物质产品所激发出来的无尽欲望:它要把弗洛伊德的潜意识由幕后带入前台。这种潜意识的欲望在巴黎拱廊街、现代大商场和商品博览会的玻璃展柜和橱窗中被赤裸裸地暴露出来。它们所引发出的正是一种对于诗意、震颤和惊异体验的疯狂渴求。

不但如此,这只铁笼子还被包裹上了科学、民主、文明、进步、秩序、效率等的华丽外衣,尤其是当西方人与非西方人相互遭遇之时,在对他者的凝视目光中,这些东西更成为西方人向非西方世界进行炫耀、夸赞甚至是乐此不疲地进行推销和贩卖的资本。于是,在西方世界的凝视目光中,非西方世界的奇风异俗、宗教伦理、社会制度,甚至是独特的认知和分类方式,都成了"野蛮""愚昧""非科学""非理性"的东西,成了一道道仅能引发和满足西方人猎奇和窥视心态的、充满诗意、震颤和惊异体验的西洋景。正如海默尔所言:"在这种幻影般的表象中最核心的是一种'异国情调',并不是日常的'日常生活',而是'他者'的日常的一个意象,对于'他者'日常的一种模仿。"②但显然,人类学最伟大之处,并不在于对"他者"日常生活万花筒般的忠实展示和呈现,并且创造出一种类似于西洋景般的围观效应,而这种诗意、震颤和惊异体验背后所包含的,却是对于自身文明的批判和反思精神。这种批判和反思精神,正充斥于大量的经典民族志作品中。毫无疑问,这同样是对西方社会现代性进行批判的重要组成部分。

---

① [德]马克斯·韦伯:《新教伦理与资本主义精神》,郑志勇译,江西人民出版社 2010 年 11 月第 1 版,第 168－169 页。

② [英]本·海默尔:《日常生活与文化理论导论》,周宪、许均主编,王志宏译,商务印书馆,2008 年 1 月第 1 版,第 29 页。

　　从话语的角度来看，对于异国情调的观看和欣赏之所以能激起我们诗意、震颤和惊异体验，正在于它的蒙太奇剪辑和拼贴手法。海默尔说："辩证的意象是许多元素的簇集（蒙太奇），这些元素在组合为一时产生了允许认识、允许可辨认性、允许交流和批判的'火花'。"① 这里所说的组合显然正是一种蒙太奇的剪辑和拼贴，它是多意象的组合和并置。而在人类学民族志中，这种多意象的组合、剪辑、拼贴和并置显然是一种惯用手法。

　　进一步深究，蒙太奇的剪辑和拼贴为什么能够激发起我们诗意、震颤和惊异体验？如果从结构主义语言学的角度来看，其深层次原因正在于横组合轴上句段关系的改变，带动和刺激了纵聚合轴上联想关系的同时改变。正是这种改变碰撞出了"允许认识、允许可辨认性、允许交流和批判的'火花'"。也正是在这一层面上我们说，这绝不仅仅是一种感官刺激，它还同时对我们的"传统"产生不可小觑的冲击，而这也正是对于现代性进行批判和反思的核心意义和价值之所在。

　　在索绪尔的结构主义语言学中，语言的意义表达和交流功能建立在语言系统两大区别原则之上，这两大区别原则即横组合关系和纵聚合关系（或称为句段关系和联想关系）。横组合轴上的句段关系由一个个能相互区别开来的音节组成，这构成了语言系统中的能指层面。在现实的意指和交流实践中，它呈现为一段语音流或一段语符列。能指层面的这段语音流或语符列要产生出意义，就必须超越能指的符号层面，与所指意义和概念建立起基本稳固的联系。这种联系正是在纵聚合轴上同时展开的联想活动中被建构起来的。离开了这种联想关系，语言系统就不能成其为语言系统，而只能是一串毫无意义的语音流或语符列，而横组合轴上的句段关系尽管在每一种语言中都是约定俗成的，但却正为纵聚合轴上联想提供了线索，意义的表达和交流功能正是在这种联想关系中才得以完成。

　　如前所言，人类学的民族志发端于旅行家和传教士们对早期冒险活动中奇

① Ibid，p. 119.

闻逸事和奇风异俗的浮光掠影般的记述,主要是为了满足人们的猎奇心态。这些记述之所以不能称为严格意义上的民族志,正在于它们不能提供更多的、关于这些奇闻逸事和奇风异俗的情境性的、更为详尽系统的描述。在这一意义上,有关这些奇闻逸事和奇风异俗的记述,只能是几段残缺不全的拼贴和剪辑,是横组合轴上几段怪异的"音节"组合,它们完全不足以在纵聚合轴上引发丰富的联想。对于它们的更深层次和更大范围的理解和认识,还有待于人类学家提供尽可能全面、详尽的有关这几段横组合轴上怪异组合的、更加丰富的情境性知识。但尽管如此,它们也已经在一定程度上激发起了我们的诗意、震颤和惊异体验,部分满足了西方人对非西方世界的猎奇和窥视欲望。

随着人类学家对非西方社会展开长期亲历性的、系统全面的田野考察工作,现代意义上的科学民族志诞生了,但它对于非西方社会的认识和理解,最终却引发了对于西方文明自身的深刻批判与反思。与旅行家和传教士的记述相比,科学民族志提供了更加详尽的关于他者文化的情境性知识,因而建立在这种情境性知识之上的纵聚合轴上的联想也就更加丰满鲜活,这种联想所激发出来的诗意、震颤和惊异等体验也更为强烈和丰富,进而对于自身传统的冲击也就更加强烈。从这一角度来看,人类学的批判精神和反思精神在所有人文学科中都是绝无仅有的。

三

从词源学的角度来看,"博物馆"(museum)一词的词根来自希腊语mouseion,原义是指供奉古希腊神话中掌管艺术与科学的9位缪斯女神的神庙。博物馆的历史则可以追溯到古典时代,但只有到了近现代,博物馆才开始发展成为具有广泛社会功能的用于保存、展示和研究具有文化意味的事物的机构。如果从话语的角度来看,博物馆展示空间设计,其目的正在于通过精心组织的设计语言,既在横组合轴的句段关系中营造出一种新奇的蒙太奇剪辑和拼贴效果,同时又为这些蒙太奇的剪辑和拼贴手法在纵聚合轴上营造信息丰富、深广的语境性空间,这些纵深的语境性空间能激发起参观者广阔丰富而蕴含深远的联想。正是这种同时在横组合轴和纵聚合轴上的精心营造与布置,良好的博物馆展示空间设计才能使参观者在面对琳琅满目而又精心组织的藏品时,产生出诗意、震颤和惊异体验。

博物馆展示空间显然是一个有别于日常生活空间的独特空间：它要么在时间上穿越了一段漫长的岁月而属于一个遥远的过去;要么在空间上跨越了广阔的地域而属于另一个风格迥异的文明类型。因此从话语类型的角度来看,博物馆空间所展示的文明显然是一个与我们自身话语系统迥然有别的话语类型,它无论是在横组合轴的语法规则方面还是在纵聚合轴上的联想机制方面,都与我们自身话语类型存在着巨大差异。从这一角度来看,博物馆展示空间设计的首要任务,便是消除和弥合两种话语体系之间的差异和鸿沟,使得这两种话语类型之间的鸿沟对于身处其中的参观者来说能够轻松"翻译"和"逾越",并且能从这种"翻译"和"逾越"实践中能获得诗意、震颤和惊异体验。从这一角度来看,博物馆展示空间所呈现的,正是一个"他者"的世界,无论是博物馆的创建者还是参观者,都是带着"我"文化的视域进入这一"他者"世界的。事实上,最早的博物馆正是早期的旅行家、探险者和传教士在自身游历和收藏经验的基础上所创建的一间间奇珍室。这一游历、收藏和参观行为本身,也正是一种对于"他者"的凝视行为。这种凝视要能够给参观者带来诗意、震颤和惊异体验,就离不开对于"他者"话语系统横组合轴和纵聚合轴上的语法规则和联想机制一定程度的理解和把握。理解和把握的程度越是深广,则这种体验就越是鲜活丰满。从博物馆展示空间设计的角度来看,其目标也正在于通过卓有成效的设计语言,来最大限度地改善和提升参观者的这种理解和把握效果。而这也正是这门博物馆空间诗学应该着力加以探讨的一个重要内容。

其实,博物馆空间诗学已经在博物馆设计实践中付诸实施了,这样的博物馆设计案例也随处可见。比如浙江龙泉青瓷博物馆,其外形就是一座巨大的青瓷窑炉。博物馆的入口设计也同样模仿青瓷窑炉的入口,两侧用灯光模拟出炉火熊熊燃烧的场景。

图 13　浙江龙泉青瓷博物馆外景(作者自摄)

图 14　龙泉青瓷博物馆入口(作者自摄)

　　这让参观者在步入博物馆大门的瞬间，实现了由日常生活空间向博物馆展示空间的过渡与转换。龙泉青瓷博物馆的目的，是要向参观者集中呈现这一被列入世界非物质文化遗产的民间传统手工技艺漫长的发展和演化历程，展示它的工艺流程并且标明它在各个历史时期所创造的辉煌成就，同时也展示龙泉青瓷艺人精湛的手工技艺。为了实现这一目的，龙泉青瓷博物馆采用泥塑的方式，以情境化的方式，展现了龙泉青瓷从取土、粉碎、配料、淘洗、过滤、陈腐、炼泥、成型、修坯、装饰、干燥、素烧、上釉、刨底釉、装匣、入窑、烧成、出窑、检验、包装的全套工艺流程，同时也展示了釉料制作的全过程。把龙泉青瓷的制作流程和工艺以极富情境化的方式展示和呈现出来，取得了非常好的展示效果。与此同时，每一流程的展示还配以精要的文字解说以及瓷土和釉土样本。这样的设计效果，就不但使参观者横组合轴上陌生甚至怪异的语符列在纵聚合轴上获得了丰满鲜活的联想。通过这种联想，横组合轴上的语符列获得了蕴含丰富的意义，从而最终获得了丰满鲜活的诗意、震颤和惊异体验。在龙泉青瓷博物馆中，这些体验同时也是通过极富生活化的场景模仿方式获得的。在这些场景中，几近粗陋的几道家常菜，却盛放在色如美玉、质感清新、冰清玉洁而又雅致异常的青瓷杯盘碟盏之中，给人以极强的视觉震撼力量。联系前文论述来看，这同样是蒙太奇的剪

图15　龙泉青瓷博物馆青瓷工艺流程展示（作者自摄）

辑和拼贴手法。这种剪辑和拼贴越是能给人以强烈的视觉冲击力,越是能使观赏者轻松实现转换与翻译,则这种蒙太奇的剪辑和拼贴艺术就越是成功,也就越是能给观众带来丰满鲜活的诗意、震颤和惊异体验。这也正是博物馆展示空间设计最为核心的任务。

2013 年 6 月,上海博物馆进行了一次为期十来天的非洲木雕展(见图 11),为观众带来了一次非洲社会、宗教与文化的盛宴。对于大多数中国参观者来说,非洲大陆的文明,是一个与中华文明差异巨大的文明。若单纯从艺术的标准来看,这次非洲木雕展所展示的作品并没有太高的艺术价值(当然,所谓艺术价值,其评判标准也应该具有民族差异)。因此,如果参观者对于非洲社会、文化和宗教一无所知,那么这些非洲木雕对于他们来说,其意义和价值(包括艺术和审美价值)就要大打折扣,甚至根本就毫无价值。正是考虑到这些因素,策展方在每一件非洲木雕作品的下面都附上了一段长长的说明文字。这就让参观者在面对突兀、怪异和匪夷所思的横组合轴上的语符列和蒙太奇剪辑、拼贴时,不至于陷入困惑和茫然无措的境地,不至于运用自身文化所熟知的常识来填补纵聚合轴上所留下的联想空白,而是借助于大量的说明性和补充性信息,在纵聚合轴上建立起一个临时的联想空间,从而使得横组合轴上看起来突兀怪异的语符列和蒙太奇剪辑、拼贴获得丰盈鲜活的联想意义。

博物馆学的研究表明,早期的博物馆展示以分类学展示和复原陈列法展示为主要方式。到了 20 世纪后半期,则逐步出现了主题展示法。现代声光电等科技的发展为展示方式的革新创造了可能,博物馆展示也由孤立、静态向动态、关联发展,努力为观众提供一个多维参与空间,激发观众自发的互动和思考。也正是在这一趋势的推动之下,新博物馆学应运而生。"新博物馆的展示理念即致力于营造一个自由舒适的展示空间,由观众自己通过自身的听觉、视觉、触觉甚至是味觉、嗅觉来体验陈列所要传达的主题和每一件展品的内涵。"[①]这种通过多

---

① 乔治·埃里斯·博寇:《新博物馆学手册》,重庆大学出版社 2011 年版。

种感知方式,充分调动参观者参与和体验的新博物馆设计,对于参观者来说,所营造的正是一个参与到"他者"日常生活中去的氛围,通过参观者对于这种氛围的深度沉浸,"他者"生活世界中的诸多文化元素才最终获得了很好地认识和理解,参观者通过这一过程所获得的诗意、震颤和惊异体验也将更加丰满鲜活。新博物馆学倡导的展示空间设计理念尽管与传统博物馆有着较大的差异,但它同样是一种剪辑和拼贴的蒙太奇艺术,只不过它诉诸的设计语言更加丰富多彩和灵活多样,参观者所获得的体验也因此更加丰满鲜活而已。

新博物馆学的发展还直接催生了生态博物馆的展示理念。生态博物馆的展示对象并非僵死之物,而是活生生的人,是具有较强原真性和异质性的某些民族、社区、村落的"原生态"文化和生活方式,它的"展品"则囊括了从服饰、居住模式、社会组织、宗教、风俗习惯、生计模式、节日庆典到语言、艺术等的一系列"原汁原味"的异质文化单元。在这种类型的生态博物馆中,民族文化和生活方式成为参观者"凝视"的对象。而生态博物馆的维系与运作则往往以现代旅游业为依托。为了满足现代旅行者猎奇、窥探和审美的欲望,许多极端的生态博物馆开发者甚至反对博物馆区域内的"原住民"接受现代教育。① 当旅游者们乐此不疲地穿行于生态博物馆中时,在他们眼中,"原住民"种种"原汁原味"、"怪异""原始"的风俗习惯、宗教信仰、生活方式等,都成为横组合轴上一个个极为新奇的组合和蒙太奇的剪辑、拼贴,这种组合和蒙太奇的剪辑、拼贴通过旅游者亲历体验的沉浸式观察、理解,就在纵聚合轴上生成了丰盈鲜活的联想意义,这种联想意义又进一步为旅游者带来了诗意、震颤和惊异体验。从这一角度来看,生态博物馆同样需要设计师对展示空间进行精心规划与设计,只不过从事这一设计工作的设计师必须拥有足够丰富的、有关这一文化的民族志知识。

其实,博物馆学的发展历程表明,博物馆展示空间的设计与其他领域的设计实践一样,也都在朝向用户体验设计的方向发展。右图 16 是一位国内学者绘制

---

① 韦祖庆:《生态博物馆:一个文化他者的意象符号》,《广西民族学院学报》,2010 年 8 月。

的"用户体验设计的发展"图示[①]。正如作者力图表明的,体验设计是一种以用户体验为中心的设计,它是伴随着计算机技术、人机工程学、人机交互技术和网络技术的发展和普及,逐步在当下的数字媒体设计、移动终端设计以及工业产品设计等领域广泛运用的一种全新设计方法。它以用户体验为目标和设计的根本出发点,强调产品的用户体验品质,并以此来提升产品对于消费者的吸引力,达到刺激商品消费的目的。博物馆展示设计的最终目标,是为参观者带来丰富的诗意、震颤和惊异体验。

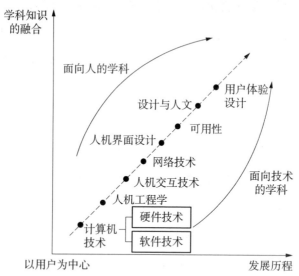

图 16 罗仕鉴、朱上上《用户体验设计的发展》

这样,以人类学的视野来进行审视,对于参观者来说,博物馆展示空间所展示的正是一个"他者"的世界。因此,如何激发起参观者对于"他者"生活世界的诗意、震颤和惊异体验并使之最大化,正是设计师面临的根本任务。而在这一实践和探究的背后,正蕴含着一门有着无限可能的博物馆空间诗学,它正可以给设计师的博物馆展示空间设计实践,提供源源不断的灵感和启发。

---

① 罗仕鉴、朱上上:《用户体验与产品创新设计》,机械工业出版社 2014 年 3 月第 1 版,第 11 页。

参考文献

一、中文文献

1. [汉]许慎：《说文解字》，班吉庆、王剑、王华宝点校，凤凰出版社 2004 年 4 月第 1 版。

2. [法]爱弥儿·涂尔干、马塞尔·莫斯：《原始分类》，汲喆译，上海人民出版社 2000 年 9 月第 1 版。

3. [法]埃米尔·涂尔干：《社会分工论》，渠东译，生活·读书·新知三联书店，2000 年 4 月第 1 版。

4. [德]马克斯·霍克海默、西奥多·阿道尔诺：《启蒙辩证法》，渠敬东、曹卫东译，上海世纪出版集团 2006 年 4 月第 1 版。

5. [英]安东尼·吉登斯：《现代性与自我认同：晚期现代中的自我与社会》，夏璐译，中国人民大学出版社 2016 年 4 月第 1 版。

6. 陈国强主编：《简明文化人类学词典》，浙江人民出版社 1990 年 8 月第 1 版。

7. [黎]萨利姆·阿布：《文化认同性的变形》，商务印书馆 2008 年 1 月第 1 版。

8. [美]乔尔·科特金：《全球族：新全球经济中的种族、宗教与文化认同》，王旭等译，社会科学文献出版社 2010 年 4 月第 1 版。

9. [英]本尼迪克·特安德森：《想象的共同体：民族主义的起源与散布》，吴叡人译，上海人民出版社。

10. [美]马歇尔·伯曼：《一切坚固的东西都烟消云散了：现代性体验》，徐大建、张辑译，商务印书馆 2013 年 9 月第 1 版。

11. [古罗马]希罗多德：《历史》，商务印书馆 1959 年 4 月第 1 版。

12. ［法］保罗·利科：《承认的过程》，汪堂家、李之喆译，中国人民大学出版社 2011 年 11 月第 1 版。

13. ［美］保罗·康纳顿：《社会如何记忆》，纳日碧力戈译，上海人民出版社 2000 年 12 月第 1 版。

14. ［澳］迈克尔·A. 豪格、［英］多米尼克·阿布拉姆斯：《社会认同的过程》，中国人民大学出版社 2011 年 1 月第 1 版。

15. 邓晓芒：《实用人类学·中译本再版序言》，上海人民出版社 2005 年 4 月第 1 版。

16. ［德］康德：《纯粹理性批判》，邓晓芒译，人民出版社 2004 年 2 月第 1 版。

18. ［德］胡塞尔：《纯粹现象学通论·纯粹现象学和现象学哲学的观念·第一卷》，舒曼编，李幼蒸译，商务印书馆 1992 年 12 月第 1 版。

17. ［法］莫里斯·梅洛-庞蒂：《知觉现象学》，姜志辉译，商务印书馆 2001 年 2 月第 1 版。

18. ［法］雅克·朗西埃：《美感论：艺术审美体制的世纪场景》，赵子龙译，商务印书馆 2016 年 8 月第 1 版。

19. ［德］莫里茨·盖格尔：《艺术的意味》，艾彦译，译林出版社 2012 年 1 月第 1 版。

20. 鲍懿喜：《产品视觉性的深层结构：一个研究工业设计的视觉文化视角》，《文艺研究》，2014 年第 4 期。

21. 郑元者：《美学实验性写作的人类学依据》，《广西民族学院学报》，2004 年 9 月。

22. 李清华：《格尔茨与科学文化现象学》，《中央民族大学学报（哲学社会科学版）》，2012 年第 5 期。

23. ［日］柄谷行人：《民族与美学》，薛羽译，西北大学出版社 2016 年 8 月第 1 版。

24. 李清华：《地方性知识与全球化背景下的本土美学建构》，《西北民族大学学报》，2014 年第 2 期。

25. ［英］乔纳森·M. 伍德姆：《20 世纪的设计》，周博、沈莹译，上海人民出版社 2012 年 8 月第 1 版。

26. ［英］约翰·罗斯金：《建筑的七盏明灯》，张璘译，山东画报出版社 2006 年 9 月第 1 版。

27. 周光辉、刘向东：《全球化时代发展中国家的国家认同危机及治理》，《中国社会科学》，2013 年第 9 期。

28. ［法］莫里茨·哈布瓦赫：《论集体记忆》，毕然、郭金华译，上海人民出版社 2002 年 10 月第 1 版。

29. 谷鹏飞：《审美形式的公共性与现代性的身份认同》，《学术月刊》，2012 年第 4 期。

30. 林尚立：《现代国家认同建构的政治逻辑》，《中国社会科学》，2013 年第 8 期。

31. 詹小美、王仕民：《文化认同视域下的政治认同》，《中国社会科学》，2013 年第 9 期。

32. 许喜华：《论产品设计的文化本质》，《浙江大学学报（人文社会科学版）》，2002 年第 4 期。

33. 刘胜利：《从对象身体到现象身体：〈知觉现象学〉的身体概念初探》，《哲学研究》，2010 年第 5 期。

34. 李清华：《技术与身体：设计史叙事的两个重要维度》,《创意与设计》,2012 年 06 期。

35. [英]克里斯·希林：《文化、技术与社会中的身体》,李康译,北京大学出版社 2011 年 1 月第 1 版。

36. 李清华：《设计与身体经济学》,《美与时代》,2013 年第 12 期。

37. [法]加斯东·巴什拉：《空间诗学》,张逸婧译,上海译文出版社 2013 年 8 月第 1 版。

38. 李清华：《深描民族志方法的现象学基础》,《贵州社会科学》,2014 年 2 月。

39. [奥]弗兰克·维克多：《活出意义来》,赵可式、沈锦惠译,生活·读书·新知三联出版社 1991 年 12 月第 1 版。

40. [法]让-鲍德里亚：《消费社会》,刘成富、全志钢译,南京大学出版社 2014 年 10 月第 4 版。

41. 邹其昌：《进新修〈营造法式〉序》研究——《营造法式》设计思想研究系列,《设计与创意》,2012 年 01 期。

42. [美]凯文·林奇：《城市意象》,方益平、何小军译,华夏出版社 2001 年 4 月第 1 版。

43. [英]乔治娅·布蒂娜·沃森、伊恩·本特利：《设计与场所认同》,魏羽力、杨志译,中国建筑工业出版社 2010 年 3 月第 1 版。

44. [法]奥利维耶·阿苏利：《审美资本主义：品位的工业化》,黄琰译,华东师范大学出版社 2013 年 9 月第 1 版。

45. [美]基姆·科恩、约瑟夫·派恩二世：《湿经济：从现实到虚拟再到融合》,王维丹译,机械工业出版社 2013 年 5 月第 1 版。

46. 张意：《文化资本》,《文化研究(第 5 辑)》(陶东风,等),广西师范大学出版社 2005 年版。

47. [法]皮埃尔·布迪厄：《文化资本与社会炼金术》,包亚明译,上海人民出版社 1997 年 1 月第 1 版。

49. [法]皮埃尔·布迪厄：《实践感》,蒋梓骅译,译林出版社 2012 年 6 月第 2 版。

50. [美]理查德·沃林：《文化批评的观念：法兰克福学派、存在主义和后结构主义》,张国清译,商务印书馆 2000 年 11 月第 1 版。

51. [美]乔纳森·H. 特纳：《人类情感：社会学的理论》,孙俊才、文军译,东方出版社,2009 年 11 月第 1 版。

52. 庞学铨：《新现象学的情感理论》,《浙江大学学报(人文社会科学版)》,2000 年第 10 期。

53. [德]赫尔曼·施密茨：《身体与情感》,庞学铨、冯芳译,浙江大学出版社 2012 年 8 月第 1 版。

54. 李清华：《博物馆空间诗学：他者视野中的博物馆展示空间设计》,《民族艺术》,2016 年第 4 期。

55. 刘小枫：《资本主义的未来》(马克斯·舍勒)"中译本导言",牛津大学出版社 1995 年版。

56. 艾彦：《以人为中心的现象学知识社会学》,马克斯·舍勒《知识社会学问题》译者序,华夏出版社 1999 年版。

57. 自刘小枫编，Max Scheler：《资本主义的未来》，牛津大学出版社 1995 年版。

58. ［德］马克斯·舍勒：《伦理学中的形式主义与质料的价值伦理学：为一门伦理学人格主义奠基的新尝试》，倪梁康译，生活·读书·新知三联书店 2004 年 7 月版。

59. ［德］彼得·科斯洛夫斯基：《后现代文化：技术发展的社会文化后果》，毛怡红译，姚燕校，柴方国审校，中央编译出版社 2011 年 10 月第 1 版。

60. 《考工记》，闻人军译注，上海古籍出版社 2008 年 4 月第 1 版。

61. ［德］哈拉尔德·韦尔策编：《社会记忆：历史、回忆、传承》，李斌、王立君、白锡堃译，北京大学出版社 2007 年 5 月第 1 版。

62. 李森：《审美心理图式论纲》，《渭南师专学报(社会科学版)》1995 年第 2 期。

63. 姚莉苹：《审美心理图式与文学鉴赏》，《中国文学研究》2012 年第 4 期。

64. 徐杰舜：《论族群与民族》，《民族研究》2002 年第 1 期。

65. ［日］宫崎清、李伟：《民族地域文化的营造与设计》，《四川大学学报(哲学社会科学版)》，1999 年第 6 期。

66. 周振甫译注：《周易译注》，中华书局 1991 年 4 月第 1 版。

67. 陈凌广：《高职艺术设计专业教学中乡土建筑文化资源建构》，《艺术教育研究》。

68. 俞孔坚：《理想景观探源：风水的文化意义》，商务印书馆，1998 年 12 月第 1 版。

69. 计成：《园冶》，中华书局 2017 年 1 月第 1 版。

70. 李戒：《营造法式》，邹其昌点校，人民出版社 2011 年 10 月第 1 版。

71. 陈望衡：《营造法式》中的建筑美学思想，《社会科学战线》，2007 年第 6 期。

72. ［德］埃德蒙德·胡塞尔：《生活世界的现象学》，倪梁康、张廷国译，上海译文出版社 2002 年 6 月第 1 版。

73. ［宋］郭思：《林泉高致》，明刻百川学海本。

74. 周振甫：《诗经译注》，中华书局，2016 年 7 月第 1 版。

75. 曾澜：《地方记忆与身份呈现：江西傩艺人身份问题的艺术人类学考察》，复旦大学博士学位论文，2012 年。

76. ［英］本尼迪克特·安德森：《想象的共同体：民族主义的起源与散布》，吴叡人译，上海世纪出版集团 2011 年 8 月第 1 版。

77. ［法］保罗·利科：《承认的过程》，汪堂家、李之喆译，中国人民大学出版社 2011 年 11 月第 1 版。

78. ［美］查尔斯·哈珀：《环境与社会：环境问题的人文视野》，肖晨阳、晋军、郭建如、李艳红、宋秀卿译，马戎、李建新、楚军红校，天津人民出版社，1998 年 12 月第 1 版。

79. ［英］麦克哈格：《设计结合自然》，天津大学出版社 2006 年 4 月第 1 版。

80. 俞孔坚：《生存的艺术》，中国建筑工业出版社 2006 年版。

81. ［英］阿瑟·刘易斯：《经济增长理论》，商务印书馆 1983 年 6 月第 1 版。

82. ［美］西蒙·库兹涅茨：《各国的经济增长》，商务印书馆 1999 年 11 月第 2 版。

83. 赵毅衡：《异化符号消费：当代文化的符号泛滥危机》，《中国人民大学复印报刊资料·文化研究》，2013 年第 02 期。

84. 刘小枫：《卢梭的苏格拉底主义》，华夏出版社 2005 年 1 月第 1 版。

85. ［法］让-弗朗索瓦·利奥塔尔：《后现代状态》，车槿山译，南京大学出版社 2011 年 9 月第 1 版。

86. ［美］马歇尔·伯曼：《一切坚固的东西都烟消云散了：现代性体验》，徐大建、张辑译，商务印书馆 2013 年 9 月第 1 版。

87. 王杰：《品位意味着未来吗》，《审美资本主义：品位的工业化》"推荐序"，华东师范大学出版社 2013 年 9 月第 1 版。

88. ［美］维克多·帕帕奈克：《为真实世界的设计》，周博译，中信出版社 2013 年 1 月第 1 版。

89. ［德］胡塞尔：《现象学的观念》，倪康梁译，上海译文出版社 1986 年 6 月第 1 版。

90. ［德］胡塞尔：《欧洲科学的危机和先验现象学》，张庆熊译，上海译文出版社 1988 年 10 月第 1 版。

91. ［英］尼克·史蒂文森编：《文化与公民身份》，陈志杰译，潘华凌校，吉林教育出版集团有限公司 2007 年 12 月第 1 版。

92. ［德］瓦尔特·本雅明：《发达资本主义时代的抒情诗人》，王才勇译，江苏人民出版社 2005 年 2 月第 1 版。

93. ［德］齐美尔：《大都会与精神生活》，朱生坚译，《西方都市文化读本》，薛毅主编，广西师范大学出版社 2008 年 12 月第 1 版。

94. ［德］赫尔曼·鲍辛格：《日常生活的启蒙者》，吴秀杰译，广西师范大学出版社 2014 年 5 月第 1 版。

95. ［英］布罗尼斯拉夫·马林诺夫斯基：《西太平洋上的航海者》，张云江译，中国社会科学出版社 2009 年 12 月第 1 版。

96. ［英］斯图尔特·霍尔：《表征：文化表征与意指实践》，徐亮、陆兴华译，商务印书馆 2013 年 7 月第 1 版。

97. 王玉德、王锐编著：《宅经》，中华书局 2011 年 8 月第 1 版。

98. ［法］保罗·里克尔：《恶的象征》，上海世纪出版集团 2005 年 4 月第 1 版。

99. ［英］维克多·特纳：《象征之林：恩登布人仪式散论》，商务印书馆 2006 年 11 月第 1 版。

100. 《考工记》，闻人军译注，上海古籍出版社 2008 年 4 月第 1 版。

101. 李清华：《格尔茨与科学文化现象学》，《中央民族大学学报》，2012 年第 5 期。

102. ［美］阿摩斯·阿普卜特：《文化特性与建筑设计》，常青、张昕、张鹏译，中国建筑工业出版社。

103. ［美］理查德·沃林：《文化批评的观念：法兰克福学派、存在主义和后结构主义》，张国清译，商务出版社 200 年 11 月第 1 版。

104. [英]爱德华·伯纳特·泰勒:《原始文化:神话、哲学、宗教、语言、艺术和习俗之发展研究》,连树声译,上海文艺出版社 1992 年第 1 版。

105. [美]路易斯·亨利·摩尔根:《古代社会》,杨东莼、马雍、马巨译,中央编译出版社 2007 年 7 月第 1 版。

106. [古希腊]柏拉图:《理想国》,商务出版社 1986 年 8 月第 1 版。

107. [古希腊]柏拉图:《柏拉图全集·第三卷》,人民出版社 2002 年 1 月第 1 版页。

108. [美]伊万·布莱迪:《人类学诗学》,徐鲁亚等译,中国人民大学出版社 2010 年 1 月第 1 版。

109. [德]阿弗雷德·许茨:《社会实在问题》,霍桂桓、索昕译,华夏出版社 2001 年 1 月第 1 版。

110. [德]马克思:《1844 年经济学哲学手稿》,中共中央马克思、恩格斯、列宁、斯大林著作编译局译,人民出版社 2000 年 5 月第 1 版。

111. [英]本·海默尔:《日常生活与文化理论导论》,周宪、许均主编,王志宏译,商务印书馆 2008 年 1 月第 1 版。

112. [德]马克斯·韦伯:《新教伦理与资本主义精神》,郑志勇译,江西人民出版社 2010 年 11 月第 1 版。

113. [美]乔治·埃里斯·博寇:《新博物馆学手册》,重庆大学出版社 2011 年版。

114. 韦祖庆:《生态博物馆:一个文化他者的意象符号》,《广西民族学院学报》,2010 年 8 月。

115. 罗仕鉴、朱上上:《用户体验与产品创新设计》,机械工业出版社 2014 年 3 月第 1 版。

二、英文文献

1. Chris Barker, *The SAGE Dictionary of Cultural Studies*, SAGE Publications, First published 2004.

2. Stuart Hall, *Cultural Identity and Diaspora*

3. Dictionary of Race, *Ethnicity and Culture*, edited by Guido Bolaffi, Raffaele Bracalenti, Peter Braham & Sandro Gindro, SAGE Publications, First published 2003.

4. Paul Ricoeur, *Memory, History, Forgetting*, Translated by Kathleen Blamey and David Pellauer, The University of Chicago Press, 2004.

5. Robert Audi, *The Cambridge Dictionary of Philosophy*, Cambridge University Press, 1999.

6. David A. Statt, *The Concise Dictionary of Psychology*, Third Edition, published 1990 by Routledge.

7. Renato Rosaldo, "GEERTZ'S GIFTS", *Common Knowledge*, Duke University Press, 2007.

8. Clifford Geertz, *Local Knowledge, Further Essays in Interpretive Anthropology*, Basic

Books, Inc, 1983.

9. Tony Salvador, Genevieve Bell, Ken Anderson, "Design Ethnography", *Design Management Journal* (*Former Series*), Volume 10, Issue 4, page 35 - 41, Fall 1999.

10. Jean-Luc Nancy, *The Sense of the World*, Translated and with a Foreword by Jeffery S. Librett, University of Minnesota Press, Minneapolis, London, 1997.

11. Marc Hassenzahl, *Experience Design: Technology for All the Right Reasons*, A Publication in the Morgan & Claypool Publishers series, *Synthesis Lectures on Human-Centered Informatics*, 2010.

12. Alison J. Clarke (ED.), *Design Anthropology*, *Object Culture in The 21st Century*, Springer Wien New York, 2011.

13. Bryan Pfaffenberger, "Soacial Anthropology of Technology", *Annual Review of Anthropology*, Volume 21(1992).

14. Daniel Reisberg, Friderike Heuer, *Memory and Emotion*, Edited by Daniel Reisberg and Paula Hertel, Oxford University Press, 2004,18.

15. Stuart Hall, *The Questions of Cultural Identity*, *Modernity and Its Future*, edited by S. Hall, D. Held, and T. MeGrew, Open University Press, 1992.

16. Mads Nygaard Folkmann, *The Aesthetics of Imagination*, 2013 Massachusetts Institute of Technology.

17. Jerome Bruner, *Acts of Meaning*, Harvard University Press, Cambridge, Massachusetts London, England, 1990.

18. Diamant R. National Heritage Corridors: Redefining the Conservation agenda of the 90s. *George Wright Forum*, 1991,8(2): 13 - 16.

19. Blauvelt Andrew, "Towards Critical Autonomy, or Can Graphic Design Save Itself", in *Looking Closer Five: Critical Writings on Graphic Design*, Michael Bierut, William Drenttel and Steven Hellereds, New York: Allworth Press, 2006.

20. Greg Kennedy, *An ontology of Trash: The Disposable and Its Problematic Nature*, Albaby: New York University Press, 2007.

21. Edited by Rosanne Somerson and Mara L. Hermano, *The art of Critical Making: Rhode Island School of Design on Creative Practice*, Wiley, 2013.

22. Clifford Geertz, *Works and Lives: The Anthropologist as Author*, Standford University Press, 1988.

23. HenriLefebvre, *Everyday Life in the Modern World*, tr. Sacha Rabinovich, New York, 1971.

24. Clifford Geertz, "I don't do systems": An Interview with Clliford Geertz. Arun Micheelsen Koninklijke Brill NV, Leiden, Method in the Study of Religon, 2002.

25. *Design Anthropology*: *Theory and Practice*，edited by Wendy Gunn，Ton Otto and Racgel Charlotte Smith，Bloomsbury，2013.

26. Mette Gislev Kjærsgaard，*Between the Actual and Potential*：*The Challenge of Design Anthropology*，University of Aarhus，2011.

27. Alison J. Clarke，*Design Anthropology*：*Object Culture in the 21st Century*，Springer Wien New York，2011；

28. *Design and Anthropology*，Edited by Wendy Gunn and Jared Donovan，Ashgate，2012；

29. *Design Anthropology*：*Theory and Practice*，Edited by Wendy Gunn，Ton Otto and Rachel Charlotte Smith，Bloomsbury，2013；

30. Yana Milev，*D. A.*：*A Transdisciplinary Handbook of Design Anthropology*，Peter Lang GmbH，2013.

31. Joachim Halse，*Design Anthropology*：*Borderland Experiments with Participation*，*Performance and Situated Intervention*，Manuscript for PhD dissertation，Submitted to the IT University of Copenhagen，March 2008.

32. HenriLefebvre，*Everyday Life in the Modern World*，tr. Sacha Rabinovich，New York，1971.

33. Pierre Bourdieu，*Distinction*：*A Social Critique of the Judgement of Taste*，Routledge，2010. 03.

图书在版编目(CIP)数据

审美图式与民族认同:当代设计身份问题的人类学反思/李
清华,谢荣著. —上海:上海三联书店,2023.6
ISBN 978 - 7 - 5426 - 8063 - 1

Ⅰ.①审…　Ⅱ.①李…②谢…　Ⅲ.①审美-文化人类学-研
究　Ⅳ.①B83 - 05

中国国家版本馆 CIP 数据核字(2023)第 055251 号

审美图式与民族认同——当代设计身份问题的人类学反思

著　　者 / 李清华　谢　荣

责任编辑 / 王　建　陆雅敏
装帧设计 / 未了工作室
监　　制 / 姚　军
责任校对 / 林佳依

出版发行 / 上海三联书店
　　　　　　(200030)中国上海市漕溪北路 331 号 A 座 6 楼
邮　　箱 / sdxsanlian@sina.com
邮购电话 / 021 - 22895540
印　　刷 / 上海惠敦印务科技有限公司

版　　次 / 2023 年 6 月第 1 版
印　　次 / 2023 年 6 月第 1 次印刷
开　　本 / 710 mm×1000 mm　1/16
字　　数 / 230 千字
印　　张 / 16.75
书　　号 / ISBN 978 - 7 - 5426 - 8063 - 1/B·828
定　　价 / 68.00 元

敬启读者,如发现本书有印装质量问题,请与印刷厂联系 021 - 63779028